普通高等教育"十二五"应用型本科系列规划教材

数据库原理及应用
（SQL Server 2008）

主　编　魏　华
副主编　夏　欣　于海平

SHUJUKUYUANLIJIYINGYONG（SQL Server 2008）

西安交通大学出版社
XI'AN JIAOTONG UNIVERSITY PRESS

内容提要

本书共分为 8 章,内容包括数据库系统概述、关系数据库、关系数据库标准语言 SQL、关系数据库理论、数据库安全管理、数据库设计、数据库编程以及数据库系统应用开发等。内容涵盖了关系数据库系统的原理、设计和应用,而且将目前最具典型代表性的 SQL Server 2008 数据库管理系统的实践贯穿全书。

本书主要面向教学(应用)型大学的计算机科学与技术、信息管理与信息系统、电子商务、管理工程等相关专业,可作为"数据库原理与应用"课程的教材,也可作为相关从业人员的培训教材和参考资料。

图书在版编目(CIP)数据

数据库原理及应用(SQL Server 2008)/魏华主编
—西安:西安交通大学出版社,2014.3(2017.7 重印)
ISBN 978-7-5605-5985-8

Ⅰ.①数… Ⅱ.①魏… Ⅲ.①关系数据库系统-高等职业教育-教材 Ⅳ.①TP311.138

中国版本图书馆 CIP 数据核字(2014)第 019509 号

书　　名	数据库原理及应用(SQL Server 2008)
主　　编	魏　华
责任编辑	李逢国
出版发行	西安交通大学出版社
	(西安市兴庆南路 10 号　邮政编码 710049)
网　　址	http://www.xjtupress.com
电　　话	(029)82668357　82667874(发行中心)
	(029)82668315(总编办)
传　　真	(029)82668280
印　　刷	陕西宝石兰印务有限责任公司
开　　本	787mm×1092mm　1/16　　**印张** 15.75　　**字数** 379 千字
版次印次	2014 年 3 月第 1 版　　2017 年 7 月第 2 次印刷
书　　号	ISBN 978-7-5605-5985-8
定　　价	29.80 元

读者购书、书店添货、如发现印装质量问题,请与本社发行中心联系、调换。
订购热线:(029)82665248　(029)82665249
投稿热线:(029)82668133
读者信箱:xj_rwjg@126.com

前　言

数据库技术是信息技术和信息产业的重要支柱,是企业、机构、互联网乃至整个信息社会赖以运作的基础,在当今社会中扮演着越来越重要的角色。正是由于数据库具有重要的基础地位,国内高校的所有专业几乎都已经开设了数据库课程。数据库基础知识,已经成为信息化时代大学生必须具备的知识素养。

本书在内容题材的选取和组织上,结合了编者多年的数据库课程教学实践经验和体会,在理论体系上吸取了国内同类著作与教材的精华和成功经验,比较好地构建了数据库教材的内容体系和知识构架。

本书共分为 8 章,内容包括数据库系统概述、关系数据库、关系数据库标准语言 SQL、关系数据库理论、数据库安全管理、数据库设计、数据库编程以及数据库系统应用开发等。内容涵盖了关系数据库系统的原理、设计和应用,而且将目前最具典型代表性的 SQL Server 2008 数据库管理系统的实践贯穿于全书。

本书具有以下特点:

(1)为了方便教师和学生使用,在每一章开始有学习要点,这样可以使教师和学生快速了解本章的主要内容。

(2)每个知识点都配有丰富和详细的例题讲解,使读者能够快速入门并理解和掌握相关知识。

(3)每章结尾都配有大量的复习题,这些复习题一是可以对刚学习过的内容进行总结和复习;二是可以拓展学生的思路,鼓励学生在教材知识的基础上再进一步进行自主学习。

(4)注重理论联系实际,在内容讲解上注重与实践的结合,除纯概念和理论内容以外,大部分内容都可以通过实践完成教学,可以实践的部分都配有相应的实验和实验指导,全书从第 2 章开始一共安排了 14 个实验供读者练习与实践。

通过本书的学习,可以帮助读者了解数据库的基础理论知识,掌握学习 SQL Server 数据库管理系统的核心技术及其基础应用,为数据库应用系统的开发打下坚实的基础。

本书主要面向教学（应用）型大学的计算机科学与技术、信息管理与信息系统、电子商务、管理工程等相关专业，可作为"数据库原理与应用"课程的教材。

本书由魏华、夏欣、于海平共同编写，其中，魏华负责第1～4章，夏欣负责第5～7章，于海平负责第8章。本书由魏华担任主编，负责全书的框架设计和修改定稿。

在本书的编写过程中，编者参阅了大量的相关书目和文献资料，在此向参考资料的作者表示衷心的感谢。

由于编者水平有限，书中的疏漏和瑕疵在所难免，敬请各位读者批评指正。

编　者

2013 年 12 月

目录

参考文献

第1章 数据库系统概述

数据库技术是计算机学科中的一个重要分支,已形成了一整套较为完整的理论与技术体系,它的应用非常广泛,几乎涉及到所有的应用领域。我们周围有许多数据库的例子,如到图书馆借书、到银行取款、到超市购物、乘公交刷卡等都离不开数据库的支持,数据库已经成为现代社会的一个重要基础。本章将从数据及数据管理的概念入手,系统地介绍数据库系统及其设计技术所涉及的基本概念和方法,以便对数据库有个初步的了解,为后续各章的学习打下基础。

1.1 数据与数据处理

建立数据库的目的是为数据管理和数据处理提供环境支持,而在数据处理中又必须提及信息、数据及其与数据处理的关系。

▷ 1.1.1 信息与数据

数据是数据库系统研究和处理的基本对象。数据表示信息,信息通过数据来表示,信息与数据之间既有区别又有联系。

1. 信息

信息在不同的应用领域,其含义有所不同。ANSI(American National Standards Institute,ANSI)将信息定义为"人借助于在数据的表示中所用的已知约定来赋予数据的含义"。信息具有以下基本特征：

（1）可感知性。人类可以通过感觉器官，也可以通过各种仪器仪表和传感器等，感知客观事物。感知是信息获取的途径，不同的信息源有不同的感知方式。如报纸上刊登的信息通过视觉器官感知，电台中广播的信息通过听觉器官感知。

（2）可存储性。人们用大脑存储信息，叫做记忆。计算机存储、录音、录像等技术的发展，进一步扩大了信息存储的手段和途径。

（3）可加工性和可转换性。计算机信息处理是典型的信息加工和信息转换手段。

（4）可传递性。原始的信息传递途径包括口信、令旗和邮政等，现代信息传递的手段包括电话、手机、电视、卫星等。

（5）与其符号的不可分离性。信息是由具有某种约定的符号表示的。不同符号在不同的应用领域有不同的约定。没有符号，就无法表述信息；没有符号，也就没有信息。

2．数据

数据是用于承载信息的物理符号，是信息的具体表现形式。数据的定义包括两个方面的含义：第一，其内容是信息；第二，其表现形式是符号。现实世界中实际存在的事物可以用数据进行描述，如一个学生的基本情况包括学号、姓名、性别、年龄、专业，可用一组数据"S1、赵婷、女、18、电子商务"表示。由于这些符号在此已被赋予了特定的语义，因此，它们就具有传递信息的功能。

在现代计算机系统中，数据的表现形式是多种多样的，如数字、文字、图形、图像、声音等。可用多种不同的数据形式表示同一信息，但信息不随数据形式的不同而改变。

3．数据与信息的联系

数据是用以表示信息的符号或载体；信息是数据的内涵，是对数据的语义解释。数据是现象，而信息更反映实质。信息只有借助数据符号的表示，才能被人们感知、理解和接受。如上例中的数据"S1"、"18"被赋予了特定的语义，此处的 S1 表示的是"学号为 S1"，18 表示的是"年龄为 18 岁"。

信息和数据是两个不同的概念，但它们互相联系，密不可分。信息开始于数据，数据被赋予主观的解释而转换为信息。在实际应用中，人们并不严格区分什么是数据、什么是信息。

▷ 1.1.2　数据处理与数据管理

数据处理是指对数据进行收集、存储、加工和传播的一系列活动的总和，其基本目的是从大量的、杂乱无章的、难以理解的数据中抽取并导出对于那些特定的应用来说有价值的、有意义的数据，借以作为决策的依据。

我们可以用下式简单地表示信息、数据和数据处理之间的关系：

$$信息＝数据＋处理$$

数据处理的真正含义是为了产生信息而处理数据。在数据处理中，通常计算比较简单，而数据的管理比较复杂。数据管理是指对数据的收集、整理、组织、存储、维护、检索、传输等操作，这些操作是数据处理业务的基本环节，而且是任何数据处理业务中必不可少的共有部分。数据管理技术的优劣，将直接影响到数据处理的效率。

1.2　数据管理技术的产生与发展

数据管理技术是因数据管理任务的需要而产生的。计算机在数据管理方面经历了从低级到高级的发展过程。随着计算机硬件、软件技术和计算机应用范围的不断拓展,数据管理技术经历了人工管理、文件系统、数据库系统三个阶段。

➤ 1.2.1　人工管理阶段(20 世纪 50 年代中期以前)

在人工管理阶段,从硬件来看,外存储器只有磁带、卡片、纸带,没有磁盘等直接存取设备。从软件来看,只有汇编语言,没有操作系统,没有专门管理数据的软件,数据由计算或处理它的程序自行携带。数据管理任务,包括存储结构、存取方法、输入输出方式等完全由程序员自己负责。该阶段应用程序和数据之间的关系如图 1-1 所示。

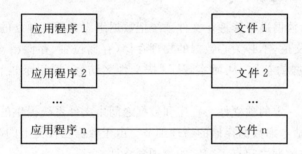

图 1-1　人工管理阶段应用程序与数据之间的对应关系

人工管理阶段的特点如下:

(1)数据不保存。当时的计算机主要用于科学计算,运算时将数据输入,计算后将结果输出。随着计算任务的完成,数据和程序一起都将从内存中被释放掉。

(2)没有软件系统对数据进行统一管理。由于没有相应的软件系统负责数据的管理工作,数据需要应用程序自己定义和管理。每个应用程序要规定数据的存储结构、存取方法和输入输出方法等,这些都要程序员自行设计和安排。因此,程序员的负担很重。

(3)数据与程序不具有独立性。程序依赖于数据,如果数据的类型、格式或输入输出方式等逻辑结构或物理结构发生变化,必须对应用程序作出相应的修改,因而数据与程序不具有独立性,给程序的设计和维护带来一定的麻烦。

(4)数据不共享。一组数据对应一个程序,数据是面向程序的。即使两个应用程序涉及某些相同的数据,也必须各自定义,无法相互利用、相互参照,因此,程序与程序之间存在着大量的重复数据,即存在着大量的数据冗余。

➤ 1.2.2　文件系统阶段(20 世纪 50 年代后期至 20 世纪 60 年代中期)

在文件系统阶段,计算机不仅用于科学计算,也开始用于管理中的数据处理工作。从硬件来看,外存储器有了磁盘、磁鼓等直接存取的存储设备。软件方面则出现了高级语言和操作系统,操作系统中已经有了专门管理数据的软件,一般称为文件系统。该阶段应用程序和数据之间的关系如图 1-2 所示。

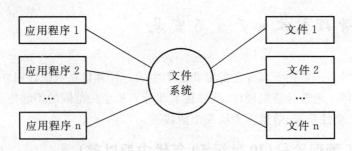

图1-2　文件系统阶段应用程序和数据之间的对应关系

　　文件系统阶段数据管理有以下特点：

　　(1)数据以文件形式长期保存。文件系统把数据组织成内部有一定结构的记录,以文件的形式存储在存储设备上长久地保存,并通过应用程序实现对文件的查询、修改、插入、删除等操作。

　　(2)由文件系统对数据进行管理。文件系统把数据组织成相互独立的文件,程序只需用文件名就可以与数据打交道,不必关心数据的物理存储(存储位置、存储结构等),由文件系统提供的存取方法实现数据的存取,从而实现了"按文件名访问,按记录进行存取"的数据管理技术。

　　(3)程序和数据有一定的独立性。程序和数据之间由文件系统提供的存取方法进行转换,程序员可以不必过多地考虑数据存储的物理细节。由于数据在存储上的改变不一定反映在程序上,因此应用程序与数据之间有了一定的物理独立性。

　　(4)数据的存取以记录为单位。文件系统的基本数据存取单位是记录,即文件系统按记录进行读写操作。在文件系统中,只有通过整条记录的读取操作,才能获得其中数据项的信息,而不能直接对记录中的数据项进行数据存取操作。

　　尽管文件系统阶段较人工管理阶段已经有了长足的进步,但仍然存在如下缺陷：

　　(1)数据冗余度大。文件系统中的数据文件在逻辑上与应用程序相对应,是为了满足某一应用而设计的,即文件仍然是面向应用的,这种文件设计难以满足多种应用程序的要求。同一数据项可能重复出现在多个文件中,导致数据冗余度大,容易造成数据的不一致性。

　　(2)数据独立性差。在文件系统中,尽管程序和数据之间有一定的独立性,但是这种独立性主要是指设备独立性。一旦数据的逻辑结构发生改变,应用程序也必须随之加以修改,还要修改文件结构的定义。因此,程序和数据之间缺乏逻辑独立性。

　　(3)数据缺乏统一管理,数据联系较弱。各个文件与自己的应用程序相对应,数据文件之间是孤立的,文件之间的相互联系无法表述,缺乏对数据的统一管理。

➤ 1.2.3　数据库系统阶段(20世纪60年代后期开始)

　　在数据库系统阶段,计算机用于管理的规模更为庞大,应用越来越广泛,数据量也急剧增加,数据共享的要求越来越强,文件系统的数据管理方法已无法适应应用系统开发的需要。为了解决多用户、多个应用程序共享数据的需求,数据库技术应运而生,出现了统一管理数据的专门软件系统,即数据库管理系统。在数据库系统阶段,应用程序和数据之间的关系如图1-3所示。

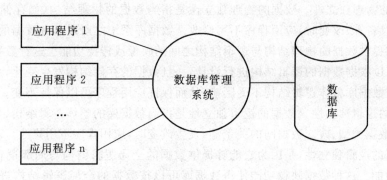

图1-3 数据库系统阶段应用程序与数据之间的对应关系

数据库技术是在文件系统的基础上发展起来的,它克服了文件系统在数据管理方面的缺陷,为用户提供了一种使用方便、功能强大的数据管理手段。与人工管理和文件系统相比,数据库系统阶段数据管理具有以下特点:

1. 面向全组织的数据结构化

数据库系统实现数据的整体结构化,这是数据库系统主要特征之一,也是数据库系统与文件系统的根本区别。在文件系统中,文件之间不存在联系,从总体看,其数据是没有结构的。而在数据库系统中,是将整个组织的数据结构化成一个数据整体,数据不再面向某个应用(程序),而是面向全组织。数据不仅仅是内部结构化,而是将数据以及数据之间的联系统一管理起来,使之整体结构化,也就是说数据库系统不仅描述了数据本身,也描述了数据间的有机联系,从而更好地反映现实世界中的事物及其联系。这种具有整体的结构化使得系统弹性大,有利于实现数据共享。

此外,在数据库系统中,存储数据的方式更加灵活,可以存取数据库中的某一个数据项、一组数据项、一条记录或一组记录。而在文件系统中,数据的最小存储单位是记录,不能细化到数据项。

2. 数据的共享性高,冗余度低,易扩充

数据库系统从整体角度描述和组织数据,数据不再是面向某个应用,而是面向整个应用系统。因此,所有用户的数据都包含在数据库中,数据可以被多个用户、多个应用共享使用。数据共享可以大大减少数据的冗余,同时也避免了数据之间的不相容性和不一致性,即避免了同一数据在数据库中重复出现且具有不同值的现象。

由于数据是面向整个系统的,不仅可以被多个应用共享使用,而且很容易增加新的应用,这使得数据库系统易于扩充。当应用需求改变或增加时,只需重新选择不同的数据子集,或增加新的数据即可。

3. 数据独立性强

数据独立性是指数据的组织和存储方法与应用程序互不依赖、彼此独立的特性。应用程序只关心如何使用数据,而不关心数据是如何构造和存储的,数据的存储和访问由数据库管理系统完成,所以,当改变数据的逻辑结构、存储结构以及存取方式时不用修改应用程序。

数据库系统中的数据独立性可以分为两级。

(1)数据的物理独立性。数据的物理独立性是指当数据的物理结构(如存储结构、存取方式、外部存储设备等)改变时,应用程序不用修改。数据库系统之所以具有数据的物理独立性,是因为它能够提供数据的物理结构与逻辑结构之间的映像或转换功能。这种数据映像功能使得应用程序可以根据数据的逻辑结构进行设计,一旦数据的存储结构发生变化,系统可以通过修改其映像使数据库整体逻辑结构不受影响,从而保证应用程序可以保持不变。

(2)数据的逻辑独立性。数据的逻辑独立性是指当数据库的整体逻辑结构(如修改数据定义、增加新的数据类型、改变数据间的关系等)发生改变时,应用程序不用修改。数据库系统之所以具有数据的逻辑独立性,是因为它能够提供数据的全局逻辑结构与局部逻辑结构之间的映像或转换功能。这种数据映像功能使得数据库可以按数据的全局逻辑结构进行设计,而应用程序可以按数据的局部逻辑结构进行设计。当全局逻辑结构中的部分数据结构发生改变时,即使那些与变化相关的数据局部逻辑结构受到了影响,也可以通过修改全局逻辑结构的映像,使数据的局部逻辑结构保持不变,从而保证应用程序不变。

4. 统一的数据控制功能

在数据库系统中,数据由数据库管理系统(data base management system,DBMS)进行统一管理和控制。数据库系统中的数据共享是允许并发操作的共享,即多个用户可以同时存取数据库中的数据,甚至可以同时存取数据库中的同一数据。为了确保数据库中的数据正确、有效,数据库管理系统必须提供以下四个方面的数据控制功能。

(1)数据的安全性控制:防止不合法使用数据库造成数据的泄露和破坏,使每个用户只能按照规定的方式对某些数据进行访问和处理。例如,系统提供口令或其他手段验证用户身份,以防止非法用户使用系统。对进入系统的合法用户通过对数据存取权限的限制,使用户只能按规定的权限对数据进行相应操作。

(2)数据的完整性控制:将数据控制在有效的范围内,或保证数据之间满足一定的关系。例如,对于百分制成绩必须在 0~100 分之间;月份只能用 1~12 的正整数表示;一个人不能有两个性别等。

(3)并发控制:多个用户同时存取或修改数据库时,防止由于相互干扰而提供给用户不正确的数据,并防止数据库受到破坏。例如,网上并发订票操作、并发选课操作等都必须进行并发控制。

(4)数据库恢复:当计算机系统发生硬件或软件故障、操作员误操作及其他故意破坏时,造成数据库中的数据不正确或数据丢失,系统有能力将数据库从错误状态恢复到某一正确状态。

综上所述,数据库管理系统的出现使信息系统从以加工数据的应用程序为中心转向以围绕共享的数据库为中心的新阶段。这样既便于数据的集中管理,也有利于应用程序的开发和维护,提高了数据的利用率和相容性,提高了决策的可靠性。

1.3　数据库系统的组成

数据库系统(data base system,DBS)是指引入数据库后的计算机系统。一个计算机系统离不开相应的硬件平台(计算机)和软件平台(至少包括操作系统),需要有相应的人员来管理数据和使用数据,需要有相应的应用软件来完成数据的使用。因此,数据库系统包括:

(1)以数据为主体的数据库;

(2)管理数据库的系统软件——数据库管理系统；

(3)支持计算机系统的硬件平台；

(4)支持计算机系统的软件平台(如操作系统)；

(5)管理数据库的技术人员；

(6)使用数据库的用户；

(7)基于数据库的应用软件等。

可以看出,数据库、数据库管理系统和数据库系统是三个不同的概念,数据库强调的是数据,数据库管理系统是系统软件,而数据库系统则强调的是系统。

数据库系统各组成部分的关系如图1-4所示。

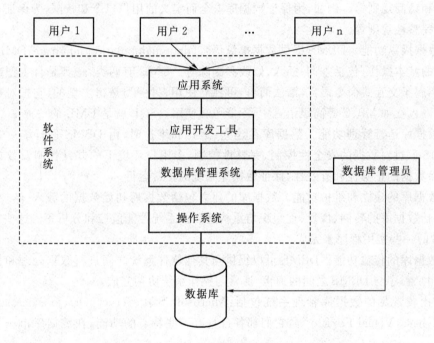

图1-4 数据库系统的组成

➤ 1.3.1 数据库

数据库(data base,DB)是存储在计算机内,有组织的、可共享的数据集合。数据库中的数据按一定的组织方式(数据结构)组织、描述和存储,这些数据是结构化的,具有较小的冗余度和较高的数据独立性,可为多个用户共享。数据库的主要特点包括以下几个方面。

(1)实现数据集中控制。利用数据库可对数据进行集中控制和管理,并通过数据模型表示各种数据的组织以及数据间的联系。也就是说,数据库可以看成是若干个性质不同的数据文件的联合和统一的整体。

(2)实现数据共享。数据库中的数据可被多个不同的用户共享,即多个不同的用户,使用多种不同的语言,为了不同的应用目的,可以并发地存取数据库,甚至并发地存取同一数据。

(3)减少数据的冗余度。同文件系统相比,由于数据库实现了数据共享,从而避免了用户各自建立应用文件,减少了大量重复数据,减少了数据冗余,维护了数据的一致性。

➤ 1.3.2　数据库管理系统

数据库管理系统(DBMS)是用于建立、管理和维护数据库的大型系统软件,位于应用软件和操作系统之间。它对数据库进行统一的管理和控制,并且使数据库能够为多个用户共享,同时保证数据的安全性、可靠性、完整性、一致性以及高独立性等。用户通过 DBMS 访问数据库中的数据,数据库管理员也可以通过 DBMS 对数据库进行维护工作。DBMS 的主要功能包括以下几个方面。

(1)数据定义功能。DBMS 提供数据定义语言(data definition language,DDL)来定义数据库的外模式、模式和内模式;定义外模式与模式之间、模式和内模式之间的映像;定义有关的约束条件和访问规则等。例如,为保证数据库安全而定义的用户口令和权限,为保证正确语义而定义的完整性规则等。

(2)数据操纵功能。DBMS 提供数据操纵语言(data manipulation language,DML)来实现对数据库的基本操作,包括查询、插入、修改和删除等。DML 有两类:一类是自主型或自含型的,这一类属于交互式命令语言,语法简单,可独立使用;另一类是宿主型的,它把对数据库的存取语句嵌入在如 VB、C 等高级语言中,不能单独使用。SQL 就是 DML 的一种。

(3)数据库运行管理功能。数据库在建立、运行和维护时,由 DBMS 进行统一管理和控制。DBMS 通过对数据的安全性控制、完整性控制、多用户环境下的并发控制及数据库的恢复,来确保数据的正确性和有效性;保证数据库系统的正常运行。

(4)数据库的建立和维护功能。数据库的建立包括数据库初始数据的载入、转换,数据库的维护包括数据库的转储、恢复、重组织与重构造以及系统性能监控和分析等。这些功能通常由 DBMS 的一些实用程序来完成。

(5)数据库的传输功能。DBMS 可以提供与其他软件系统之间进行数据处理和传输的功能,实现用户程序与 DBMS 之间的通信,通常与操作系统协调完成。

目前比较常见的数据库管理系统包括:Microsoft SQL Server,Oracle,Microsoft Office Access,Sybase,Visual FoxPro 等,它们都各自具有一些特有的功能,在数据库市场上占据一席之地。

➤ 1.3.3　数据库管理员

使用数据库、对数据库进行各种操作的人统称为数据库用户,其中包括终端用户、应用程序员和数据库管理员(data base administrator,DBA)这几类。其中,数据库管理员是数据库中的核心角色,负责设计、建立、管理和维护整个数据库,使数据能够被任何有权使用的人有效使用,因此一般是由业务水平比较高、资历较深的个人或团队担任。

DBA 应当自始至终参加整个数据库的研制和开发工作,开发结束后,DBA 要全面负责数据库系统的管理、维护和正常使用,其主要职责包括以下几个方面。

(1)参与数据库设计的全过程,决定数据库的结构和内容;

(2)决定数据库的存储结构和存取策略,以获得较高的存取效率和存储空间利用率;

(3)帮助终端用户使用数据库系统,如培训终端用户、解答终端用户日常使用数据库系统时遇到的问题等;

(4)控制和监控用户对数据库的存取访问,维护数据库的安全性;

（5）监督控制数据库的使用和运行，负责定义和实施适当的数据库备份和恢复策略，如周期性地转储数据、维护日志文件等，当数据库受到破坏时，在最短时间内将数据库恢复到正确状态，并尽可能地不影响或少影响计算机系统其它部分的正常运行；

（6）改进和重组重构数据库，负责监视和分析系统的性能，使系统的空间利用率和处理效率总是处于较高水平。当系统性能降低时，根据实际情况不断改进数据库的设计，不断提高系统的性能；当用户需求情况发生变化时，对数据库进行重新构造。

可见，数据库管理员不仅要有较高的技术专长和较丰富的经验，还应具备了解和阐明管理要求的能力。特别是对于大型数据库系统，DBA 尤为重要。

1.4 数据库系统的模式结构

从 DBMS 的角度看，数据库系统一般采用外模式、模式和内模式组成的三级模式结构，且在这三级模式之间提供了外模式与模式之间、模式与内模式之间的两级映像功能。这种从 DBMS 的角度看到的数据库系统的三级模式结构及模式之间的映像统称为数据库系统的内部体系结构。

相对于数据库系统的内部体系结构，数据库系统的外部体系结构是指在计算机系统环境下，数据库管理系统及其数据库应用系统的体系结构。

▶ 1.4.1 数据库的三级模式结构

美国国家标准学会（ANSI）所属标准计划和要求委员会在 1975 年公布的研究报告中，把数据库系统的内部体系结构从逻辑上分为三级：外模式、模式和内模式。对用户而言，可以对应地分为一般用户级模式、概念级模式和物理级模式，它们分别反映了看待数据库的三个角度。数据库系统的三级模式结构如图 1-5 所示。

1. 模式及概念数据库

模式也常称概念模式或逻辑模式，它是对数据库中全体数据的逻辑结构和特征的描述。模式处于三级结构的中间层，不涉及数据的物理存储细节和硬件环境，与具体的应用程序、所使用的应用开发工具及高级程序语言无关。

逻辑模式使用模式 DDL 进行定义，其定义的内容不仅包括数据记录由哪些数据项构成，数据项的名称、数据类型、取值范围等，同时也包括对数据间联系的定义，以及与数据有关的安全性、完整性要求的定义等。

逻辑模式是系统为了减小数据冗余、实现数据共享的目标并对所有用户的数据进行综合抽象而得到的统一的全局数据视图。一个数据库系统只能有一个逻辑模式，以逻辑模式为框架的数据库为概念数据库。

2. 外模式及用户数据库

外模式也称子模式或用户模式，它是对各个用户或程序所涉及的数据的逻辑结构和特征的描述，是与某一应用有关的数据的逻辑表示，也是数据库用户的数据视图，即用户视图。

外模式使用外模式 DDL 进行定义，该定义对外模式的数据结构、数据域、数据构造规则及数据的安全性和完整性等属性进行描述。

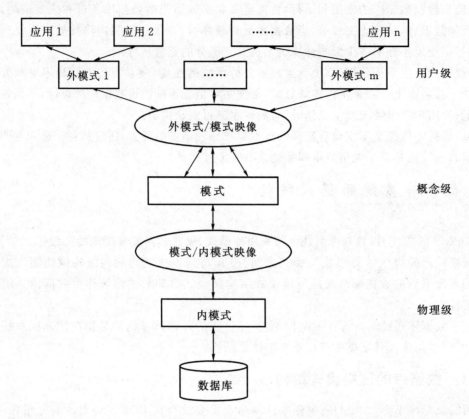

图1-5 数据库系统的三级模式结构

外模式是完全按用户对数据的需要、站在局部的角度进行设计的。由于一个数据库系统有多个用户,所以就可能有多个外模式。从逻辑关系上看,外模式是模式的一个逻辑子集,从一个模式可以推导出多个不同的外模式。以外模式为框架的数据库为用户数据库。显然,某个用户数据库是概念数据库的部分抽取。

使用外模式的优点有以下几方面:

(1)由于使用外模式,用户不必考虑那些与自己需求无关的数据,也无需了解数据的存储结构,使得用户使用数据的工作和程序设计的工作都得到了简化。

(2)由于用户使用的是外模式,使得用户只能对自己需要的数据进行操作,数据库的其他数据与用户是隔离的,这样有利于数据的安全和保密。

(3)由于用户可以使用外模式,而同一模式又可派生出多个外模式,所以有利于数据的独立性和共享性。

3. 内模式及物理数据库

内模式也叫存储模式或物理模式,它是对数据库存储结构的描述,是数据在数据库内部的表示方式。内模式处于三级结构中的最内层,也是靠近物理存储的一层,即与实际存储数据方式有关的一层。

内模式使用内模式DDL定义。内模式DDL不仅能够定义数据的数据项、记录、数据集、索引和存取路径在内的一切物理组织方式等属性,同时还能规定数据的优化性能、响应时间和存储空间需求,规定数据的记录位置、块的大小与数据溢出区等。

以物理模式为框架的数据库为物理数据库。在数据库系统中,只有物理数据库才是真正存在的,它是存放在外存的实际数据文件;而概念数据库和用户数据库在计算机外存上是不存在的。用户数据库、概念数据库和物理数据库三者的关系是:概念数据库是物理数据库的逻辑抽象形式;物理数据库是概念数据库的具体实现;用户数据库是概念数据库的子集,也是物理数据库子集的逻辑描述。

▶ 1.4.2 数据库系统的二级映像与数据独立性

数据库系统的三级模式是对数据的三个级别的抽象,它将数据的具体组织交给 DBMS 管理,使用户能逻辑地、抽象地看待和处理数据,而不必关心数据在计算机内的存储方式。为了能够在系统内部实现这三个抽象层次的联系和转换,DBMS 在三级模式之间提供了二级映像:外模式/模式映像、模式/内模式映像。正是这两级映像保证了数据库系统中的数据能够具有较高的逻辑独立性和物理独立性。

1. 外模式/模式映像

模式描述的是数据的全局逻辑结构,外模式描述的是数据的局部逻辑结构。数据库中的同一模式可以有任意多个外模式,对于每一个外模式,都有一个外模式/模式映像,它定义数据的局部逻辑结构与全局逻辑结构之间的对应关系。外模式/模式映像定义通常保存在外模式中。当模式变化时(例如改变关系的结构、改变关系或属性的名称、改变属性的数据类型等),DBA 可以通过修改映像的方法使外模式不变。由于应用程序是根据外模式进行设计的,只要外模式不改变,应用程序就不需要修改,从而保证了数据与应用程序的逻辑独立性。

2. 模式/内模式映像

数据库中的模式和内模式都只有一个,所以模式/内模式映像是唯一的。模式/内模式映像定义了数据的全局逻辑结构与存储结构之间的对应关系。当数据库的存储结构改变时,DBA 可以通过修改模式/内模式映像使数据的模式保持不变。由于用户或程序是按数据的外模式使用数据的,所以只要数据模式不变,用户仍可以按原来的方式使用数据,程序也不需要修改。模式/内模式映像不仅使用户或程序能够按数据的逻辑结构使用数据,还提供了内模式变化而程序不变的方法,从而保证了数据与应用程序的物理独立性。

在数据库的三级模式结构中,模式即全局逻辑结构是数据库的核心和关键,它独立于数据库的其他层次。因此,设计数据库模式结构时,应首先确定数据库的逻辑模式。

1.5 数据模型概述

数据库中不仅存储数据本身,还要存储数据与数据之间的联系,这种数据及其联系需要进行描述和定义,数据模型就是完成该任务的一种方法。

▶ 1.5.1 数据模型的概念

由于计算机不能直接处理现实世界中的具体事物及其联系,所以人们必须将这些具体事物及其联系转换成计算机能够处理的数据。

数据是描述事物的符号记录,而模型是对现实世界的抽象。现实世界只有经过数据化之后,才能由计算机进行处理和保存。因此,数据模型就是数据特征的抽象,是一种专门用来抽象、表示和处理现实世界中数据与信息的工具。换句话说,数据模型是对现实世界的模拟。

数据模型通常由数据结构、数据操作和数据完整性约束三部分组成。

1. 数据结构

数据结构描述数据库的组成对象(实体)以及对象之间的联系。也就是说,数据结构描述的内容包括:

(1)与对象的类型、内容、性质有关的,例如关系模型中的域、属性、关系模式和码等;

(2)与对象之间的联系有关的,例如关系模型中的外码。

数据结构是数据模型的基础,数据操作和约束都建立在数据结构上。不同的数据模型采用不同的数据结构,因此,人们通常按照数据结构的类型来命名数据模型。

2. 数据操作

数据操作是指对数据库中各种对象(型)的实例(值)允许执行的操作集合,包括操作及有关的操作规则。

数据库主要有查询和更新(包括插入、删除和修改)两大类操作。数据模型必须定义这些操作的确切含义、操作符号、操作规则(如优先级)以及实现操作的语言。

3. 数据完整性约束

数据完整性约束是一组数据完整性规则。数据完整性规则是数据、数据语义和数据联系所具有的制约和依存规则,包括数据结构完整性规则和数据操作完整性规则,用以限定符合数据模型的数据库状态以及状态的变化,以保证数据的正确、有效和相容。

数据模型应该反映和规定本数据模型必须遵守的基本且通用的数据完整性规则。例如,在关系模型中,任何关系必须满足实体完整性规则和参照完整性规则。

此外,数据模型还应该提供定义数据完整性约束的机制,以反映具体应用所涉及的数据必须遵守的特定的语义约束规则。例如,在选课系统中,百分制成绩只能取值 $0 \sim 100$ 分。

总而言之,一个数据模型可以从数据结构、数据操作和数据完整性约束三个方面进行完整描述,其中数据结构是刻画模型性质的基础和核心。

▷ 1.5.2 现实世界的数据描述

为了把现实世界中的具体事物抽象、组织为某一 DBMS 支持的数据模型,在实际的数据处理过程中,首先将现实世界的事物及联系抽象成信息世界的信息模型,然后再抽象成计算机世界的数据模型,从而实现现实世界的数据描述。

在数据处理中,数据加工经历了现实世界、信息世界和计算机世界三个不同的世界,经历了两级抽象和转换。

1. 现实世界

现实世界是存在于人们头脑之外的客观世界。其中存在着各种事物及它们之间的联系,每个事物都有自己的特征或性质。人们总是选用感兴趣的最能表征一个事物的若干特征来描述该事物。例如,要描述一个学生,常选用学号、姓名、性别、年龄、系别等来描述,有了这些特征,就能区分不同的学生。

客观世界中,事物之间又是相互联系的,而这种联系可能是多方面的,但人们只选择那些感兴趣的联系,而无需选择所有的联系。例如,在学生管理系统中,可以选择"学生选修课程"这一联系表示学生和课程之间的关系。

2. 信息世界

信息世界是现实世界在人们头脑中的反映,经过人脑的分析、归纳、抽象,形成信息,人们再把这些信息进行记录、整理、归类和格式化后,就构成了信息世界。

信息世界中常用的主要概念如表1-1所示。

表1-1 信息世界中的主要概念

概念	说明	举例
实体 (entity)	可以相互区别的客观事物,可以是具体的人、事、物,也可以是抽象的事件	一个学生,一本书,一堂课,一次比赛
属性 (attribute)	实体所具有的某一特性,一个实体可以由若干个属性共同来刻画	学生实体由学号、姓名、性别、年龄、系等方面的属性组成
实体型 (entity type)	具有相同属性的实体必然具有共同的特征,用实体名及其属性名集合来抽象和描述同类实体	学生(学号,姓名,年龄,性别,系)
实体集 (entity set)	同型实体的集合	所有的学生、所有的课程
键 (key)	能惟一标识一个实体的属性或属性集	学生实体中的"学号"属性
域 (domain)	属性的取值范围	"性别"属性的域为{男,女}

在现实世界中,事物内部以及事物之间是有联系的,这些联系同样也要抽象和反映到信息世界中来,在信息世界中将被抽象为实体型内部的联系和实体型之间的联系(relationship)。实体型内部的联系通常是指组成实体的各属性之间的联系;实体型之间的联系通常是指不同实体集之间的联系。反映实体型及其联系的结构形式称为实体模型,也称为信息模型,它是现实世界及其联系的抽象表示。

两个实体的联系可分为三类:

(1)一对一联系(1:1)。如果对于实体集 A 中的每一个实体,实体集 B 至多有一个实体与之联系,反之亦然,则称实体集 A 与实体集 B 具有一对一联系,记为1:1(见图1-6(a))。例如,确定部门实体和经理实体之间存在一对一联系,意味着一个部门只能有一个经理管理,而一个经理只管理一个部门。

(2)一对多联系(1:n)。如果对于实体集 A 中的每一个实体,实体集 B 中有 n 个实体与之联系(n>=0),反之,对于实体集 B 中的每一个实体,实体集 A 中至多有一个实体与之联系,则称实体集 A 与实体集 B 具有一对多联系,记为1:n(见图1-6(b))。例如,一个班级中有若干名学生,而每个学生只能在一个班级学习,则班级与学生之间具有一对多联系。

(3)多对多联系(m:n)。如果对于实体集 A 中的每一个实体,实体集 B 中有 n 个实体与之联系(n≥0),反之,对于实体集 B 中的每一个实体,实体集 A 中也有 m 个实体与之联系(m≥0),则称实体集 A 与实体集 B 具有多对多联系,记为 m：n(见图 1-6(c))。例如,学生和课程之间存在多对多联系。

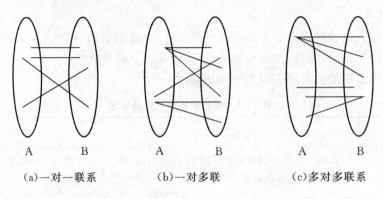

| (a)一对一联系 | (b)一对多联 | (c)多对多联系 |

图 1-6　不同实体集实体之间的联系

3. 计算机世界

计算机世界是信息世界中信息的数据化,就是将信息用字符和数值等数据表示,便于存储在计算机中并由计算机进行识别和处理。

在计算机世界中,常用的主要概念如表 1-2 所示。

表 1-2　计算机世界中的主要概念

概念	说明	举例
字段 （field）	标记实体属性的命名单位,也称为数据项,字段的命名往往和属性名相同	学生有学号、姓名、年龄、性别、系等字段
记录 （record）	字段的有序集合,通常用一个记录描述一个实体	一个学生（990001,张立,20,男,计算机）
文件 （file）	同一类记录的集合,文件是用来描述实体集的	所有学生的记录
关键字 （key）	能唯一标识文件中每个记录的字段或字段集	在学生文件中,学号可作为学生记录的关键字

在计算机世界中,信息模型被抽象为数据模型,实体型内部的联系抽象为同一记录内部各字段间的联系,实体型之间的联系抽象为记录与记录之间的联系。

现实世界是信息之源,是设计数据库的出发点,实体模型和数据模型是现实世界事物及其联系的两级抽象。而数据模型是实现数据库系统的根据。

通过以上的介绍,我们可总结出三个世界中各术语的对应关系,如图 1-7 所示。

➢ 1.5.3　数据模型的分类

在数据库系统中,根据不同的对象和应用目的,应采用不同的数据模型。数据模型按照不

现实世界　　　　　　　信息世界　　　　　　计算机世界

事物总体 ——————→ 实体集 ——————→ 文件

事物个体 ——————→ 实体 ——————→ 记录

特征 ——————→ 属性 ——————→ 字段

事物间联系 ——————→ 实体模型 ——————→ 数据模型

图 1-7　三个世界中各术语的对应关系

同的应用层次,可以划分为以下三种类型。

1. 概念模型

概念模型也称为信息模型,它是按用户的观点对数据和信息建模,是对现实世界的事物及其联系的第一级抽象,它不依赖于具体的计算机系统,不涉及信息在计算机内如何表示,如何处理等问题,只是用来描述某个特定组织所关心的信息结构。因此,概念模型属于信息世界中的模型,主要作为数据库设计时用户和数据库设计人员之间交流的工具。从现实世界到概念模型的转换是由数据库设计人员完成的。在概念模型中,比较著名的是由 PPChen 于 1976 年提出的实体联系模型(entity relationship model),简称 E-R 模型。

2. 逻辑模型

逻辑模型也称为数据模型,它是按计算机的观点对数据建模,是对现实世界的第二级抽象,有严格的形式化定义,以便于在计算机中实现。任何一个 DBMS 都是根据某种逻辑模型有针对性地设计出来的,即数据库是按 DBMS 规定的数据模型组织和建立起来的,因此逻辑模型主要用于 DBMS 的实现。从概念模型到逻辑模型的转换可以由数据库设计人员完成,也可以用数据设计工具协助设计人员完成。比较成熟地应用在数据库系统中的逻辑模型主要包括层次模型(hierarchical model)、网状模型(network model)、关系模型(relational model)、面向对象模型(object-oriented model)等。

3. 物理模型

物理模型是对数据最底层的抽象,它描述数据在磁盘或磁带上的存储方式和存取方法,是面向计算机系统的。它不但与具体的 DBMS 有关,而且还与操作系统和硬件有关。物理模型的具体实现是 DBMS 的任务,用户一般不必考虑物理级细节。从逻辑模型到物理模型的转换是由 DBMS 自动完成的。

➢ 1.5.4 实体联系模型

实体联系模型(E-R 模型)是广泛应用于数据库设计工作中的一种概念模型,它利用 E-R 图来表示实体及其之间的联系。

E-R 图的基本成分包含实体型、属性和联系,它们的表示方式如下。

(1)实体型:用矩形表示,在矩形框内标注实体名称,如图 1-8(a)所示。

(2)属性:用椭圆形表示,在椭圆形框内标注属性名称,并用无向边将其与相应的实体相连,如图 1-8(b)所示。

(3)联系:联系用菱形表示,在菱形框内标注联系名称,并用无向边与有关实体相连,同时在无向边旁标上联系的类型,即 1∶1 或 1∶n 或 m∶n,如图 1-8(c)所示。

(a)实体　　　　　　　(b)属性　　　　　　　(c)联系

图 1-8　E-R 图的三种基本成分的图形表示方法

E-R 图的基本思想是分别用矩形框、椭圆形框和菱形框表示实体型、属性和联系,使用无向边将属性与其相应的实体连接起来,并将联系分别和有关实体相连接,注明联系类型。

现实世界的复杂性,导致实体联系的复杂性。表现在 E-R 图上可以归结为图 1-9 所示的几种基本形式:

(1)两个实体之间的联系,如图 1-9(a)所示。

(2)两个以上实体间的联系,如图 1-9(b)所示。

(3)同一实体集内部各实体之间的联系,例如一个班级内的学生有管理与被管理的联系,即某一学生(班干部)管理若干名学生,而一个学生(普通学生)仅被另外一个学生直接管理,这就构成了实体内部的一对多的联系,如图 1-9(c)所示。

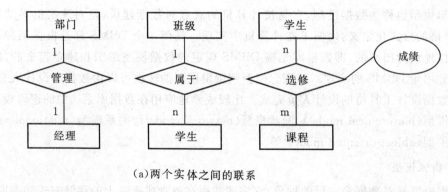

(a)两个实体之间的联系

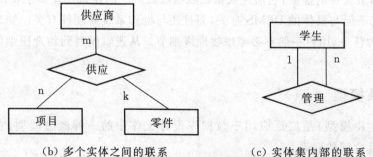

(b)多个实体之间的联系　　　　　(c)实体集内部的联系

图 1-9　实体之间及实体集内部的联系

需要注意的是,因为联系本身也是一种实体型,所以联系也可以有属性。如果一个联系具有属性,则这些联系也要用无向边与该联系的属性连接起来。例如,学生选修的课程有相应的成绩。这里的成绩既不是学生的属性,也不是课程的属性,只能是学生选修课程的联系的属性,如图 1-9(a)所示。

描述学生与课程之间联系的完整的 E-R 图表示方式如图 1-10 所示。

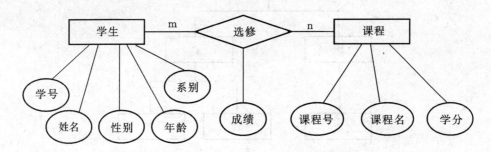

图 1-10　学生与课程联系的完整 E-R 图

用 E-R 图表示的概念模型独立于具体的 DBMS 所支持的数据模型,它是各种数据模型的共同基础,比数据模型更一般、更抽象、更接近现实世界。

1.6　常用的数据模型

目前,数据库领域最常用的数据模型主要有三种,它们是层次模型(hierarchical model)、网状模型(network model)和关系模型(relational model)。

层次模型和网状模型是早期的数据模型,统称为非关系模型。非关系模型的数据库系统在 20 世纪 70 年代至 80 年代初非常流行,在当时的数据库产品中占据了主导地位,之后逐步被关系模型的数据库系统所取代。目前流行的数据库系统大都是基于关系模型的。

➤ 1.6.1　层次模型

层次模型是较早用于数据库技术的一种数据模型,采用树形结构来表示各类实体以及实体间的联系。

层次模型必须满足以下两个条件:

(1)有且只有一个结点没有双亲结点,这个结点称为根结点;

(2)除了根结点外,其他的结点有且仅有一个双亲结点。

层次模型中一个结点表示一种记录型,记录型描述的是实体,字段描述实体的属性,一个记录型可包含若干个字段。结点间的连线表示双亲结点和子女结点之间一对多的联系。

在层次模型中,根结点位于最上层,其他结点都有上一级结点作为其双亲结点,这些结点称为双亲结点的子结点;同一双亲结点的子结点称为兄弟结点;没有子结点的结点称为叶结点。层次模型示意图如图 1-11 所示。

层次模型的数据操纵主要有查询、插入、删除和修改,进行插入、删除、修改操作时要满足层次模型的完整性约束。对子结点进行查找和插入操作时,必须通过双亲结点进行,删除时如果删除的是双亲结点值,其相应的子结点值也同时被删除。

层次模型的优点主要包括以下三个方面:

(1)结构比较简单,层次分明,比较容易使用。

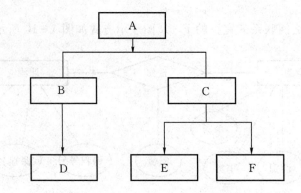

图 1-11　层次模型有向树的示意图

（2）结点间联系简单，只要知道每个结点的双亲结点，就可以知道整个模型结构。现实世界中许多实体间的联系本来就呈现了一种很自然的层次关系，例如，表示书的章节关系、家族关系等。

（3）提供了良好的数据完整性支持。

层次模型的缺点主要包括以下三个方面：

（1）不能直接表示多个实体型之间的复杂联系和实体型之间的多对多联系，只能通过引入冗余数据或者创建虚拟结点的方法来解决，这样容易产生数据的不一致性。

（2）对数据插入和删除的操作限制太多。

（3）查询子结点时，必须通过双亲结点。

➤ 1.6.2　网状模型

现实世界中事物之间的联系更多的是非层次关系，用层次模型表示这样的关系就很不直观，而网状模型可以克服这一弊病，清晰地表示非层次的关系。网状模型是用有向图结构来表示实体及实体之间联系的模型。

网状模型有如下特点：

（1）允许一个结点有多个双亲结点；

（2）允许一个以上结点没有双亲结点。

网状模型中每个结点表示一个记录型，记录型描述的是实体，每个记录型可包含若干个字段。结点间的连线表示两个记录型之间一对多的联系。

网状模型的结构比层次模型的结构更具有普遍性，它允许多个结点没有双亲，也允许结点有多个双亲。此外，网状模型还允许两个结点之间有多种联系。网状模型示意图如图 1-12 所示。

网状模型的数据操纵主要包括查询、插入、删除和修改数据。在进行插入操作时，允许插入尚未确定双亲结点值的子结点值，例如，可以增加一些刚入学还没有选修任何课程的学生；进行删除操作时，允许

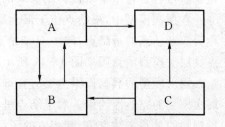

图 1-12　网状模型有向图的示意图

只删除双亲结点值,例如,删除一个班级,但班级内学生的信息还保留在数据库中;进行修改操作时,只需更新指定记录即可。与层次模型相比,网状模型的完整性约束条件并不严格。

相比层次模型来说,网状模型能更加直接地描述客观世界,可以直接表示实体间的多种复杂联系,在数据表示和数据操纵方面均具有更高的效率。但是,网状模型数据库系统也存在一定的不足,例如:结构复杂,DDL 语言定义极其复杂;使用时涉及系统内部的物理因素较多,用户操作使用不方便。

1.6.3　关系模型

关系模型是数据模型中最重要的一种,目前已经成为广泛应用在各种数据库系统中的模型,数据库领域中当前的研究工作也都是以关系方法为基础的。关系模型是建立在严格的数学概念之上的,因此相比层次模型和网状模型具有严密的理论基础。

1. 关系模型的数据结构

关系模型是由若干关系构成的集合,每个关系可以用一个二维表格来表示,表格中的每一行表示一个实体对象,每一列表示一个实体属性,这样的一张表结构称为一个关系模式,表中的内容称为一个关系。表 1-3 给出了一个描述学生情况的关系表。

表 1-3　学生情况表

学号	姓名	性别	出生年月	专业
S1	王红	女	1988.9	计算机
S2	徐志方	男	1989.7	计算机
S3	张小辉	男	1988.5	信息管理
S4	杨秀梅	女	1990.4	电子商务
S5	王霞	女	1990.6	会计学
S6	李楠	男	1991.1	会计学

下面我们在此关系模型示例的基础上,向大家说明关系模型中所涉及的一些基本概念。

(1)关系(relation):一个关系对应着一张二维表。表 1-3 就是一个关系。

(2)元组(tuple):表中的每一行叫做一个元组,如学生情况表中的一个学生记录即为一个元组。

(3)属性(attribute):表中的一列称为关系的一个属性,即记录中的一个字段。

(4)域(domain):属性的取值范围。

(5)分量(component):每一行对应的列的属性值,即元组中的一个属性值。

(6)关键字(key):也叫主码,可以唯一标识一个元组的属性或属性组。表 1-3 中的"学号"属性可以唯一标识一个学生,因此是该关系的主码。

(7)关系模式:关系模式是对一个关系的结构描述,即在关系模式中要指出元组集合的结构。通常,我们对关系模式的表示以如下形式给出:

关系名(属性1,属性2,…,属性 n)

例如,表 1-3 中的关系可以描述为:学生(学号,姓名,性别,出生年月,专业)。

（8）关系实例：关系实例是关系模式的"值"，是关系的数据，相当于二维表中的数据。

2. 关系模型的数据操作

关系模型的操作主要包括查询、插入、修改和删除四种，都是建立在关系之上的操作，这些操作必须满足关系的完整性约束条件，即实体完整性、参照完整性和用户定义的完整性，这几类约束将在后文中进行具体介绍。

关系模型的操作对象和操作结果都是关系，即若干元组的集合。用户只要指出做什么，而不必详细地说明怎么去做，从而大大提高了数据的独立性和用户的操作效率。

3. 关系模型的优缺点

关系模型具有以下优点：

（1）建立在严格的数学概念基础上，有严格的数学理论基础。

（2）结构简单直观，容易理解，表达简练。关系既能描述实体，也能描述实体之间的联系，此外，操作对象和操作结果也都是关系。

（3）存储结构对用户透明，从而使数据独立性高，安全保密性更好。

关系模型的主要缺点是：由于存储结构透明，所以查询效率往往不如非关系模型，因此为了提高性能，必须对用户的查询进行优化，增加了开发 DBMS 的负担。

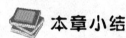 **本章小结**

本章主要介绍数据库的一些基本概念以及数据库知识领域所涵盖的基本内容。首先简要介绍了信息、数据、数据处理与数据管理的基本概念，以及数据管理技术发展的三个阶段，并重点说明了数据库系统阶段的特点。数据库系统的组成主要包括数据库、数据库管理系统、数据库用户、计算机硬件系统和软件系统，其中数据库管理系统是数据库系统的核心。从数据库管理系统的角度看，数据库系统一般采用由外模式、模式和内模式组成的三级模式结构，这三级结构和二级映像保证了数据库系统的逻辑独立性和物理独立性。数据模型是数据库的框架，按照数据的组织结构的不同，通常分为层次模型、网状模型和关系模型，本章分析了这三种数据模型各自的优缺点，并重点介绍了关系模型及其相关概念。

复习题

一、选择题

1. 数据库系统的核心是_____。

　　A. 软件工具　　　　　　　　B. 数据库管理系统

　　C. 数据库　　　　　　　　　D. 数据模型

2. 在数据库系统阶段，数据是_____。

　　A. 无结构的　　　　　　　　B. 整体结构化的

　　C. 整体无结构，记录内有结构　D 以上说法都不对

3. 数据库（DB）、数据库系统（DBS）、数据库管理系统（DBMS）之间的关系是_____。

　　A. DB 包含 DBS 和 DBMS　　B. DBMS 包含 DB 和 DBS

　　C. DBS 包含 DB 和 DBMS　　D. 没有任何关系

4. 数据库系统和文件系统的主要区别是_____。

A. 数据库系统复杂,而文件系统简单

B. 文件系统不能解决数据冗余和数据独立性问题,而数据库系统可以解决

C. 文件系统只能管理程序文件,而数据库系统能够管理各种类型的文件

D. 文件系统的数据量较少,而数据库系统可以管理庞大的数据量

5. 数据库系统中,数据的物理独立性是指_____。

A. 数据库与数据库管理系统的相互独立

B. 应用程序与 DBMS 的相互独立

C. 应用程序与存储在磁盘上的数据库物理模式是相互独立的

D. 应用程序与数据库中数据的逻辑结构相互独立

6. 用树形结构表示实体之间联系的模型是_____。

A. 关系模型　　　　　　　　　　B. 网状模型

C. 层次模型　　　　　　　　　　D. 以上三个都是

7. 在 E-R 图中,用来表示实体的图形是_____。

A. 矩形　　　　　　　　　　　　B. 椭圆形

C. 菱形　　　　　　　　　　　　D. 三角形

8. 数据库三级模式体系结构的划分,有利于保持数据库的_____。

A. 数据独立性　　　　　　　　　B. 数据安全性

C. 结构规范化　　　　　　　　　D. 操作可行性

9. _____是位于用户与操作系统之间的一层数据管理软件。

A. 数据库管理系统　　　　　　　B. 数据库系统

C. 数据库　　　　　　　　　　　D. 数据库应用系统

10. 单个用户使用的数据视图的描述称为_____。

A. 外模式　　　　　　　　　　　B. 概念模式

C. 内模式　　　　　　　　　　　D. 存储模式

11. 下列叙述中,错误的是_____。

A. 数据库技术的根本目标是解决数据共享的问题

B. 数据库设计是指设计一个能满足用户要求、性能良好的数据库

C. 数据库系统中,数据的物理结构必须与逻辑结构一致

D. 数据库系统是一个独立的系统,但是需要操作系统的支持

12. _____是属于信息世界的模型,实际上是现实世界到机器世界的一个中间层次。

A. 数据模型　　　　　　　　　　B. 概念模型

C. E-R 图　　　　　　　　　　　D. 关系模型

13. 下列有关数据库的描述,正确的是_____。

A. 数据库是一个结构化的数据集合　　B. 数据库是一个关系

C. 数据库是一个 DBF 文件　　　　　　D. 数据库是一组文件

14. 数据库的_____是为保证由授权用户对数据库的修改不会影响数据的一致性。

A. 安全性　　　　　　　　　　　B. 完整性

C. 并发控制　　　　　　　　　　D. 恢复

15. _____是存储在计算机内有结构的数据的集合。

  A. 数据库系统   B. 数据库

  C. 数据库管理系统   D. 数据结构

二、填空题

  1. 数据独立性可分为_____和物理数据独立性。

  2. 数据库的数据模型主要分为_____、_____和_____三种。

  3. 数据库系统不仅存储数据库本身,同时也存储数据库的说明信息。这些说明信息称为_____。

  4. 数据库的三种模式:外模式、_____和_____。

  5. 实体之间的联系可抽象为三类,它们分别是_____、_____和_____。

  6. 用树型结构表示实体类型及实体间联系的数据模型称为_____。

  7. 在数据库的三级模式体系结构中,模式与内模式之间的映像实现了数据的_____独立性。

  8. 数据库系统中实现各种数据管理功能的核心软件称为_____。

  9. 数据库管理系统是位于用户与_____之间的软件系统。

  10. 数据库保护分为:安全性控制、_____、并发性控制和数据恢复。

  11. 数据库三级模式体系结构的划分,有利于保持数据的_____。

  12. 数据管理技术发展过程经过人工管理、文件系统和数据库系统三个阶段,其中数据独立性最高的阶段是_____。

三、简答题

  1. 什么是数据?什么是数据管理?

  2. 简述数据管理技术发展的三个阶段及各个阶段的特点。

  3. 从程序和数据之间的关系分析文件系统和数据库系统之间的区别和联系。

  4. 什么是数据库管理系统?它的主要功能是什么?

  5. 数据库系统包括哪几个主要组成部分?各部分的功能是什么?画出整个数据库系统的层次结构图。

  6. 试述数据库系统的三级模式结构及每级模式结构的作用。

  7. DBA 指的是什么?它的主要职责是什么?

  8. 什么是数据库的数据独立性?它包含哪些内容?

  9. 解释实体、属性、实体键、实体集、实体型、实体联系类型、记录、数据项、字段、记录型、文件、实体模型、数据模型的含义。

  10. 实体型间的联系有哪几种?其含义是什么?请举例说明。

  11. 关系模型有哪些特点?

  12. 学校中有若干系,每个系有若干班级和教研室,每个教研室有若干教师,其中一些教授和副教授每人各带若干研究生。每个班有若干学生,每个学生选修若干课程,每门课可由若干学生选修。根据以上所述,请用 E-R 图画出此学校的概念模型。

第2章 关系数据库

关系数据库是目前应用最广泛,也是最重要、最流行的数据库。1970 年 E. F. Codd 在美国计算机学会会刊《Communication of the ACM》上发表的题为《A. Relational Model of Data for Shared Data Base》的论文,开创了数据库管理系统的新纪元。此后他连续发表了多篇论文,奠定了关系数据库的理论基础。关系数据库系统是支持关系模型的数据库系统。按照数据模型的三个要素,关系模型由关系数据结构、关系操作和关系完整性约束三部分组成。本章将主要从这三个方面讲述关系数据库的基本理论,本章内容是学习关系数据库的基础。

2.1 关系模型

关系模型的数据结构非常简单,它就是二维表,亦称为关系。在关系模型中,现实世界中的实体以及实体之间的联系均由单一的结构类型即关系来表示。关系模型建立在集合代数的基础之上,下面从集合论的角度给出关系数据结构的形式化定义。

➤ 2.1.1 关系数据结构

1. 域(domain)

域是一组具有相同数据类型的值的集合(用 D 表示)。例如,实数、整数、{0,1}、{'男','女'}(用来表示性别的取值范围)、{'学士','硕士','博士'}(表示学位的取值范围)、大于等于 0 且小于等于 100 的正整数(用来表示百分制成绩的取值范围)、长度不超过 100 字节的字符串集合等,都可以是域。

域中所包含的值的个数称为域的基数(用 m 表示)。在关系中就是用域来表示属性的取值范围的。

2．笛卡儿积(cartesian product)

给定一组域 $D_1, D_2, \cdots, D_n$，这些域可以是不同的也可以是相同的。$D_1, D_2, \cdots, D_n$ 的笛卡儿积为：

$$D_1 \times D_2 \times \cdots \times D_n = \{(d_1, d_2, \cdots, d_n) \mid d_i \in D_i, i = 1, 2, \cdots, n\}$$

其中，集合中的每一个元素 $(d_1, d_2, \cdots, d_n)$ 称为一个 n 元组，简称为元组，元组不是分量 d_i 的集合；元素中的每一个值 d_i 称为一个分量，分量来自相应的域($d_i \in D_i$)。

若 $D_i(i=1, 2, \cdots, n)$ 为有限集，假设其基数为 $m_i(i=1, 2, \cdots, n)$，则笛卡尔积 $D_1 \times D_2 \times \cdots \times D_n$ 的基数 M(即元素 $(d_1, d_2, \cdots, d_n)$ 的个数)为：

$$M = \prod_{i=1}^{n} mi。$$

给定两个域：

学生姓名域：$D_1 = \{$'李勇'，'刘晨'，'王红'$\}$

课程名称域：$D_2 = \{$'数据库'，'操作系统'$\}$

则 D_1, D_2 的笛卡儿积为：

$D_1 \times D_2 = \{$('李勇'，'数据库')，('李勇'，'操作系统')，('刘晨'，'数据库')，('刘晨'，'操作系统')，('王红'，'数据库')，('王红'，'操作系统')$\}$

该笛卡儿积的基数 $M = 3 \times 2 = 6$，即 $D_1 \times D_2$ 中元组的个数为 6，如表 2-1 所示。

表 2-1　D_1 和 D_2 的笛卡儿积

姓名	课程名称
李勇	数据库
李勇	操作系统
刘晨	数据库
刘晨	操作系统
王红	数据库
王红	操作系统

由上表可知，笛卡儿积也是一个二维表，表中的一行对应于一个元组，表中的一列的值来自于同一个域。

3．关系(relation)

笛卡尔积 $D_1 \times D_2 \times \cdots \times D_n$ 的任一子集称为在域 $D_1, D_2, \cdots, D_n$ 上的 n 元关系，表示为：

$$R(D_1, D_2, \cdots, D_n)$$

其中：R 表示关系的名字，n 是关系的目或度(degree)。当 n=1 时，称该关系为单元关系；当 n=2 时，称该关系为二元关系，以此类推。

上例中，$D_1 \times D_2$ 的笛卡尔积的某个子集可以构成一个选课关系，如表 2-2 所示。

表 2 - 2　$D_1 \times D_2$ 笛卡尔积的子集(选课关系)

姓名	课程名称
李勇	数据库
刘晨	数据库
王红	操作系统

关系是笛卡儿积的有限子集,所以关系也是一个二维表。其中:

(1)表的框架由域 D_i(i=1,2,…,n)构成,即表的每列对应于关系的一个域;

(2)表的每行对应于关系的一个元组;

(3)由于域可以相同,为了区别就必须给每列起一个名字,称为属性,n 目关系共有 n 个属性,属性的名字唯一,属性的取值范围 D_i(i=1,2,…,n)称为值域;

(4)具有相同关系框架的关系称为同类关系。

一般来说,$D_1 \times D_2 \times \cdots \times D_n$ 的笛卡儿积是没有实际语义的。只有它能够构成一个关系的某个子集才有实际含义。例如,对于表 2 - 1 中的 6 个元组,如果"李勇"同学只修读了"数据库"课,没有修读"操作系统"课,那么第 1 个元组有实际含义,而第 2 个元组没有实际含义。因此,我们也称表的一行(即关系的一个元组)是由有关联的若干值构成,它对应于现实世界中一个实体的若干属性的值的集合。

▷ 2.1.2　关系的性质

尽管关系和普通的二维表格非常类似,但是二者也有着重要的区别。关系是一种规范化了的二维表中行的集合,在关系模型中,对关系作了很多限制。关系的性质有以下六方面:

(1)同一属性的数据具有同质性,即每一列中的分量必须来自一个域,必须是同一类型的数据。

(2)同一关系的属性名具有不能重复性,同一关系中不同属性的数据可出自同一个域,但不同的属性要给予不同的属性名。例如,设有表 2 - 3 所示的关系,平时成绩与期末成绩是两个列,它们来自同一个域,成绩∈(0,100),但这两个列是两个不同的属性,必须给它们起不同的名字。

表 2 - 3　一个关系的两个属性来自同一个域

姓名	课程名称	平时成绩	期末成绩
李勇	数据库	90	85
刘晨	数据库	92	92
王红	操作系统	94	87

(3)关系中的列的位置具有顺序无关性,说明关系中的列的次序可以任意交换,但要连同属性名一起交换,否则将得到不同的关系。

(4)关系具有元组无冗余性,即关系中的任意两个元组不能完全相同。因为数学上的集合中没有相同的元素,而关系是元组的集合,所以作为集合元素的元组是唯一的。

(5)关系中的元组位置具有顺序无关性,说明关系元组的顺序可以任意交换。因为关系是一个集合,而集合中的元素是无序的,所以作为集合元素的元组也是无序的。

(6)关系中的每一个分量都必须是不可分的数据项。关系模型要求关系必须是规范化的,即要求关系模式必须满足一定的规范条件。关系规范条件中最基本的一条就是关系的每一个分量必须是不可分的数据项,即所有属性值都是原子的。

例如,表2-4中的籍贯分为省和市/县两项,这种组合数据项不符合关系规范化的要求,这样的关系在数据库中是不允许存在的。关系正确的设计格式如表2-5所示。

表 2-4 非规范化的关系

姓名	籍贯	
	省	市/县
李勇	湖南	长沙
王红	浙江	温州

表 2-5 规范化的关系

姓名	省	市/县
李勇	湖南	长沙
王红	浙江	温州

➢ 2.1.3 关系模式

对于一个二维表,有表头部分和表体部分,表头部分定义了该表的结构,即定义了该表由哪些列构成(假设由 n 列构成)、每个列的名字和取值范围等;表体就是所有数据行的集合,每一个数据行都是由表头部分规定的 n 列有关联的取值的集合构成。

对应于关系数据库,表的每一数据行对应于关系的一个元组,而关系是元组的集合,因此,表体对应于关系,关系是值的概念;表头部分对应于关系模式,关系模式是型的概念,它定义了元组集合的结构,即定义了一个元组由哪些属性构成(假设由 n 个属性构成)、每个属性的名字和来自的域等。

关系模式是对关系的描述,它可以形式化地表示为:

$$R(U,D,DOM,F)$$

其中,R 为关系名,U 为组成该关系的属性名的集合,D 为属性集 U 中所有属性所来自的域的集合,DOM 为属性向域的映像集合,F 为属性间数据的依赖关系集合(即体现一个元组的各属性取值之间的"关联"性)。

关系模式通常被简记为:

$$R(U)\text{或}R(A_1,A_2,\cdots,A_n)$$

其中,R 为关系名,U 为属性名的集合$\{A_1,A_2,\cdots,A_n\}$;而域名 D 及属性向域的映像 DOM 常常直接说明属性的类型、长度。

关系模式是对关系结构的描述,它是静态的、稳定的。而关系是关系模式的一个实例,关系中的一个元组是现实世界的一个实体对应于关系模式中各属性在某一时刻的状态和内容，因此关系是动态的、随时间不断变化的。在实际应用中，人们经常把关系模式和关系都笼统地称为关系。

2.1.4　关系数据库

在关系模型中，实体以及实体之间的联系都是用关系来表示的。在某一应用领域中，所有实体以及实体之间的联系所形成的关系集合就构成了一个关系数据库。例如，建立一个教学数据库，在数据库中包含五个关系，如表 2-6、2-7、2-8、2-9、2-10 所示。

表 2-6　学生关系 S

学号	姓名	性别	年龄	系别
S1	李勇	男	19	计算机
S2	刘晨	男	20	信息管理
S3	王红	女	18	信息管理
S4	周涛	男	19	电子商务
S5	赵婷	女	18	计算机
S6	孙萌	女	20	电子商务

表 2-7　课程关系 C

课程号	课程名	学分
C1	数据库	3
C2	操作系统	3
C3	电子商务概论	3
C4	管理信息系统	2
C5	计算机网络	2
C6	C 语言程序设计	3
C7	网站建设	3

表 2-8　选课关系 SC

学号	课程号	成绩
S1	C1	85
S1	C2	88
S2	C1	90
S2	C4	
S2	C5	86
S3	C2	72

续表 2 - 8

学号	课程号	成绩
S3	C1	58
S3	C6	78
S4	C4	84
S4	C7	86
S5	C3	92

表 2 - 9　教师关系 T

教师号	姓名	性别	年龄	职称	系别
T1	李明	男	54	教授	计算机
T2	刘兵	男	30	讲师	信息管理
T3	张立	男	42	副教授	电子商务
T4	王敏	女	28	讲师	计算机
T5	江虹	女	45	教授	信息管理

表 2 - 10　授课关系 TC

教师号	课程号
T1	C1
T1	C6
T2	C4
T2	C5
T3	C3
T3	C7
T4	C5
T5	C1
T5	C2

关系数据库有型和值之分。关系数据库的型称为关系数据库模式,它是对关系数据库的描述,包括若干域的定义以及在这些域上定义的若干关系模式。例如,在上述教学数据库中,共有五个关系,其关系数据库模式可表示为:

学生(学号,姓名,性别,年龄,系别)

课程(课程号,课程名,学分)

选课(学号,课程号,成绩)

教师(教师号,姓名,性别,年龄,职称,系别)

授课(教师号,课程号)

关系数据库的值也称为关系数据库,是这些关系模式在某一时刻对应的关系的集合,也就是所说的关系数据库的数据,也称为关系数据库的实例。例如,与课程关系模式对应的数据库中的实例有如下七个元组,如表 2-11 所示。

表 2-11 与课程关系模式对应的实例

C1	数据库	3
C2	操作系统	3
C3	电子商务概论	3
C4	管理信息系统	2
C5	计算机网络	2
C6	C语言程序设计	3
C7	网站建设	3

2.2 关系的键与关系的完整性

2.2.1 关系的键

1. 候选键和主键

若关系中的某一属性组(或单个属性)的值能唯一地标识一个元组,则称该属性组(或属性)为候选键(candidate key),也称为候选码。其形式化定义为:

设关系 R 有属性 $A_1, A_2, \cdots, A_n$,其属性集 $K = (A_i, A_j, \cdots, A_k)$,当且仅当满足下列条件时,K 被称为候选键。

(1)唯一性,关系 R 的任意两个不同元组,其属性集 K 的值是不同的。

(2)最小性,组成关系键的属性集$(A_i, A_j, \cdots, A_k)$中,任一属性都不能从属性集 K 中删掉,否则将破坏唯一性的性质。

为数据管理方便,当一个关系有多个候选码时,应选定其中的一个候选键作为查询、插入或删除元组的操作变量,这个被选用的候选键称为主关系键或主码(primary key)。当然,如果关系中只有一个候选键,这个唯一的候选键就是主关系键。

例如,假设表 2-6 中没有重名的学生,则学生关系中就有两个候选键,即"学号"和"姓名"。如果选定"学号"作为数据操作的依据,则"学号"为关系的主关系键。

每个关系必定有且只有一个主关系键,因为关系的元组无重复,至少关系的所有属性的组合可作为主关系键,通常用较小的属性组合作为主关系键。主关系键一旦选定以后,不能随意改变。

2. 主属性和非主属性

关系中,包含在候选码中的属性称为主属性,不包含在任何候选码中的属性称为非主属性。

若关系的候选码中只包含一个属性,则称它为单属性码;若候选码是由多个属性构成的,则称它为多属性码。若关系中只有一个候选码,且这个候选码中包括全部属性,则这种候选码为全码。

例如,设有以下关系:

学生(学号,姓名,性别,年龄)

借书(学号,书号,日期)

选课(学号,课程号)

其中,学生关系的码为"学号",它为单属性码;借书关系中"学号"和"书号"组合在一起是多属性码;选课关系中的学号和课程号相互独立,属性间不存在依赖关系,它的码为全码。

3. 外部关系键

设 X 是基本关系 R 的一个或一组属性,但不是关系 R 的主码(或候选码),而是另一关系 S 的主码,则称 X 是关系 R 的外部关系键或外码(foreign key),并称关系 R 为参照关系,关系 S 为被参照关系。

需要指出的是,外码并不一定要与相应的主码同名。不过,在实际应用中,为了便于识别,当外码与相应的主码属于不同关系时,往往给它们取相同的名字。

例如,"基层单位数据库"中有"职工"和"部门"两个关系,其关系模式如下:

职工(职工号,姓名,性别,工资,部门号)

部门(部门号,名称,经理)

其中:主码用下划线标出。

在职工关系中,"部门号"不是主码,但部门关系中"部门号"为主码,而职工关系中的"部门号"为外码。对于职工关系来说部门关系为参照关系。同理,在部门关系中"经理"(实际为经理的职工号)不是主码,它是非主属性,而在职工关系中"职工号"为主码,则部门关系中的"经理"为外码,职工关系为部门关系的参照关系。

再如,在教学数据库中,有学生、课程和选修三个关系,其关系模式表示为:

学生(学号,姓名,性别,年龄,系别)

课程(课程号,课程名,学分)

选修(学号,课程号,成绩)

其中:主码用下划线标出。

在选修关系中,"学号"和"课程号"组合在一起为主码。单独的"学号"或"课程号"仅为关系的主属性,而不是关系的主码。由于在学生关系中"学号"是主码,在课程关系中"课程号"是主码,因此,"学号"和"课程号"为选修关系中的外码,而学生关系和课程关系为选修关系的参照关系。

➤ 2.2.2 关系的完整性

关系模型的完整性规则是对关系的某种约束条件。关系模型中有三类完整性约束:实体完整性、参照完整性和用户自定义完整性。其中实体完整性和参照完整性是关系模型必须满足的完整性约束条件,被称为关系的两个不变性。任何关系数据库系统都应该支持这两类完整性。此外,由于不同的关系数据库系统所处的应用环境不同,往往会有一些特殊的约束条件,这就是用户自定义完整性。

1. 实体完整性

实体完整性的目的是要保证关系中的每个元组都是可识别和唯一的。

关系模型的实体完整性规则是:主关系键的值不能为空或部分为空。

实体完整性规则是针对基本表而言的,由于一个基本表通常对应现实世界的一个实体集(或联系集),而现实世界中的一个实体(或一个联系)是可区分的,它在关系中以码作为实体(或联系)的标识,主键不能取空值就能够保证实体(或联系)的唯一性。如果主属性取空值,则不符合主键的定义条件,也就是不能唯一标识元组及其相对应的实体,即存在不可区分的实体,这不符合现实世界中实体是可区分的事实。

例如,在学生关系中,由于"学号"属性是主码,则"学号"值不能为空值;学生的其他属性可以是空值,如"年龄"或"性别"等,如果为空,则表明不清楚该学生的这些特征值。

2. 参照完整性

现实世界中的实体之间存在各种联系,而在关系模型中实体和实体之间的联系都是用关系描述的,这就必然存在着关系与关系之间的参照或引用。

关系模型的参照完整性规则是:若属性(或属性组)X 是关系 R 的外码,它与关系 S 的主码相对应,则对于 R 中每个元组在 X 上的值或者等于 S 中某个元组的主码值,或者取空值。

例如,对于上述职工关系中"部门号"属性只能取下面两类值:空值,表示尚未给该职工分配部门;非空值,该值必须是部门关系中某个元组的"部门号"值。一个职工不可能分配到一个不存在的部门中,即被参照关系"部门"中一定存在一个元组,它的主码值等于该参照关系"职工"中的外码值。

3. 用户自定义完整性

用户自定义完整性是针对某一具体关系数据库的约束条件,它反映某一具体应用所涉及的数据必须满足的语义要求。关系数据库管理系统应提供定义这类完整性的功能和手段,以便统一进行处理和检查,而不是由应用程序去实现这些功能。

例如,学生考试的成绩必须在 0~100 之间,在职职工的年龄不能小于 18 岁等,都是针对具体应用提出的完整性条件。

2.3 关系代数

关系模型由关系数据结构、关系操作和关系完整性约束三部分组成。关系模型中常用的关系操作包括查询和更新(包括插入、删除和修改)两大部分,而其中查询是关系操作中最主要的部分。关系代数是一种抽象的查询语言,是关系数据操作语言的一种传统表达方式,它是用对关系的运算来表达查询要求的。

关系代数的运算对象是关系,运算结果也为关系。关系代数用到的运算符主要包括四类:

(1)集合运算符:$\bigcup$(并运算),$-$(差运算),$\bigcap$(交运算),$\times$(广义笛卡儿积)。

(2)专门的关系运算符:σ(选择),Π(投影),∞(连接)、$*$(自然连接)、$\div$(除)。

(3)算术比较运算符:$>$(大于),$\geqslant$(大于等于),$<$(小于),$\leqslant$(小于等于),$=$(等于),$\neq$(不等于)。

(4)逻辑运算符:$\neg$(非),$\wedge$(与),$\vee$(或)。

关系代数可分为传统的集合运算和专门的关系运算两类操作。传统的集合运算将关系看成元组的集合,其运算是从关系的"水平"方向(即行的角度)来进行;而专门的关系运算可以从行和列两个角度进行运算。算术比较运算符和逻辑运算符是用来辅助专门的关系运算的。

▷ 2.3.1　传统的集合运算

传统的集合运算是在两个关系中完成的,是二目运算,它包括并、差、交和广义笛卡儿积四种运算。

设关系 R 和 S 具有相同的目 n(即两个关系都有 n 个属性),且相应的属性取自同一个域,t 是元组变量,t∈R 表示 t 是 R 的一个元组,则定义并、差、交运算如下。

1．并运算

关系 R 与关系 S 的并运算表示为:
$$R \cup S = \{t \mid t \in R \lor t \in S\}$$
其结果关系仍为 n 目关系,它是由属于 R 或属于 S 的所有元组组成。

2．差运算

关系 R 与关系 S 的差运算表示为:
$$R - S = \{t \mid t \in R \land t \notin S\}$$
其结果关系仍为 n 目关系,它是由属于 R 而不属于 S 的所有元组组成。

3．交运算

关系 R 与关系 S 的交运算表示为:
$$R \cap S = \{t \mid t \in R \land t \in S\}$$
其结果关系仍为 n 目关系,它是由既属于 R 又属于 S 的所有元组组成。

关系的交可以用差来表示,即:
$$R \cap S = R - (R - S)$$

4．广义笛卡儿积运算

两个分别为 n 目和 m 目的关系 R 和 S 的广义笛卡儿积是一个(n+m)目的元组的集合。元组的前 n 列是关系 R 的一个元组,后 m 列是关系 S 的一个元组。若 R 有 k_1 个元组,S 有 k_2 个元组,则关系 R 和关系 S 的广义笛卡儿积应当有 $k_1 \times k_2$ 个元组。R 和 S 的笛卡儿积表示为:
$$R \times S = \{t_r \frown t_s \mid t_r \in R \land t_s \in S\}$$
例如,给出关系 R 和 S,它们之间的并、交、差和广义笛卡儿积运算结果如表 2-12 所示。

表 2-12　传统集合运算的实例

R

A	B	C
a	b	c
a	d	e
f	d	c

S

A	B	C
a	b	c
f	d	c
f	d	e

R∪S

A	B	C
a	b	c
a	d	e
f	d	c
f	d	e

R−S

A	B	C
a	d	e

R∩S

A	B	C
a	b	c
f	d	c

R×S

R. A	R. B	R. C	S. A	S. B	S. C
a	b	c	a	b	c
a	b	c	f	d	c
a	b	c	f	d	e
a	d	e	a	b	c
a	d	e	f	d	c
a	d	e	f	d	e
f	d	c	a	b	c
f	d	c	f	d	c
f	d	c	f	d	e

➤ 2.3.2 专门的关系运算

专门的关系运算包括选择、投影、连接和除法运算。为了叙述方便,我们先引入几个概念。

(1)设关系模式为 $R(A_1, A_2, \cdots, A_n)$,它的一个关系设为 R,t∈R 表示 t 是 R 的一个元组,$t[A_i]$ 则表示元组 t 中相对于属性 A_i 的一个分量。

(2)若 $A = \{A_{i1}, A_{i2}, \cdots, A_{ik}\}$,其中 $A_{i1}, A_{i2}, \cdots, A_{ik}$ 是 $A_1, A_2, \cdots, A_n$ 中的一部分,则 A 称为属性列或域列,$t[A] = \{t[A_{i1}], t[A_{i2}], \cdots, t[A_{ik}]\}$ 表示元组 t 在属性列 A 上诸分量的集合。$\overline{A}$ 则表示 $\{A_1, A_2, \cdots, A_n\}$ 中去掉 $\{A_{i1}, A_{i2}, \cdots, A_{ik}\}$ 后剩余的属性组,它称为 A 的域列非。

(3)设 R 为 n 目关系,S 为 m 目关系,且 $t_r \in R, t_s \in S$,则 $t_r \frown t_s$ 称为元组的连接。连接是一个(n+m)列的元组,它的前 n 个分量是 R 中的一个 n 元组,后 m 个分量为 S 中的一个 m 元组。

(4)给定一个关系 R(X,Z),X 和 Z 为属性组。定义当 t[X]=x 时,x 在 R 中的像集为:Zx = { t[Z] | t∈R,t[X]=x },它表示 R 中的属性组 X 上值为 x 的各元组在 Z 上分量的集合。

1. 选择运算

选择(selection)运算又称为限制运算(restriction),它从指定的关系中选择满足一定条件的若干个元组,组成一个新的关系,记作:

$$\sigma_F(R) = \{t \mid t \in R \wedge F(t) = \text{'真'}\}$$

其中,F 表示选择条件,它是一个逻辑表达式,取值为"真"或"假";F 由运算对象(属性名、常量、简单函数)、算术比较运算符($>$,$\geqslant$,$<$,$\leqslant$,$=$,$\neq$)和逻辑运算符($\neg$,$\wedge$,$\vee$)连接起来。

选择运算是从关系 R 中选取使逻辑表达式 F 为真的元组。这是从行的角度进行的运算。

以下例题,除特别说明外,均以第 2 章中的表 2-6 至表 2-10 所示的五个关系,即教学数据库为例进行运算。

【例 2-1】查询计算机系的全体学生信息。

$$\sigma_{\text{系别} = \text{'计算机'}}(\text{学生})$$

或

$$\sigma_{5 = \text{'计算机'}}(\text{学生})$$

运算结果如表 2-13 所示。

表 2-13 【例 2-1】的运算结果

学号	姓名	性别	年龄	系别
S1	李勇	男	19	计算机
S5	赵婷	女	18	计算机

【例 2-2】查询年龄小于 20 岁的男学生信息。

$$\sigma_{\text{性别} = \text{'男'} \wedge \text{年龄} < 20}(\text{学生})$$

或

$$\sigma_{3 = \text{'男'} \wedge 4 < 20}(\text{学生})$$

运算结果如表 2-14 所示。

表 2-14 【例 2-2】的运算结果

学号	姓名	性别	年龄	系别
S1	李勇	男	19	计算机
S4	周涛	男	19	电子商务

2. 投影运算

关系 R 上的投影是从 R 中选择出若干属性列,组成新的关系,记作:

$$\Pi_A(R) = \{t[A] \mid t \in R\}$$

其中:A 为 R 中的属性列。

投影操作是从列的角度进行运算。投影操作之后不仅取消了关系中的某些列,而且还可能删去某些元组,因为当取消了某些属性之后,就可能出现重复元组,关系操作将自动删去这些重复的元组。

【例 2-3】查询学生的姓名和所在系,即求学生关系在学生姓名和所在系两个属性上的投影操作,表示为:

$$\Pi_{\text{姓名},\text{系别}}(\text{学生})$$

或

$$\Pi_{2,5}(\text{学生})$$

运算结果如表 2-15 所示。

表 2 - 15　【例 2 - 3】的运算结果

姓名	系别
李勇	计算机
刘晨	信息管理
王红	信息管理
周涛	电子商务
赵婷	计算机
孙萌	电子商务

【例 2 - 4】查询学生关系中有哪些系,表示为:

$$\Pi_{系别}(学生)$$

或

$$\Pi_5(学生)$$

运算结果如表 2 - 16 所示。

表 2 - 16　【例 2 - 4】的运算结果

系别
计算机
信息管理
电子商务

【例 2 - 5】查询选修了 C1 课程的学号,表示为:

$$\Pi_{学号}(\sigma_{课程号='C1'}(选修))$$

运算结果如表 2 - 17 所示。

表 2 - 17　【例 2 - 5】的运算结果

学号
S1
S2
S3

3. 连接运算

连接(join)运算是从两个关系的笛卡儿积中选取属性间满足一定条件的元组,组成新的关系。记作:

$$R \underset{A\theta B}{\infty} S = \{ t_r \frown t_s \mid t_r \in R \wedge t_s \in S \wedge t_r[A] \theta t_s[B] \}$$

其中:A 和 B 分别为 R 和 S 上度数相等且可比的属性组,θ 是比较运算符。

连接运算从 R 和 S 的广义笛卡儿积 R×S 中,选取符合 AθB 条件的元组,即选择在 R 关系中 A 属性组上的值与在 S 关系中 B 属性组上的值满足比较操作 θ 的元组。

连接运算中有两种最常用、最重要的连接:一种是等值连接;另一种是自然连接。当 θ 为 "="时,连接运算称为等值连接。等值连接是从关系 R 和 S 的广义笛卡尔积中选取 A 和 B 属性值相等的那些元组。等值连接表示为:

$$R\underset{A=B}{\infty}S=\{\ t_r\frown t_s\ |\ t_r\in R\land t_s\in S\land t_r[A]=t_s[B]\}$$

自然连接是一种特殊的等值连接,就是在等值连接的情况下,当连接属性 A 与 B 具有相同属性组时,把在连接结果中重复的属性列去掉。若 R 和 S 具有相同的属性组 A,则它们的自然连接可表示为:

$$R\infty S=\{\ t_r\frown t_s\ |\ t_r\in R\land t_s\in S\land t_r[A]=t_s[A]\}$$

也记为:

$$R*S$$

一般的连接操作是从行的角度进行运算,但自然连接还需要取消重复列,所以它是同时从行和列两种角度进行运算的。

【例 2-6】设有表 2-18(a)和 2-18(b)所示的两个关系 R 和 S,表 2-18(c)所示为 R 和 S 的大于连接(B>D),表 2-18(d)所示为 R 和 S 的等值连接(B=D),表 2-18(e)所示为 R 和 S 的等值连接(R.C=S.C),表 2-18(f)所示为 R 和 S 的自然连接。

表 2-18　连接运算举例

A	B	C
1	2	3
4	5	6
7	8	9

(a)关系 R

C	D
3	2
6	4
7	5

(b)关系 S

A	B	R.C	S.C	D
4	5	6	3	2
4	5	6	6	4
7	8	9	3	2
7	8	9	6	4
7	8	9	7	5

(c)大于连接(B>D)

A	B	R.C	S.C	D
1	2	3	3	2
4	5	6	7	5

(d)等值连接(B=D)

A	B	R.C	S.C	D
1	2	3	3	2
4	5	6	6	4

(e)等值连接(R.C=S.C)

A	B	C	D
1	2	3	2
4	5	6	4

(f)自然连接

【例 2-7】查询选修了"数据库"课程的学生姓名,表示为:

$$\Pi_{姓名}(\sigma_{课程名='数据库'}(选修)*选课*学生)$$

或

$$\Pi_{姓名}(\Pi_{学号}(\sigma_{课程名='数据库'}(选修)*选课)*\Pi_{学号,姓名}(学生))$$

运算结果如表 2-19 所示。

表 2-19 【例 2-7】的运算结果

姓名
李勇
刘晨

4. 除运算

给定关系 R(X,Y) 和 S(Y,Z),其中 X,Y,Z 为属性组。R 中的 Y 与 S 中的 Y 可以有不同的属性名,但对应属性必须出自相同的域集。R 与 S 的除运算(division)得到一个新的关系 P(X),P 是 R 中满足下列条件的元组在 X 属性列上的投影:元组在 X 上的分量值 x 的像集 Y_x 包含 S 在 Y 上的投影,即:

$$R\div S=\{t_r[X] \mid t_r\in R \wedge \Pi_Y(S)\subseteq Y_x\}$$

其中,Y_x 为 x 在 R 中的像集,$x=t_r[X]$。

除运算是同时从行和列的角度进行运算的。在进行除运算时,将被除关系 R 的属性分成两部分:与除关系相同的部分 Y 和不同的部分 X。在被除关系中按 X 值分组,即相同 X 值的元组分为一组。除法的运算是求包括除关系中全部 Y 值的组,这些组中的 X 值将作为除结果的元组。

【例 2-8】已知关系 R 和 S,如表 2-20(a) 和表 2-20(b) 所示,则 R÷S 的结果如表 2-20(c) 所示。

表 2-20 除法运算举例

A	B	C	D
a	b	c	d
a	b	e	f
b	c	e	f
e	d	a	c

(a)关系 R

C	D	E
c	d	a
e	f	d

(b)关系 S

A	B
a	b

(c)关系 R÷S

与除法的定义相对应,本题的运算可分以下步骤进行:

(1)将被除关系的属性分为像集属性和结果属性两部分:与除关系相同的属性属于像集属性,不相同的属性属于结果属性;

$$X=\{A,B\},Y=\{C,D\}$$

(2)在被除关系中,确定元组在 X 上各个分量值的像集;

(a,b)的像集为{(c,d),(e,f)}

(b,c)的像集为{(e,f)}

(e,d)的像集为{(a,c)}

(3)在除关系中,对与被除关系相同的属性(像集属性)即 Y 进行投影;

S 在 Y 上的投影为{(c,d),(e,f)}

(4)逐一考察元组在 X 上各个分量值的像集,如果它的像集属性值中包含 S 在 Y 上的投影,则对应的分量值就属于该除法运算的结果集。

$$R \div S=\{(a,b)\}$$

【例 2-9】查询同时选修了"C1"和"C2"课程的学生学号和姓名,表示为:

$$\Pi_{学号,课程号}(选课) \div \Pi_{课程号}(\sigma_{课程号='C1' \vee 课程号='C2'}(课程)) * \Pi_{学号,姓名}(学生)$$

运算结果如表 2-21 所示。

表 2-21 【例 2-9】的运算结果

学号	姓名
S1	李勇
S3	王红

➢ 2.3.3 关系代数查询实例

下面给出几个运用关系代数进行查询的实例,这些实例均基于教学数据库。为了使读者明白解题思路,在每个例题后附有简要的解题说明。

【例 2-10】求选修了课程号为"C2"的学生学号。

$$\Pi_{学号}(\sigma_{课程号='C2'}(选课))$$

解题说明:该题中需要投影和选择两种操作;当需要投影和选择时,应先选择后投影。

【例 2-11】求选修了课程号为"C2"的学生学号和姓名。

$$\Pi_{学号}(\sigma_{课程号='C2'}(选课)) * \Pi_{学号,姓名}(学生)$$

解题说明:该题先通过选择和投影操作找到满足条件的学号,然后与学生表进行自然连接,得到学号对应的姓名。

【例 2-12】求没有选修课程号为"C2"课程的学生学号。

$$\Pi_{学号}(学生) - \Pi_{学号}(\sigma_{课程号='C2'}(选课))$$

解题说明:该题的求解思路是在全部学号中去掉选修"C2"课程的学生学号,就得出没有选修"C2"课程的学生学号。由于在并、交、差运算时,参与运算的关系应结构一致,故应当先投影再执行差操作。特别注意的是,由于选择操作为元组操作,本题不能写为:

$$\Pi_{学号}(\sigma_{课程号 \neq 'C2'}(选课))$$

【**例 2 – 13**】求既选修"C2"课程，又选修"C3"课程的学生学号。

$$\Pi_{学号}(\sigma_{课程号='C2'}(选课))\bigcap\Pi_{学号}(\sigma_{课程号='C3'}(选课))$$

解题说明：本题采用先求出选修"C2"课程的学生，再求选修"C3"课程的学生，最后使用了交运算的方法求解，交运算的结果为既选修"C2"又选修"C3"课程的学生。由于选择运算为元组运算，在同一元组中课程号不可能既是"C2''同时又是"C3"，所以该题不能写为：

$$\Pi_{学号}(\sigma_{课程号='C2'\wedge 课程号='C3'}(选课))$$

【**例 2 – 14**】求选修课程号为"C2"或"C3"课程的学生学号。

$$\Pi_{学号}(\sigma_{课程号='C2'\vee 课程号='C3'}(选课))$$

或
$$\Pi_{学号}(\sigma_{课程号='C2'}(选课))\bigcup\Pi_{学号}(\sigma_{课程号='C3'}(选课))$$

解题说明：该题可使用选择条件中的或运算表示，也可以使用并运算。

【**例 2 – 15**】求选修了全部课程的学生学号。

$$\Pi_{学号,课程号}(选课)\div\Pi_{课程号}(课程)$$

解题说明：除法运算为包含运算，该题的含义是求学号，要求这些学号所对应的课程号中包括全部课程的课程号。

【**例 2 – 16**】一个学号为"S1"的学生所学过的所有课程可能也被其他学生选修，求这些学生的学号和姓名（求至少选修了学号为"S1"的学生所学过的所有课程的学生的学号和姓名）。

$$\Pi_{学号,课程号}(选课)\div\Pi_{课程号}(\sigma_{学号='S1'}(选课))*\Pi_{学号,姓名}(学生)$$

该题有几个值得注意的问题：

（1）除关系和被除关系都为选课表。

（2）对除关系的处理方法是先选择后投影。通过选择运算，求出学号为"S1"学生所选课程的元组；通过投影运算，得出除关系的结构。这里，对除关系的投影是必须的。如果不进行投影运算，除关系就会与被除关系的结构一样，产生无结果集的问题。

（3）对被除关系的投影运算后，该题除运算的结果关系中仅有学号属性。

2.4 SQL Server 关系数据库管理系统

SQL Server 是一个关系数据库管理系统，它最初是由 Microsoft，Sybase 和 Ashton－Tate 三家公司联合开发的，于 1988 年推出了第一个 OS/2 版本。后来，Ashton－Tate 公司退出了 SQL Server 的开发；而在 Windows NT 推出后，Microsoft 与 Sybase 在 SQL Server 的开发上就分道扬镳了，Microsoft 将 SQL Server 移植到 Windows NT 系统上，专注于开发推广 SQL Server 的 Windows NT 版本；Sybase 则较专注于 SQL Server 在 Unix 操作系统上的应用。本书介绍的 Microsoft SQL Server 2008 是之前的 SQL Server 系列的全新升级。SQL Server 2008 可用于大规模联机事务处理（OLTP）、数据库仓库和电子商务应用的数据库和数据分析平台。

➢ 2.4.1 SQL Server 2008 的新特性

SQL Server 2008 提供了一个可信的高效率智能数据平台，可以满足所有的数据需求。

1．SQL Server 2008 的主要特点

（1）可信任的——使得公司可以以很高的安全性、可靠性和可扩展性来运行它们最关键任务的应用程序。

(2)高效的——使得公司可以降低开发和管理其数据基础设施的时间和成本。

(3)智能的——提供了一个全面的平台,可以在用户需要的时候给他发送观察和信息。

2. SQL Server 2008 组件中新增的功能

SQL Server 2008 数据库引擎引入了一些新功能和增强功能,这些功能可以提高设计、开发和维护数据存储系统的架构师、开发人员和管理员的工作能力和工作效率。

(1)数据库引擎方面增加的功能。

①可用性增强功能:通过增强数据库镜像功能,Microsoft SQL Server 2008 数据库的可用性得到改进,可以使用数据库镜像创建备用服务器,从而快速转移故障并且不会丢失已提交的事务的数据;

②易管理性增强功能:通过增强工具和监视功能,SQL Server 2008 数据库引擎的易管理性得到简化;

③针对可编程性的增强功能:包括新数据存储功能、新数据类型、新全文搜索体系结构以及对 Transact-SQL 所作的许多改进和添加;

④针对可扩展性和性能的增强功能:包括筛选索引和统计信息、新表和查询提示、新查询性能和查询处理功能;

⑤针对安全性的增强功能:包括新加密函数、透明数据加密及可扩展密钥管理功能,以及针对 DES 算法的澄清。

(2)Microsoft SQL Server Analysis Services 组件的新功能和增强功能。

①创建维持测试集;

②筛选模型事例;

③多个挖掘模型的交叉验证;

④支持 Office 2007 数据挖掘外接程序;

⑤Microsoft 时序算法的增强功能;

⑥获取结构事例和结构列;

⑦对挖掘模型列使用别名;

⑧查询数据挖掘架构行集;

⑨新示例位置;

⑩与 SQL Server 2005 Analysis Services 并行安装;

⑪备份和还原 Analysis Services 数据库。

(3)Microsoft Integaration Services 组件的新功能和增强功能。

①安装功能:包括一个新示例位置以及对 Data Transformation Services 的支持;

②组件增强功能:包括一个增强的查找转换、新增 ADO. NET 组件、新增数据事件探查功能、新的连接向导、新的脚本环境和包升级选项;

③数据管理增强功能:包括增强的数据类型处理、新的日期和时间数据类型以及增强的 SQL 语句;

④性能和故障排除增强功能:包括一个新的更改数据捕获功能和新的调试转储文件。

(4)Microsoft SQL Server Reporting Services 组件的新功能和增强功能。

①报表制作功能:介绍了 Tablix、图表和仪表数据区域,还介绍了对具有丰富格式的文

本、新的数据源类型和 Report Builder 2.0 的支持；

②针对报表处理和呈现的新增功能：介绍用于 Microsoft Word 的新增呈现扩展插件和 Excel、CSV 呈现扩展插件的增强功能；

③服务器体系结构和工具中的新增功能：介绍了对以前由 Internet Information services (IIS)提供的功能提供内在支持的新的报表服务器体系结构；

④针对报表可编程性的新增功能：介绍了用于提供报表定义预处理功能的新增服务器扩展插件，还介绍了用于 Report Server 2006 端点的新方法，这些方法可以消除之前在本机模式的报表服务器和 SharePoint 集成模式的报表服务器之间存在的功能差异。

(5)Microsoft SQL Server Service Broke 组件的新增功能。

①支持会话优先级；

②新的命令提示符实用工具，用于诊断 Service Broker 配置和会话；

③新的性能对象和计数器；

④支持 SQL Server Management Studio 中的 Service Broker。

3．SQL Server 2008 新增技术

SQL Server 2008 中新增的技术主要有如下三方面：

(1)Microsoft Sync Framework。Microsoft Sync Framework 是一个功能完善的同步平台，实现了应用程序、服务和设备的协作和脱机访问，它提供了一些可支持在脱机状态下漫游、共享和获取数据的技术和工具。

(2)Microsoft Sync Services for ADO. NET。Sync Services for ADO. NET 支持在数据库之间进行同步，它提供了一个直观且灵活的 API，可用来构建面向脱机和协作应用方案的应用程序。

(3)SQL Server Compact。SQL Server Compact 可以创建精简版数据库，可将这些数据库部署到台式机和智能设备中。SQL Server Compact 与其他 SQL Server 版本共享一个通用的编程模型，可用于开发本机和托管应用程序。SQL Server Compact 提供了以下关系数据库功能：可靠的数据源、优化的查询处理器以及可伸缩的可靠连接。

➢ 2.4.2 SQL Server 2008 数据库

数据库是 SQL Server 存储和管理数据的对象。SQL Server 2008 包含两种类型的数据库：系统数据库和用户数据库。系统数据库存储有关 SQL Server 的系统信息，即存储 SQL Server 专用的、用于管理自身和用户数据库的数据。用户数据库是用户自己创建的数据库，用于存储用户的数据。

1．系统数据库

在安装 SQL Server 2008 时，系统会创建四个系统数据库，分别是 master、model、msdb 和 tempdb。

(1)master 数据库。master 数据库是 SQL Server 中最重要的数据库，存储的是 SQL Server 的系统信息。这包括实例范围的元数据信息(例如登录账户)、端点、链接服务器和系统配置设置，以及初始化信息。master 数据库还记录所有其他数据库是否存在以及这些数据库文件的位置。因此，如果 master 数据库不可用，则 SQL Server 无法启动。在 SQL Server

2008 中,系统对象不再存储在 master 数据库中,而是存储在 Resource 数据库中。Resource 数据库是只读数据库,它包含了 SQL Server 2008 中的所有系统对象。Resource 数据库只能通过可为用户提供故障排除和支持服务的 MCSS(Microsoft customer support services,MCSS)专用程序来访问。

(2)model 数据库。model 数据库用作在 SQL Server 实例上创建的所有数据库的模板。因为每次启动 SQL Server 时都会创建 tempdb,所以 model 数据库必须始终存在于 SQL Server 系统中。当发出 CREATE DATABASE 语句时,将通过复制 model 数据库中的内容来创建数据库的第一部分,然后用空页填充新数据库的剩余部分。

如果修改 model 数据库,之后创建的所有数据库都将继承这些修改。例如,可以设置权限或数据库选项或者添加对象,如表、函数或存储过程等。

(3)msdb 数据库。msdb 数据库是 SQL Server Agent 的一种服务,是保存其数据的地方。SQL Server Agent 负责自动化处理,如记录有关作业、计划和警报等实体信息。

(4)tempdb 数据库。tempdb 数据库是连接到 SQL Servet 实例的所有用户都可用的全局资源,它保存所有临时表和临时存储过程。另外,它还用来满足所有其他临时存储要求,例如,存储 SQL Server 生成的工作表。

每次启动 SQL Server 时,都要重新创建 tempdb,以便系统启动时,该数据库总是空的。在断开连接时会自动删除临时表和存储过程,并且在系统关闭后没有活动连接。因此,tempdb 中不会有什么内容从一个 SQL Server 会话保存到另一个会话。

tempdb 用于保存以下内容:

①显示创建的临时对象,例如表、存储过程、表变量或游标。

②所有版本的更新记录(如果启用了快照隔离)。

③SQL Server Database Engine 创建的内部工作表。

④创建或重新生成索引时,临时排序的结果(如果指定了 SORT_IN_TEMPDB)。

Tempdb 中的操作是最小日志记录操作,这样将会回滚事务。另外,Tempdb 不能备份或还原。

2. 实例数据库

SQL Server 2008 数据库管理系统不安装 Northwind 和 pubs 示例数据库,这些数据库可以从 Microsoft 下载中心下载安装。

Northwind 和 Pubs 数据库可以作为 SQL Server 2008 的学习工具,其中,Northwind 示例数据库包含了一个公司的销售数据,此公司名为 Northwind 商人(Northwind Traders),是一个虚构的公司,从事食品的进出口业务;Pubs 实例数据库存储了一个虚构的图书出版公司的基本情况。

➢ 2.4.3 SQL Server 2008 的安装

1. 软硬件要求

安装 SQL Server 2008 之前,首先要了解 SQL Server 2008 所需的必备条件,检查计算机的软硬件配置是否满足 SQL Server 2008 开发环境的安装要求,具体要求如表 2-22 所示。

表 2 - 22 安装 SQL Server 2008 的软硬件要求

软硬件	描述
软件	SQL Server 安装程序需要使用 Microsoft Windows Installer 4.5 或更高版本以及 Microsoft 数据访问组件(MDAC)2.8 SP1 或更高版本
处理器	1.4GHz 处理器,建议使用 2.0GHz 或速度更快的处理器
RAM	最小 512MB,建议使用 1.024GB 或更大的内存
硬盘空间	至少 2.0GB 的可用磁盘空间
CD-ROM 驱动器或 DVD-ROM	从磁盘进行安装时需要相应的 CD 或 DVD 驱动器
显示器	SQL Server 2008 图形工具需要使用 VGA 或更高分辨率;分辨率至少为 1024×768 像素

2. 安装步骤

(1)安装 SQL Server 2008,用户可以将 SQL Server 2008 的安装光盘插入光驱,系统将自动进入 SQL Server 2008 的安装界面,或者通过运行安装光盘根目录下的 setup. exe 文件进入 SQL Server 2008 的安装界面,如图 2 - 1 所示。

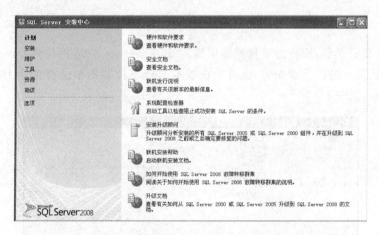

图 2 - 1 SQL Server 2008 安装界面

(2)选择左边的"安装"选项,可看到 SQL Server 2008 的安装选项界面,如图 2 - 2 所示。

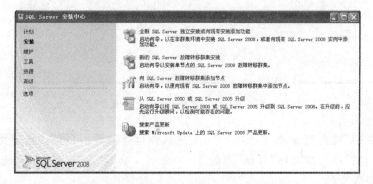

图 2 - 2 SQL Server 2008 安装选项界面

（3）单击第一项，SQL Server 2008 会在开始安装之前对系统进行检查，如图 2 - 3 所示。单击每个规则的状态链接都会显示该规则的相关解释。

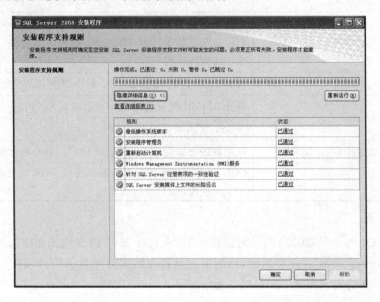

图 2 - 3　SQL Server 2008 安装前的系统检查界面

（4）系统检查完成后，用户需要在界面中输入 SQL Server 2008 的序列号。它将根据序列号自动选择安装版本进行后续安装，也可以在版本选择下拉菜单中选择企业 180 天评估版或者 Express 版本，如图 2 - 4 所示。

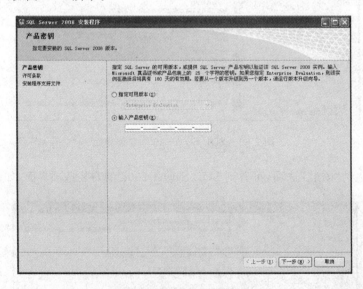

图 2 - 4　"产品密钥"输入界面

（5）"产品密钥"输入完成后，单击"下一步"进入许可条款界面，勾选"我接受许可条款"，下一步会进入"安装程序支持文件"界面，如图 2 - 5 所示。单击"安装"按钮，它将在现有的环境下安装预先需要的文件。

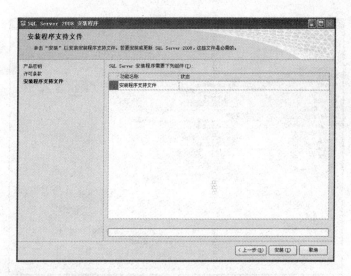

图 2-5 "安装程序支持文件"界面

(6)安装好支持文件后,将进入新的安装向导,首先仍然需要通过一系列检查,确保程序支持文件已经安装好,可以继续后续的安装,如图 2-6 所示。

图 2-6 "安装程序支持规则"界面

(7)单击"下一步",将打开"功能选择"界面,对所需要安装的功能进行用户自主选择,如图 2-7 所示。

(8)功能选择完成后,单击"下一步"将对实例进行必要的配置,包括名称以及所存储的目录,如图 2-8 所示。

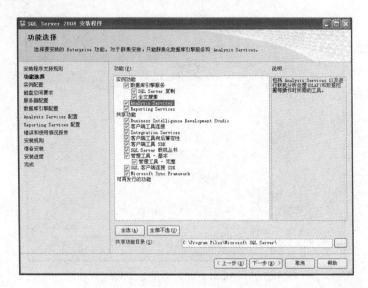

图 2-7 "功能选择"界面

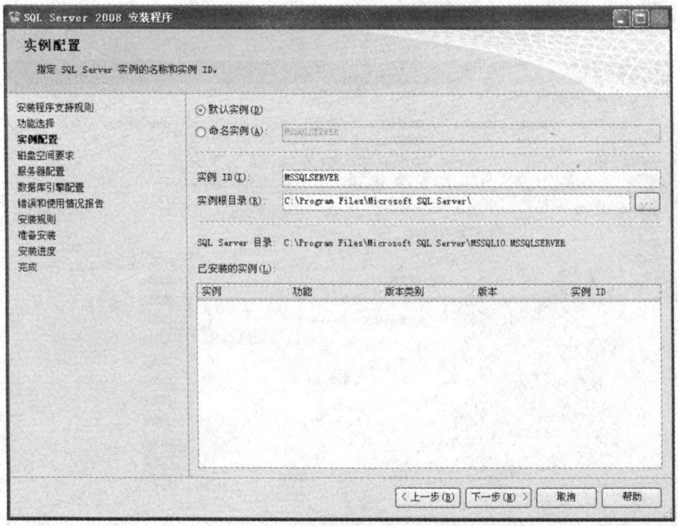

图 2-8 "实例配置"界面

(9)服务器配置需要用户对每个服务设置相应的账户名、密码以及启动类型进行设置,如图 2-9 所示。用户可以单击"对所有 SQL Server 2008 服务使用相同的账户"按钮,将所有服务的账户名、密码统一。

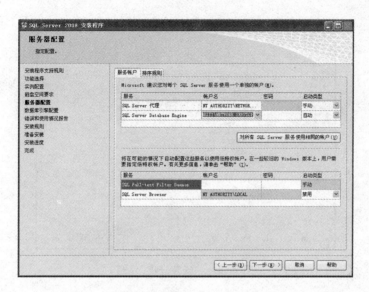

图 2-9　"服务器配置"界面

（10）单击"下一步"进入"数据库引擎配置"界面，如图 2-10 所示。在数据库引擎配置中设置密码，添加 SQL Server 管理员。需要注意的是，为了方便网站等一些外部程序连接数据库，数据库引擎配置中的身份验证模式请选择使用混合模式，这样可以方便用户创建新的专用账户来登录和管理。

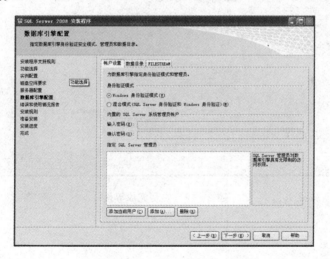

图 2-10　"数据库引擎配置"界面

（11）单击"下一步"，继续配置错误和使用情况报告，根据需要进行相应的选择。在安装前再根据安装规则对系统最后一次检测，然后进入正式安装阶段，在安装过程中显示安装进度，如图 2-11 所示。

（12）单击"下一步"显示 SQL Server 2008 已安装完成，如图 2-12 所示。

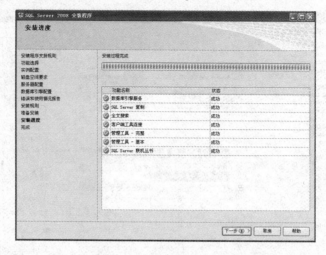

图 2-11 "安装进度"界面

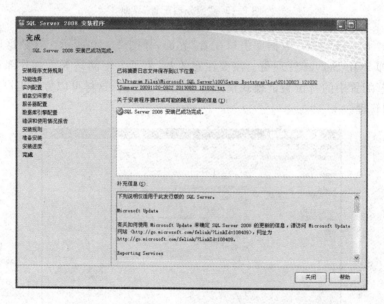

图 2-12 安装完成界面

 本章小结

　　关系数据库系统是支持关系模型的数据库系统。本章从关系模型的三个组成部分,即关系数据结构、关系操作和关系完整性约束对关系数据库进行系统的介绍。首先由域和笛卡尔积的概念出发,给出关系和关系模式的形式化定义以及关系的性质,并介绍了与关系相关的基本概念和术语。关系模型具备三类完整性约束,即实体完整性、参照完整性和用户自定义完整性,其中前两个完整性是任何关系模型都必须满足的条件。关系代数是一种抽象的查询语言,用对关系的运算来表达查询要求,同时结合实例讲解了关系代数的具体使用方法。本章最后简单地介绍了关系数据库管理系统 SQL Server 2008,并重点说明了该系统的安装过程。

复习题

一、选择题

1. 设属性 A 是关系 R 的主属性,则属性 A 不能取空值。这是_____。

　　A. 实体完整性规则　　　　　　　　B. 参照完整性规则

　　C. 用户定义完整性规则　　　　　　D. 域完整性规则

2. 设关系 R 和 S 的元组个数分别为 100 和 200,关系 T 是 R 与 S 的笛卡尔积,则 T 的元组个数是_____。

　　A. 300　　　　　　　　　　　　　　B. 10000

　　C. 20000　　　　　　　　　　　　　D. 40000

3. 关系代数运算是以_____为基础的运算。

　　A. 关系运算　　　　　　　　　　　B. 谓词运算

　　C. 集合运算　　　　　　　　　　　D. 代数运算

4. 同一个关系模型的任意两个元组值_____。

　　A. 不能完全相同　　　　　　　　　B. 可以完全相同

　　C. 必须完全相同　　　　　　　　　D. 以上都不对

5. 设有一个学生档案的关系数据库,关系模式是:学生(学号,姓名,性别,年龄)。则"从学生档案数据库中查询学生年龄大于 20 岁的学生姓名"的关系代数式是_____。

　　A. $\sigma_{姓名}(\Pi_{年龄>20}(S))$　　　　　　　B. $\Pi_{姓名}(\sigma_{年龄>20}(S))$

　　D. $\Pi_{姓名}(\Pi_{年龄>20}(S))$　　　　　　　D. $\sigma_{姓名}(\sigma_{年龄>20}(S))$

6. 一个关系只有一个_____。

　　A. 超码　　　　　　　　　　　　　B. 外码

　　C. 候选码　　　　　　　　　　　　D. 主码

7. 自然连接是构成新关系的有效方法。一般情况下,当对关系 R 和 S 使用自然连接时,要求 R 和 S 含有一个或多个共有的_____。

　　A. 元组　　　　　　　　　　　　　B. 行

　　C. 记录　　　　　　　　　　　　　D. 属性

8. 设有关系 R 和 S,关系代数表达式 R−(R−S)表示的是_____。

　　A. R∩S　　　　　　　　　　　　　B. R∪S

　　C. R−S　　　　　　　　　　　　　D. R×S

9. 一个关系数据库文件中的各条记录_____。

　　A. 前后顺序不能任意颠倒,一定要按照输入的顺序排列

　　B. 前后顺序可以任意颠倒,不影响库中的数据关系

　　C. 前后顺序可以任意颠倒,但排列顺序不同,统计处理的结果可能不同

　　D. 前后顺序不能任意颠倒,一定要按照关键字段值的顺序排列

10. 关系数据库管理系统能实现的专门关系运算包括_____。

　　A. 排序、索引、统计　　　　　　　B. 选取、投影、连接

　　C. 关联、更新、排序　　　　　　　D. 显示、打印、制表

11. 关系是_____。

　A. 型　　　　　　　　　　　　　　B. 静态的

　C. 稳定的　　　　　　　　　　　　D. 关系模型的一个实例

12.关系数据库的概念模型是_____。

　A.关系模型的集合　　　　　　　　B. 关系模式的集合

　C.关系子模式的集合　　　　　　　D. 存储模式的集合

13.设有关系模式 R 和 S,下列各关系代数表达式不正确的是_____。

　A. $R-S=R-(R\cap S)$　　　　　B. $R=(R-S)\cup(R\cap S)$

　C. $R\cap S=S-(S-R)$　　　　　D. $R\cap S=S-(R-S)$

14.设关系 R 和 S 的结构相同,分别有 m 和 n 个元组,那么 R−S 操作的结果中元组个数为_____。

　A. m−n　　　　　　　　　　　　B. m

　C. 小于等于 m　　　　　　　　　　D. 小于等于(m−n)

15.关系模式的任何属性_____。

　A. 不可再分　　　　　　　　　　　B. 可再分

　C. 命名在关系模式中可以不唯一　　D. 以上都不对

二、填空题

1.传统的集合"并、差、交"运算施加于两个关系时,这两个关系必须_____。

2.关系模式的三类完整性约束条件分别是_____、参照完整性约束和用户定义完整性约束。

3.关系数据模型由数据结构、_____和完整性约束规则三部分组成。

4.设有关系 R,从关系 R 中选择符合条件 F 的元组,则关系代数表达式应是_____。

5.数据库的数据模型主要分为_____、_____和_____三种。

6.若关系 R 有 m 个属性,关系 S 有 n 个属性,则 R×S 有_____个属性;若关系 R 有 i 个元组,关系 S 有 j 个元组,则 R×S 有_____个元组。

7.关系中主键的取值非空是_____完整性规则。

8.关系代数运算中,专门的关系运算有_____、_____、连接。

9.如果关系 R 的外部关系键 X 与关系 S 的主关系键相符,则外部关系键 X 的每个值必须在关系 S 中主关系键的值中找到,或者为空,这是关系的_____规则。

10.设有关系模式为:系(系号,系名,电话,办公地点),则该关系模型的主关系键是_____,主属性是_____,非主属性是_____。

三、简答题

1.关系模型的完整性规则有哪几类?

2.简述关系模型的特点和三个组成部分。

3.关系的性质主要包括哪些方面? 为什么只限用规范化关系?

4.分别讨论实体完整性约束和参照完整性约束是如何实现的。

5.举例说明等值连接与自然连接的区别与联系。

6.两个关系的并、交、差运算有什么约束?

7.解释下列概念,并说明它们之间的联系和区别。

(1)笛卡尔积、关系、元组、属性、域

（2）候选键、主键、外部键

（3）关系模式、关系、关系数据库

8. Oracle、DB2、Sybase 和 SQL Server，作为数据库管理系统和解决方案各自有什么特点？

9. 为了管理学生信息，设计一个学生关系；为了管理课程信息，设计一个课程关系；为了管理学生选修课程，设计一个选课关系。要求：

（1）说明关系的属性、值域和主关键字；

（2）三个关系之间有无参照和被参照关系？ 如果有，请指出哪个是参照关系，哪个是被参照关系？ 关系之间是如何实现参照的？

10. R、S 和 T，如表 2-23 所示，求下列关系代数的运算结果。

（1）R－S

（2）R∩S

（3）R∪S

（4）$\Pi_{A,B}(R)$

（5）$\sigma_{D<5 \wedge B='c'}(S)$

（6）R÷T

（7）$R \underset{4<4}{\infty} S$

表 2-23　关系 R、S、T

R

A	B	C	D
d	c	b	2
d	c	g	7
f	e	z	9
f	e	b	2
f	e	g	7
e	d	z	9

S

A	B	C	D
f	c	b	2
e	d	z	9
d	c	g	7
f	e	b	4

T

C	D	E
b	2	m
g	7	d

11. 对于学生选课关系,其关系模式为:

　学生(学号,姓名,年龄,所在系)

　课程(课程号,课程名,先行课)

　选课(学号,课程号,成绩)

用关系代数完成如下查询。

(1)求学过数据库课程的学生的姓名和学号。

(2)求学过数据库和计算机网络课程的学生的姓名和学号。

(3)求没学过数据库课程的学生的学号。

(4)求学过数据库先行课的学生的学号。

12. 以本章的教学数据库为例,用关系代数表达式表示以下各种查询要求。

(1)查询年龄大于 18 岁的女生的学号、姓名和系别。

(2)查询学号为 S1 的学生所选修课的课程号、课程名和成绩。

(3)查询选修了"数据库"课程的学生的学号和姓名。

(4)查询同时选修了课程号为 Cl 和 C2 的学生的学号和姓名。

(5)查询"赵婷"同学所选修课程的课程号、课程名和成绩。

(6)查询"王红"同学未选修的课程号和课程名。

(7)查询选修了全部课程的学生的学号和姓名。

(8)查询 T1 老师所授课程的课程号和课程名。

(9)查询至少选修"刘兵"老师所授全部课程的学生的姓名。

(10)查询"王敏"老师所讲授课程的课程号、课程名、课时。

拓展实验

SQL Server 2008 的安装和配置

实验目的:

(1)了解 SQL Server 2008 安装的硬件要求和系统要求;

(2)熟练掌握 SQL Server 2008 的安装步骤;

(3)了解 SQL Server 2008 的主要组件;

(4)掌握注册 SQL Server 2008 服务器的方法。

实验内容:

(1)安装 SQL Server 2008 服务器;

(2)注册 SQL Server 2008 服务器。

实验要求:

(1)检查软硬件配置是否达到 SQL Server 2008 的安装要求;

(2)安装 SQL Server 2008 数据库管理系统;

(3)使用 SQL Server 2008 注册服务器;

(4)使用 SQL Server 2008 删除服务器。

第3章 关系数据库标准语言——SQL

学习要点

1. SQL 的基本概念和特点

2. 数据定义语句 CREATE, ALTER, DROP 的用法

3. 数据查询语句 SELECT 的用法

4. 数据操纵语句 INSERT, UPDATE, DELETE 的用法

5. 数据控制语句 GRANT, REVOKE 的用法

SQL 是结构化查询语言(structured query language, SQL)的缩写,它是关系数据库的标准语言。该语言 1974 年由 Chamberlin 和 Boyce 提出,当时称为 SEQUEL(structured english query language, SEQUEL),1976 年 IBM 公司对 SEQUEL 进行了修改,并将其应用于 SYS-TEM R 关系数据库系统中。1981 年,IBM 推出了商用关系数据库 SQL/DS,并将 SEQUEL 改名为 SQL。1986 年美国国家标准局(American National Standard Institute,ANSI)批准了 SQL 作为关系数据库语言的美国标准,同年公布了 SQL 的第一个标准 SQL—86。1987 年国际标准化组织(International Standard Organization,ISO)也批准了这一标准。此后,ISO 不断修改和完善了 SQL 标准,先后推出了 SQL—89、SQL—92(也称为 SQL2),以及 SQL—99(也称为 SQL3)。

SQL 语言简洁、方便实用、功能齐全,已成为目前应用最广的关系数据库语言,广泛应用于各种大型数据库,如 Sybase,INFORMIX,SQL Server,Oracle,DB2,INGRES 等,也用于各种小型数据库,如 FoxPro,Access 等。本章主要介绍 SQL 的使用和 SQL Server 2008 数据库管理系统的主要功能及各工具的使用方法。

3.1 SQL 的基本概念与特点

▷ 3.1.1 SQL 的基本概念

1. 基本表

数据库中独立存在的表称为基本表。在 SQL 中一个关系对应一个基本表。一个或多个

基本表对应一个存储文件。

2．视图

视图是从一个或几个基本表中导出的表,是虚表,在数据库中只存放视图的定义而不存放视图对应的数据,这些数据仍存放在导出视图的基本表中。当基本表中的数据发生变化时,从视图中查询出来的数据也随之改变。

例如:设教学数据库中有一个学生基本情况表 S(学号,姓名,性别,年龄,系别),此表为基本表,对应一个存储文件。可以在其基础上定义一个计算机系学生基本情况表 S-Dept(学号,姓名,性别,年龄),它是从 S 中选择"系别＝'计算机'"的各个行,然后在学号、姓名、性别、年龄上投影得到的。在数据库中只存有 S-Dept 的定义,而 S-Dept 中的数据不重复存储。

SQL 语言支持关系数据库系统的三级模式结构,如图 3-1 所示。其中外模式对应于视图和部分基本表,模式对应于基本表,内模式对应于存储文件。

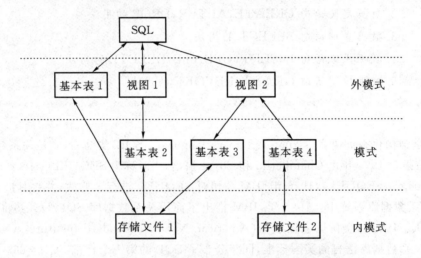

图 3-1 SQL 语言支持的关系数据库系统的三级模式结构

➢ 3.1.2 SQL 的主要特点

(1)语言简洁,易学易用。SQL 语言功能极强,但十分简洁,完成核心功能的语句只用了 9 个动词,如表 3-1 所示。此外,它很接近于自然语言(英语),语法简单,容易学习和掌握。

表 3-1 SQL 的命令动词

SQL 功能	命令动词
数据定义(数据模式定义、修改、删除)	CREATE,ALTER,DROP
数据操纵(数据查询和更新)	SELECT,INSERT,UPDATE,DELETE
数据控制(数据存取控制授权和回收)	GRANT,REVOKE

(2)高度非过程化。SQL 是一种非过程语言,即用户只要提出"干什么",而不必关心具体的操作过程,也不必了解数据的存取路径,只要指明所需的数据即可。SQL 语句的操作过程由系统自动完成。

（3）面向集合的操作方式。SQL 是一种面向集合的语言，每个命令的操作对象是一个或多个关系，结果也是一个关系。

（4）具有自含式语言和嵌入式语言两种使用方式。作为自含式语言，它可以独立使用交互命令，适用于终端用户、应用程序员和 DBA，通过直接键入 SQL 命令对数据库进行操作；作为嵌入式语言，SQL 可以嵌入到高级语言中使用，供应用程序员开发应用程序。

（5）功能强大。SQL 具有数据定义（definition）、数据查询（query）、数据操纵（manipulation）和数据控制（Control）四种功能。

本章各例题中所用的基本表均为第 2 章表 2-6、2-7、2-8、2-9、2-10 所示。

3.2   数据定义功能

SQL 使用数据定义语言（data definition language，DDL）实现其数据定义功能。SQL 的数据定义包括数据库、基本表、索引和视图，其基本语句如表 3-2 所示。

表 3-2   SQL 的数据定义语句

操作对象	创建语句	修改语句	删除语句
数据库	CREATE DATABASE	ALTER DATABASE	DROP DATABASE
基本表	CREATE TABLE	ALTER TABLE	DROP TABLE
索引	CREATE INDEX		DROP INDEX
视图	CREATE VIEW	ALTER VIEW	DROP VIEW

➤ 3.2.1   定义数据库

在 SQL Server 2008 中，创建一个数据库将至少产生两个文件，即数据文件和日志文件。一个数据库至少应包含一个数据文件和一个事务日志文件。

1. 数据文件（database file）

数据文件是存放数据库数据和数据库对象的文件。一个数据库可以有一个或多个数据文件，一个数据文件只属于一个数据库。当有多个数据文件时，有一个文件被定义为主要数据文件（primary database file），扩展名为 .mdf，它用来存储数据库的启动信息和部分或全部数据。一个数据库只能有一个主要数据文件，其他数据文件被称为次要数据文件（secondary database file），扩展名为 .ndf，用来存储主要数据文件没存储的其他数据。

采用多个数据文件来存储数据的优点体现在以下两方面：①数据文件可以不断扩充而不受操作系统文件大小的限制；②可以将数据文件存储在不同的硬盘中，这样可以同时对几个硬盘作数据存取，提高了数据处理的效率，这对于服务器型的计算机尤为有用。

2. 事务日志文件（transaction log file）

事务日志文件是用来记录数据库更新情况的文件，扩展名为 .ldf。例如，使用 INSERT，UPDATE 和 DELETE 等对数据库进行更改的操作都会被记录在此文件中，而如 SELECT 等对数据库内容不会有影响的操作则不会被记录在案。一个数据库可以有一个或多个事务日志文件。当数据库遭到破坏时可以用事务日志还原数据库内容。

3. 文件组（file group）

文件组是将多个数据文件集合起来形成的一个整体,每个文件组有一个组名。与数据文件一样,文件组也分为主要文件组和次要文件组。一个数据文件只能存在于一个文件组中,一个文件组也只能被一个数据库使用。主要文件组中包含了所有的系统表。当建立数据库时主要文件组包括主要数据文件和未指定组的其他文件。在次要文件组中可以指定一个缺省文件组,那么在创建数据库对象时,如果没有指定将其放在哪一个文件组中,就会将它放在缺省文件组中,如果没有指定缺省文件组,则主要文件组为缺省文件组。而日志文件不分组,它不能属于任何文件组。

3.2.1.1 创建用户数据库

1. 用 SQL 命令创建数据库

用 CREATE DATABASE 命令可以创建数据库,其基本语法格式如下:

```
CREATE DATABASE database_name
[ON
    [<filespec>[,…,n]]
    [,<filegroup>[,…,n]]
    ]
    [LOG ON{<filespec>[,…,n]}]
    [COLLATE collation_name]
    [FOR LOAD | FOR ATTACH]
```

其中,<filespec>的格式是:

```
    [PRIMARY]([NAME=logical_file_name,]
    FILENAME='os_file_name'
    [,SIZE=size]
    [,MAXSIZE={max_size | UNLIMITED}]
    [,FILEGROWTH=growth_increment])[,…,n]
```

<filegroup>的格式是:

```
    FILEGROUP filegroup_name<filespec>[,…,n]
```

各参数说明如下:

(1)database_name:新建数据库的名称。其在服务器中必须唯一,并且符合标识符的规则。数据库的名称最长为 128 个字符,且不区分大小写;一个服务器在理论上可以管理 32767 个数据库。

(2)ON:指明数据文件或主文件组。

(3)LOG ON:指明事务日志文件。

(4)COLLATE:指明数据库使用的校验方式。Collation_name 可以是 Windows 校验方式名称,也可以是 SQL 校验方式名称。如果没有指定校验方式,则数据库使用当前的 SQL Server 校验方式。

(5)FOR LOAD:支持该子句是为了与早期版本的 SQL Server 兼容。RESTORE 语句可以更好地实现此功能。

（6）FOR ATTACH：将已经存在的数据库文件附加到新的数据库中，而不用重新创建数据库文件。

（7）PRIMARY：指明主数据库文件或主文件组。如果没有指定 PRIMARY，那么 CREATE DATABASE 语句中列出的第一个文件将成为主文件。

（8）NAME：指定文件的逻辑名称。如果指定了 FOR ATTACH，则不需要指定 NAME 参数。

（9）FILENAME：指定文件在操作系统中存储的路径名和文件名。

（10）SIZE：指定数据库的初始容量大小，单位可以使用千字节（KB）、兆字节（MB）、千兆字节（GB）或兆兆字节（TB），省略时默认为兆字节（MB）。

（11）MAXSIZE：指定文件可以增长到的最大大小。

（12）UNLIMITED：指明文件无增长容量限制。

（13）FILEGROWTH：指定文件每次增容时增加的容量大小。

【例 3-1】用 SQL 命令创建一个教学数据库 Teach，数据文件的逻辑名称为 Teach_Data，存放在 E 盘的根目录下，文件名为 TeachData.mdf，数据文件的初始存储空间大小为 10MB，最大存储空间为 50MB，存储空间自动增长量为 5MB；日志文件的逻辑名称为 Teach_Log，存放在 E 盘的根目录下，文件名为 TeachData.ldf，初始存储空间大小为 5MB，最大存储空间为 25MB，存储空间自动增长量为 5MB。

```
CREATE DATABASE Teach
    ON
    (NAME=Teach_Data,
    FILENAME='E:\TeachData.mdf',
    SIZE=10,
    MAXSIZE=50,
    FILEGROWTH=5)
  LOG ON
(NAME=Teach_Log,
    FILENAME='E:\TeachData.ldf',
    SIZE=5,
    MAXSIZE=25,
    FILEGROWTH=5)
```

2. 用 SQL Server Management Studio 创建数据库

创建 SQL Server 2008 数据库最简单的方法是使用 SQL Server Management Studio 工具，它比使用 SQL 语句创建数据库更容易、更便利。在该工具中，用户可以对数据库的大部分特性进行设置。

在 SQL Server Management Studio 中可以按下列步骤来创建用户自己的数据库。

（1）选择"开始"→"所有程序"→Microsoft SQL Server 2008→SQL Server Management Studio 命令，启动 SQL Server Management Studio 工具。

（2）在"连接到服务器"对话框中，验证默认设置，单击"连接"按钮，如图 3-2 所示，将会弹出 Microsoft SQL Server 2008 工具主界面,如图 3－3 所示。

图 3－2　"连接到服务器"对话框

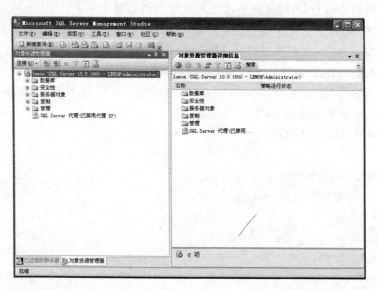

图 3－3　Microsoft SQL Server 2008 工具主界面

　　(3)在"对象资源管理器"窗口中的"数据库"文件夹上单击右键,选择"新建数据库"选项,将会弹出"新建数据库"对话框,如图 3－4 所示。

　　(4)在"常规"选项卡的"数据库名称"文本框中输入数据库的名称:Teach。系统会自动为该数据库建立两个数据库文件:数据文件 Teach. mdf 和日志文件 Teach_log. ldf。

　　(5)在"数据库文件"栏目中,可以对数据库文件的默认属性进行修改,指定初始容量大小、自动增长方式以及存储路径等。如图 3－5 所示,可以通过设置"最大文件大小",将数据文件增长限制为 150MB,以防止磁盘被数据文件写满。同理,用户也可以通过对"日志"文件类型进行操作,以对数据库的事务日志文件的默认属性进行修改。

　　(6)如需添加新的数据文件或日志文件,可单击"添加"按钮,在"逻辑名称"栏输入要添加的新文件名;在"文件类型"栏选择"数据"或"日志"。添加数据文件时,"文件组"栏可选择 PRIMARY 组或创建一个新文件组;再选择文件增长方式等,单击"确定"按钮完成数据库新

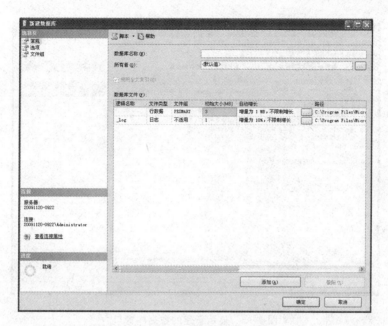

图 3-4 "新建数据库"对话框

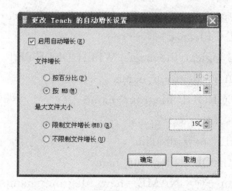

图 3-5 设置"数据文件"属性

文件的添加。也可以从数据库中删除所选文件,但要注意,无法删除主数据文件和主日志文件。

(7)单击"确定"按钮,则创建一个新数据库。在"对象资源管理器"中双击"数据库"对象,可以看到新建的 Teach 数据库,如图 3-6 所示。

3.2.1.2 修改用户数据库

创建数据库后,常常需要根据用户环境进行调整,对它的属性进行设置,实现数据库的修改。

1. 用 SQL 命令修改数据库

ALTER DATABASE 命令可以增加或删除数据库中的文件,也可以修改文件的属性,应注意的是只有数据库管理员(DBA)或具有 CREATE DATABASE 权限的数据库所有者才有权执行此命令。ALTER DATABASE 命令的语法如下:

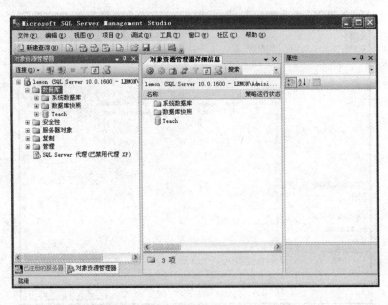

图 3-6   显示新建的数据库窗口

ALTER DATABASE database_name

{ADD FILE<filespec>[,…,n][TO FILEGROUP filegroup_name]

| ADD LOG FILE<filespec>[,…,n]

| REMOVE FILE logical_file_name[WITH DELETE]

| ADD FILEGROUP filegroup_name

| REMOVE FILEGROUP filegroup_name

| MODIFY FILE<filespec>

| MODIFY NAME=new_dbname

| MODIFY FILEGROUP filegroup_name

　　{filegroup_property | NAME=new_filegroup_name}

| SET<optionspec>[,…,n][WITH<termination>]

| COLLATE<collation_name>}

其中,<filespec>的格式是:

(NAME=logical_file_name

　　[,NEWNAME=new_logical_name]

　　[,FILENAME='os_file_name']

　　[,SIZE=size]

　　[,MAXSIZE={max_size | UNLIMITED}]

　　[' FILEGROWTH=growth_increment])

<optionspec>的格式是:

　　　　<state_option>

　　　| <cursor_option>

　　　| <auto_option>

```
          | <sql_option>
          | <recovery_option>
```

各参数说明如下：

(1)ADD FILE:指定要增加的数据库文件。

(2)TO FILEGROUP:指定要增加文件到哪个文件组。

(3)ADD LOGFILE:指定要增加的事务日志文件。

(4)REMOVE FILE:从数据库系统表中删除指定文件的定义,并且删除其物理文件。文件只有为空时才能被删除。

(5)ADD FILEGROUP:指定要增加的文件组。

(6)REMOVE FILEGROUP:从数据库中删除指定文件组的定义,并且删除其包括的所有数据库文件。文件组只有为空时才能被删除。

(7)MODIFY FILE:修改指定文件的文件名、容量大小、最大容量以及文件增容方式等属性,但一次只能修改一个文件的一个属性。使用此选项时应注意:在文件格式 filespec 中必须用 NAME 明确指定文件的名称,如果文件大小已经确定,那么新定义的 size 必须比当前的文件容量大。FILENAME 只能指定在 Tempdb database 中存在的文件,并且新的文件名只有在 SQL Server 2008 重新启动后才能发生作用。

(8)MODIFY FILE GROUP filegroup_name{filegroup_property}:用于修改文件组属性。文件组属性可取值为:

①READONLY:指定文件组为只读。主文件组不能指定为只读。只有对数据库有独占访问权限的用户才可以将一个文件组标志为只读。

②READWRITE:使文件组为可读写。只有对数据库有独占访问权限的用户才可以将一个文件组标志为可读写。

③DEFAULT:指定文件组为默认文件组。一个数据库中只能有一个默认文件组。

(9)SET:用于设置数据库属性。

(10)<state_option>:用于控制用户对数据库访问的属性选项,如 SINGLE_USER | RESTRICTED_ USER | MULTI _ USER, OFFLINE | ONLINE、READ _ ONLY | READ_ WRITE 等。

(11)<cursor_option>:用于控制游标的属性选项,如 CURSOR_CLOSE_ON_COMMIT ON | OFF,CURSOR_DEFAULTLOCAL | GLOBAL 等。

(12)<auto_option>:用于控制数据库的自动属性选项,如 AUTO_CLOSE ON | OFF, AUTO_CREATE_ STATISTICS ON | OFF, AUTO_ SHRINK ON | OFF、AUTO_UP-DATE_STATISTICS ON | OFF 等。

(13)<sql_option>:用于控制 ANSI 一致性的属性选项,如 ANSI_NULL_DEFAULT ON | OFF,ANSI_NULLS ON | OFF, ANSI_PADDING ON | OFF,RECURSIVE_ TRIG-GERS ON | OFF 等。

(14)<recovery_options>:用于控制数据库还原的选项,如 RECOVERY FULL | BULK _LOGGED | SIMPLE,TORN_PAGE_DETECTION ON | OFF 等。

【例 3-2】修改 Teach 数据库中的 Teach_Data,将文件增容方式改为一次增加 2MB。

```
    ALTER DATABASETeach
    MODIFY FILE
```

　　(　NAME=Teach_Data,

　　　FILEGROWTH=2mb)

2. 用 SQL Server Management Studio 修改数据库

　　用鼠标右键单击所要进行属性设置的数据库"Teach",在弹出的快捷菜单中选择"属性"菜单项,将会弹出"数据库属性"对话框,如图 3-7 所示。

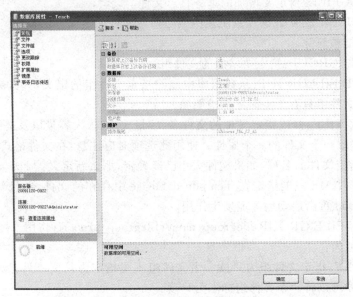

图 3-7　"数据库属性"对话框

　　"常规"选项卡中包含数据库的名称、状态、所有者、创建日期、大小、可用空间、用户数、备份、维护等信息。

　　"文件"选项卡中包含数据库文件的名称、初始容量大小、文件增长、存储位置等信息。

　　"文件组"选项卡中可以添加或删除文件组,但是,如果文件组中有文件则不能删除,必须先将文件移出文件组,才能删除该文件组。

　　"选项"选项卡可以设置数据库的许多属性,被选中的选项是系统默认的选项。

　　"权限"选项卡可以设定用户对此数据库的权限。

3.2.1.3　删除用户数据库

1. 用 SQL 命令删除数据库

　　DROP DATABASE 命令可以从 SQL Server 中一次删除一个或几个数据库。数据库所有者(DBO)和数据库管理员(DBA)才有权执行此命令。其语法如下:

　　　　DROP DATABASE database_name[,…,n]

　　【例 3-3】删除数据库 Teach。

　　　　DROP DATABASE Teach

2. 用 SQL Server Management Studio 删除数据库

　　在"对象资源管理器"中,选择所要删除的数据库,单击鼠标右键,在弹出的快捷菜单中选择"删除"选项即可删除数据库。系统会弹出"删除对象"窗口确认是否要删除数据库,如图3-8所示。若勾选"删除数据库备份和还原历史记录信息"复选框,表示同时删除数据库的备份。

图 3-8 "删除对象"对话框

3.2.2 定义基本表

创建了数据库之后,就可以在数据库中建立基本表,即决定数据库中包含哪些表,每个表包含哪些字段,每个字段的数据类型等。

3.2.2.1 SQL Server 的数据类型

对于基本表来说,要求表中的每一列来自同一个域,即数据类型相同。因此,在创建基本表时,需要为表中的每一列(即每个字段)设置一种数据类型。SQL Server 2008 中的数据类型可以归纳为下列类别。

1. 精确数值类型

精确数值类型如表 3-3 所示。

表 3-3 精确数值数据类型

数据类型	范围	占用的字节
bit	0,1,NULL	实际使用 1bit,但会占用 1 个字节,若一个数据中有数个 bit 字段,则可共占 1 个字节
bigint	$-2^{63} \sim 2^{63}-1$	8 个字节
int	$-2^{31} \sim 2^{31}-1$	4 个字节
smallint	$-2^{15} \sim 2^{15}-1$	2 个字节
tinyint	$0 \sim 255$	1 个字节
decimal[(p[,s])] mumeric[(p[,s])] 其中 p 为精度,s 为小数位数	$-10^{38}+1 \sim 10^{38}-1$	1~9 位数使用 5 个字节 10~19 位数使用 9 个字节 20~28 位数使用 13 个字节 29~38 位数使用 17 个字节
money	$-2^{63} \sim 2^{63}-1$,精确到万分之一	8 个字节
smallmoney	$-214748.3648 \sim 214748.3647$	4 个字节

2. 近似数值类型

近似数值类型如表 3-4 所示。

表 3-4　近似数值数据类型

数据类型	范围	占用的字节
float(n)	$-1.79E+308\sim1.79E+308$	8 个字节,n 为用于存储 float 数值尾数的位数,以科学计数法表示,因此可以确定精度和存储大小;N 必须是介于 1 和 53 之间的某个数;默认值为 53
real	$-3.40E+38\sim3.40E+38$	4 个字节

3. 日期时间类型

日期时间类型如表 3-5 所示。

表 3-5　日期时间数据类型

数据类型	范围	精确度
time[(0~7)]	00：00：00.0000000~23：59：59：9999999	100 纳秒
date	0001/1/1~9999/12/31	1 天
datetime	1753/1/1~9999/12/31	1 分钟
Smalldatatime	1900/1/1~2079/6/6	3.33 毫秒
datetime[(0~7)]	0001/1/1 00：00：00.0000000~ 9999/12/31 23：59：59：9999999	100 纳秒
datetimeoffset[(0~7)]	0001/1/1 00：00：00.0000000~ 9999/12/31 23：59：59：9999999(UTC 时间)	100 纳秒

4. 字符串类型

字符串类型如表 3-6 所示。

表 3-6　字符串数据类型

数据类型	范围	占用的字节
char[(n)]	定长的非 Unicode 字符,1~8000 个字符	n 个字节
varchar[(n | max)]	非定长的非 Unicode 字符,1~8000 个字符; Max 指最大存储大小是 $2^{31}-1$ 个字节	输入字符的实际长度+2 个字节

5. Unicode 字符串类型

Unicode 字符串类型如表 3-7 所示。Unicode 字符串数据类型采用双字节文字编码标准。它与字符串数据类型相当类似，但 Unicode 的一个字符用 2 字节存储。

表 3-7   Unicode 字符串数据类型

数据类型	范围	占用的字节
nchar[(n)]	定长的 Unicode 字符，1～4000 个字符	2 倍 n 个字节
nvarchar[(n | max)]	非定长的 Unicode 字符，1～4000 个字符；Max 指最大存储大小是 $2^{31}-1$ 个字节	输入字符长度的 2 倍+2 个字节

6. 二进制数据类型

二进制数据类型如表 3-8 所示。二进制数据类型用来定义二进制码的数据，通常用十六进制表示。

表 3-8   二进制数据类型

数据类型	范围	占用的字节
binary[(n)]	定长的二进制数据，1～8000 个字符	n 个字节
varbinary[(n | max)]	非定长的二进制数据，1～8000 个字符；Max 指最大存储大小是 $2^{31}-1$ 个字节	输入数据的实际长度+2 个字节

7. text, ntext 和 image 数据类型

text, ntext 和 image 数据类型如表 3-9 所示。

表 3-9   text, ntext 和 image 数据类型

数据类型	范围	占用的字节
text	服务器代码页中长度可变的非 Unicode 数据，最大长度为 $2^{31}-1$ 个字节；当服务器代码页使用双字节字符时，存储仍是 $2^{31}-1$ 个字节	小于 2147483647 字节
ntext	长度可变的 Unicode 数据，最大长度为 $2^{30}-1$ 个字符	所输入字符长度的两倍
image	长度可变的二进制数据，0～$2^{31}-1$ 个字节	

3.2.2.2　创建基本表

1. 用 SQL 命令创建基本表

SQL 使用 CREATE TABLE 语句创建基本表，其基本语法格式为：

　　CREATE TABLE ＜表名＞

　　(＜列定义＞[{,＜列定义＞|＜表约束＞}])

其中：

(1) ＜表名＞应使用合法标识符,最多可有128个字符,不允许重名。

(2) ＜列定义＞的表达方式为,＜列名＞　＜数据类型＞　[DEFAULT]　[{＜列约束＞}]。

(3) DEFAULT,可以为某字段设置默认值,则当该字段未被输入数据时,以该默认值自动填入该字段。

(4) 在SQL中用如下所示的格式来表示数据类型以及它所采用的长度、精度和小数位数,如binary(N)、char(N)、numeric(P,[S])等,其中的N代表长度,P代表精度,S表示小数位数。

但有的数据类型的精度与小数位数是固定的,对采用此类数据类型的字段而言,不需设置精度与小数位数。

【例3-4】用SQL命令建立一个学生表。

　　CREATE TABLE 学生

　　(学号 CHAR(6),

　　　姓名 VARCHAR(8),

　　　性别 CHAR(2),

　　　年龄 INT,

　　　系别 VARCHAR(20))

执行该语句后,便创建了学生表的表框架,该基本表中包含学号、姓名、性别、年龄和系别5个字段。目前,此基本表是一个只含有表结构的空表。

2. 用 SQL Server Management Studio 创建基本表

通过SQL Server Management Studio工具,用户也可以方便地创建基本表。

在SQL Server Management Studio中创建基本表按以下步骤进行。

(1)在要创建的数据库"Teach"中选择"表"对象后,单击右键从快捷菜单中选择"新建表"选项,会弹出"表设计器"对话框,如图3-9所示。其中每一行信息表示基本表的一个字段的相关属性定义,主要包括列名、数据类型以及字段的NULL值等。

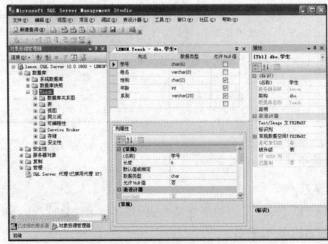

图3-9　创建数据表

①"列名"即表中某个字段的名称,由用户命名,可达 128 个字符。字段名可包含中文、英文字母、下划线、♯号、货币符号(¥)及 AT 符号(@)。同一表中不允许有重名字段。

②"数据类型"表示该字段可存放的数据的类型,也包含该字段所能容纳的最大数据量。对不同的数据类型来说,长度对字段的意义有些不同。

A. 对字符型与 Unicode 字符类型而言,长度代表字段所能容纳的字符的数目,因此它会限制用户所能输入的文本长度。

B. 对数值型的数据类型而言,长度则代表字段使用多少个字节来存放数字,由精度决定,精度越高,字段的长度就越大。精度是指数据中数字的位数,包括小数点左侧的整数部分和小数点右侧的小数部分;而小数位数则是指数字小数点右侧的位数。例如,数字 12345.678,其精度为 8,小数位数为 3,所以只有数值类的数据类型才有必要指定精度和小数位数。

C. 对于各种整数型的字段长度是固定的,用户不需要输入长度,系统根据相应整数类型的不同自动给出字段长度。

D. 对 binary,varbinary 和 image 数据类型而言,长度代表字段所能容纳的字节数。

③"允许空",当对某个字段的"允许空"列上打"√"时,表示该字段的值允许为 NULL 值。这样,在向数据表中输入数据时,如果没有给该字段输入数据,系统将自动取 NULL 值,否则,必须给该字段提供数据。

(2)将表中各列定义完毕后,单击工具栏中的保存按钮,即弹出输入新建表名的对话框。

(3)输入表名后,单击"确定"按钮,即完成数据表的创建。

3.2.2.3 定义基本表的约束

1. 用 SQL 命令定义基本表的完整性约束

数据的完整性是指保护数据库中数据的正确性、有效性和相容性,防止错误的数据进入数据库造成无效操作。而约束是一种强制数据库完整性的标准机制,约束定义了列中允许的取值并维护各表之间的关系。

在 SQL Server 中,对于基本表的约束分为列约束和表约束。其中,列约束是对某一个特定列的约束,包含在列定义中;表约束与列定义相互独立,不包括在列定义中,通常用于对多个列一起进行约束,定义表约束时必须指出要约束的列的名称。

完整性约束的基本语法格式为:

[CONSTRAINT ＜约束名＞]＜约束类型＞

约束名:约束不指定名称时,系统会给定一个名称。

约束类型:在定义完整性约束时必须指定完整性约束的类型。

在 SQL Server 中可以定义六种类型的完整性约束。

(1)NULL/NOT NULL 约束。NULL 值表示"不知道"、"不确定"或"没有数据"的意思。当某一字段的值一定要输入值才有意义的时候,则可以设置为 NOT NULL。比如主键列就不允许出现空值,否则就违背了实体完整性规则。该约束只能用于定义列约束,其语法格式如下:

[CONSTRAINT ＜约束名＞][NULL/NOT NULL]

【例 3-5】建立一个学生表,对学号字段进行 NOT NULL 约束。

CREATE TABLE 学生

　　(学号 CHAR(6) CONSTRAINT XH_CONS NOT NULL,

　　姓名 VARCHAR(8),

　　性别 CHAR(2),

　　年龄 INT,

　　系别 VARCHAR(20))

　　当创建了该学生表,在表中输入数据时,若学号为空,系统会给出错误信息,无 NOT NULL 约束时,系统缺省为 NULL。其中 XH_CONS 为指定的约束名称,当约束名省略时,系统自动产生一个名字。

　　将例中对学号 NOT NULL 的约束简写为:学号 CHAR(6) NOT NULL,该语句的功能与【例3-5】相同,只是省略约束名称。

　　(2)UNIQUE 约束。UNIQUE 约束(唯一约束)用于指明基本表在某一列或多个列的组合上的取值必须唯一。定义了 UNIQUE 约束的那些列称为唯一键,唯一键不允许有重复值,但允许有空值,只是为保证其唯一性,最多只可以出现一个 NULL 值。

　　UNIQUE 既可用于列约束,也可用于表约束。UNIQUE 用于定义列约束时,其语法格式如下:

　　　　[CONSTRAINT ＜约束名＞] UNIQUE

　　【例3-6】建立一个学生表,定义姓名为唯一键。

　　CREATE TABLE 学生

　　(学号 CHAR(6),

　　姓名 CHAR(8) CONSTRAINT XM_UNIQ UNIQUE,

　　性别 CHAR(2),

　　年龄 INT,

　　系别 VARCHAR(20))

　　其中,XM_UNIQ 为指定的约束名称,约束名称可以省略,对姓名的 UNIQUE 约束可间写为:姓名 CRAR(8) UNIQUE。

　　UNIQUE 用于定义表约束时,其语法格式如下:

　　　　[CONSTRAINT ＜约束名＞] UNIQUE (＜列名＞[{,＜列名＞}])

　　【例3-7】建立一个学生表,定义学号＋姓名为唯一键。

　　CREATE TABLE 学生

　　(学号 CHAR(6),

　　姓名 SN CHAR(8),

　　性别 CHAR(2),

　　年龄 INT,

　　系别 VARCHAR(20),

　　CONSTRAINT XS_UNIQ UNIQUE(SN,Sex))

　　系统为学号＋性别建立唯一索引,确保同名的学生性别不同或同一性别的学生不重名。

　　(3)DEFAULT 约束。DEFAULT 约束为默认值约束,若将某列中出现频率最高的属性值定义为 DEFAULT 约束中的默认值,在没有明确地提供输入值时,系统会自动为该列输入指定值,可以减少数据输入的工作量。

DEFAULT 既可用于列约束,也可用于表约束。DEFAULT 用于定义列约束时,其语法格式为:

[DEFAULT <约束名>]DEFAULT <默认值>

DEFAULT 用于定义表约束时,其语法格式为:

[DEFAULT <约束名>]DEFAULT<默认值>FOR<列名>

【例 3-8】建立一个学生表,定义性别默认值为男。

```
CREATE TABLE 学生
(学号 CHAR(6),
 姓名 VARCHAR(8),
 性别 CHAR(2) DEFAULT'男',
 年龄 INT,
 系别 VARCHAR(20))
```

(4)CHECK 约束。CHECK 约束为检查约束,它通过约束条件表达式设置列值应满足的条件,以此来保证域的完整性。使用 CHECK 约束可以实现当用户在向数据库表中插入数据或更新数据时,由 SQL Server 检查新行中的带有 CHECK 约束的列值,使其必须满足约束条件。

CHECK 既可用于列约束,也可用于表约束,其语法格式为:

[CONSTRAINT <约束名>] CHECK (<条件表达式>)

若只对某一字段定义 CHECK 约束,可为列约束;若在多个字段上定义 CHECK 约束,则必须为表约束。

【例 3-9】建立一个选课表,定义成绩的取值范围为 0～100 之间。

```
CREATE TABLE 选课
(学号 CHAR(6),
 课程号 CHAR(5),
 成绩 NUMERIC(4,1) CONSTRAINT CJ_Chk CHECK(成绩 BETWEEN 0 AND
100)
```

(5)PRIMARY KEY 约束。PRIMARY KEY 约束是实体完整性约束,用于定义基本表的主键,起唯一标识作用,其值不能为 NULL,也不能重复。

一个基本表中只能定义一个 PRIMARY KEY 约束。对于指定为 PRIMARY KEY 的一个列或多个列的组合,其中任何一个列都不能出现 NULL 值。对于多个列的组合为 PRIMARY KEY 约束,则一列中的值可以重复,但这些列的组合的值必须唯一。

PRIMARY KEY 既可用于列约束,也可用于表约束。PRIMARY KEY 用于定义列约束时,其语法格式如下:

[CONSTRAINT <约束名>] PRIMARY KEY

【例 3-10】建立一个学生表,定义学号为学生表的主键,建立另外一个课程表,定义课程号为课程的主键。

定义学生表:

```
CREATE TABLE 学生
(学号 CHAR(6) CONSTRAINT XS_Prim PRIMARY KEY,
```

```
    姓名 CHAR(8),
    性别 CHAR(2),
    年龄 INT,
    系别 VARCHAR(20))
```

定义课程表:

```
CREATE TABLE 课程
(课程号 CHAR(5) CONSTRAINT KC_Prim PRIMARY KEY,
 课程名 CHAR(20),
 学分 INT)
```

PRIMARY KEY 用于定义表约束时,即将某些列的组合定义为主键时,其语法格式如下:

　　　　[CONSTRAINT ＜约束名＞] PRIMARY KEY（＜列名＞[｛,＜列名＞｝]）

【例3-11】建立一个选课表,定义学号＋课程号为选课表的主键。

```
CREATE TABLE 选课
(学号 CHAR(6),
 课程号 CNo CHAR(5),
 成绩 NUMERIC(4,1),
 CONSTRAINT XK_Prim PRIMARY KEY(SNo,CNo))
```

(6)FOREIGN KEY 约束。FOREIGN KEY 约束是实体的参照完整性约束,用于指定某一个列或一组列作为外部键,使从表在外部键上的取值是主表中某一个主键值,或者取空值,以保证两个表之间的连接。

FOREIGN KEY 既可用于列约束,也可用于表约束,用于列约束的语法格式为:

　　　　[CONSTRAINT ＜约束名＞] FOREIGN KEY REFERENCES ＜主表名＞（＜列名＞[｛,＜列名＞｝]）

用于表约束的语法格式为:

　　　　[CONSTRAINT ＜约束名＞] FOREIGN KEY（＜外码名＞）REFERENCES ＜主表名＞（＜列名＞[｛,＜列名＞｝]）

【例3-12】建立一个选课表,定义学号、课程号为选课的外部键。

```
CREATE TABLE 选课
(学号 CHAR(6) CONSTRAINT XS_Fore FOREIGN KEY REFERENCES 学生(学号),
 课程号 CHAR(5) CONSTRAINT KC_Fore FOREIGN KEY REFERENCES
课程(课程号),
 成绩 NUMERIC(4,1),
 CONSTRAINT XK_Prim PRIMARY KEY(SNo,CNo))
```

【例3-13】建立包含完整性定义的学生表。

```
CREATE TABLE 学生
(学号 CHAR(6) CONSTRAINT XS_Prim PRIMARY KEY,
 姓名 CHAR(8) CONSTRAINT XM_Cons NOT NULL UNIQUE,
```

性别 CHAR(2) CONSTRAINT XB_Cons NOT NULL DEFAULT'男',
年龄 INT CONSTRAINT NL_Cons NOT NULL
　　　CONSTRAINT NL_Chk CHECK（年龄＞＝15 AND 年龄＜＝50），
系别 CHAR(10) CONSTRAINT XB_Cons NOT NULL)

【例3-13】所创建的学生表中的每一列都增加了完整性约束定义：学号为主键；姓名非空且唯一；性别非空且默认为"男"；年龄非空且取值范围为15～50；系别为非空。

2. 用SQL Server Management Studio定义表的完整性约束

(1)定义主键约束。

①在"对象资源管理器"中找到要修改的数据库Teach，并展开该数据库节点。

②单击该数据库的"表"对象后，会显示出当前数据库中的所有基本表。

③从中选择要设置主键约束的表如学生，在该表名称上单击右键，从弹出的快捷菜单中选择"设计"菜单项，则会弹出如图3-10所示的"表设计器"窗口，在"表设计器"窗口选中"学号"列，单击右键，从弹出的快捷菜单中选择"设置主键"菜单项，即可看到在"学号"列前出现 图标，表示已将"学号"设置为主键，如图3-10所示。保存之后，在"对象资源管理器"中学生表的键文件夹下会显示一个主键约束。

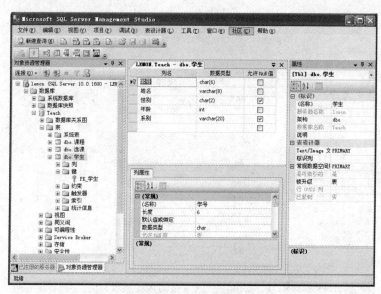

图3-10　主键约束

(2)定义默认约束。在弹出的如图3-10所示的"表设计器"窗口中，选中"性别"列，从列属性选项下的常规属性中选择"默认值或绑定"文本框，在文本框输入"男"，即为"性别"列设置了默认值"男"，如图3-11所示。保存之后，在"对象资源管理器"中学生表的约束文件夹下会显示一个默认值约束。当向学生表输入数据时，若在"性别"列未输入值，系统会自动填上默认值"男"。

(3)CHECK约束。

①在"对象资源管理器"中找到要实现CHECK约束的表如选课，单击右键，从弹出的快捷菜单中选择"设计"菜单项，则会弹出如图3-12所示的"表设计器"窗口。

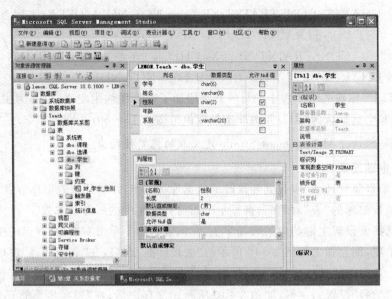

图 3-11 默认值约束

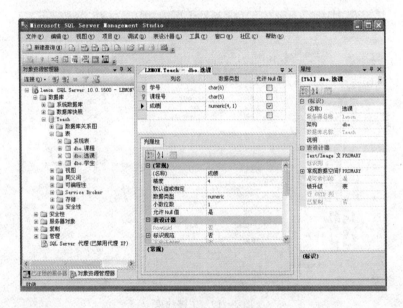

图 3-12 "表设计器"窗口

②在"表设计器"窗口选中"成绩"列,单击右键,从弹出的快捷菜单中选择"CHECK 约束"菜单项,弹出"CHECK 约束"对话框,选择"添加"按钮添加一个新的 CHECK 约束,如图 3-13所示。

③单击"表达式"文本框,然后单击"表达式"文本框右边按钮,打开"CHECK 约束表达式"对话框,在对话框中输入成绩的取值范围,如图 3-14 所示。

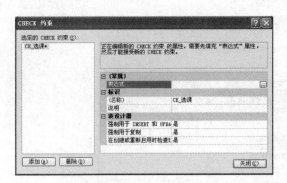

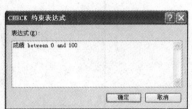

图 3-13　"CHECK 约束"对话框　　　　图 3-14　"CHECK 约束表达式"对话框

④单击"确定"按钮关闭对话框,设置其他选项的配置为默认,然后关闭对话框。选择"保存"命令将保存所创建的 CHECK 约束。

(4)定义外键约束。

①在"对象资源管理器"中找到要实现外键约束的表如选课,单击右键,从弹出的快捷菜单中选择"设计"菜单项,则会弹出如图 3-15 所示的"表设计器"窗口。

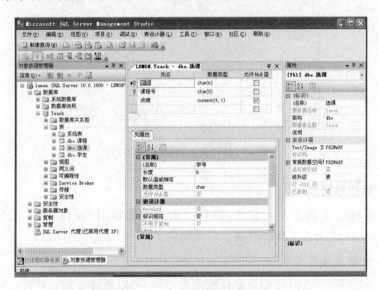

图 3-15　"表设计器"窗口

②在"表设计器"窗口选中"学号"列,单击右键,从弹出的快捷菜单中选择"关系"菜单项,会弹出"外键关系"对话框,选择"添加"按钮添加一个新的外键关系,如图 3-16 所示。

③单击"表和列规范"文本框,然后单击"表和列规范"文本框右边按钮,打开"表和列"对话框,在主键表下拉列表中选择"学生"表,对应的列选择"学号",在外键表下拉列表中选择"选课"表,对应的列选择"学号",如图 3-17 所示,表示"选课"表中的"学号"为外键,它参照了"学生"表中的"学号",从而实现参照完整性规则。

④单击"确定"按钮关闭对话框,设置其他选项的配置为默认,然后关闭对话框。选择"保存"命令将保存所创建的外键约束。

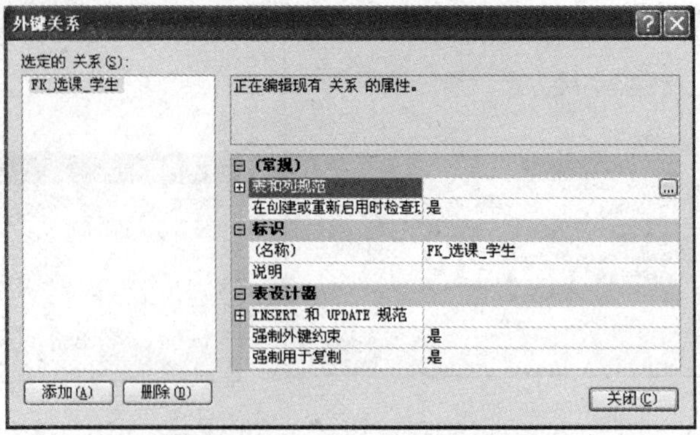

图 3-16　"外键关系"对话框

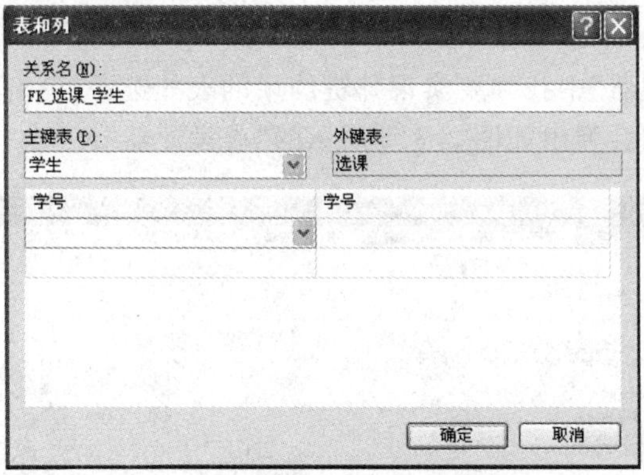

图 3-17　"表和列规范"文本框

3.2.2.4　修改数据表

当应用环境和应用需求发生变化,需要对表进行修改时,可以利用 SQL 语句或 SQL Server Management Studio 工具修改基本表的结构。

1. 用 SQL 命令修改基本表

SQL 使用 ALTER TABLE 命令来修改表的结构,可以通过下列三种方式实现。

(1)ADD 方式。ADD 方式用于向表中增加新列或新的完整性约束。列和完整性约束的定义方式与 CREATE TABLE 语句中的定义方式相同,其语法格式为:

　　ALTER TABLE ＜表名＞

　　ADD＜列定义＞│＜完整性约束定义＞

【例 3-14】在课程表中增加一个学时列。

　　ALTER TABLE 课程

　　ADD

　　学时 SMALLINT

【例 3-15】在选课表中增加完整性约束定义,使成绩在 0~100 之间。

　　ALTER TABLE 选课

ADD

CONSTRAINT CJ_Chk CHECK(成绩 BETWEEN 0 AND 100)

(2)ALTER 方式。ALTER 方式用于修改已有列的定义,其语法格式为:

ALTER TABLE <表名>

ALTER COLUMN <列名> <数据类型> [NULL | NOT NULL]

【例 3 - 16】把课程表中的课程名列加宽到 30 个字符。

ALTER TABLE 课程

ALTER COLUMN 课程名 CHAR(30)

需要注意的是:使用 ALTER 方式不能改变原有的列名;不能将含有空值的列的定义修改为 NOT NULL 约束;若列中已有数据,则不能减少该列的宽度,也不能改变其数据类型;只能修改 NULL | NOT NULL 约束,其他类型的约束在修改之前必须先将约束删除,然后再重新定义新的约束。

(3)DROP 方式。DROP 方式只用于删除完整性约束定义,其语法格式为:

ALTER TABLE <表名>

DROP CONSTRAINT <约束名>

【例 3 - 17】删除选课表中的 CHECK 约束。

ALTER TABLE 选课

DROP CONSTRAINTCJ_Chk

2. 用 SQL Server Management Studio 修改基本表的结构

用 Enterprise Manager 修改基本表的结构,可按下列步骤进行操作。

(1)在"对象资源管理器"中找到要修改的数据库 Teach,并展开该数据库节点。

(2)单击"表"对象后,会显示出当前数据库中的所有基本表。

(3)从中选择要进行修改的表如课程,在该表名称上单击右键,从弹出的快捷菜单中选择"设计"菜单项,则会弹出"表设计器"窗口,如图 3 - 18 所示。

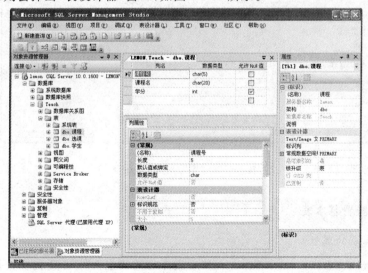

图 3 - 18 修改表

（4）在此对话框中修改列的名称、数据类型等属性，或添加、删除列。

（5）修改完毕后，单击工具栏中的保存按钮存盘退出。

3.2.2.5 删除基本表

当不需要某个基本表时，可将其删除。删除后，表中的数据以及定义在表上的索引都会被删除。

需要注意的是：如果两个表存在依赖关系，例如，一个表中的列受到另一个表的列的约束，则被依赖的表无法被先行删除。

1. 用 SQL 命令删除数据表

SQL 使用 DROP TABLE 命令删除表，其语法格式为：

  DROP TABLE ＜表名＞

【例 3-18】删除学生表。

  DROP TABLE 学生

2. 用 SQL Server Management Studio 删除数据表

在 SQL Server Management Studio 的"对象资源管理器"中，展开相应数据库节点，找到要删除的表，然后单击右键，从弹出的快捷菜单中选择"删除"选项，则会弹出"删除对象"对话框，如图 3-19 所示。单击"确定"按钮，即可以删除表；单击"显示依赖关系"按钮，即会弹出"依赖关系"对话框，其中列出了表所依靠的对象和依赖于表的对象，当有对象依赖于表时就不能删除表了。

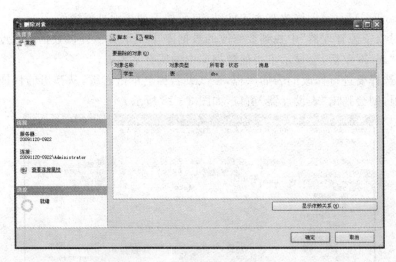

图 3-19 "删除对象"对话框

3.2.2.6 查看基本表

1. 查看基本表的属性

在 SQL Server Management Studio 的"对象资源管理器"中，展开相应数据库节点，从中找到所需要的基本表如学生，然后单击右键，从快捷菜单中选择"属性"菜单项，则会弹出"表属性"对话框，如图 3-20 所示，从图中可以看到表的大部分属性信息。

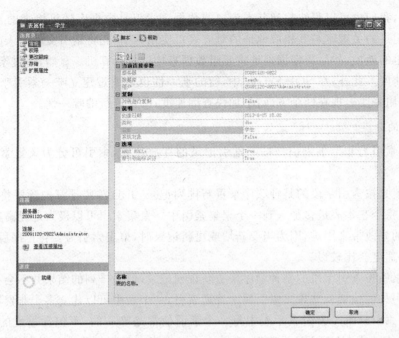

图 3-20　"表属性"对话框

2. 查看基本表中的数据

在 SQL Server Management Studio 的"对象资源管理器"中,用右键单击要查看数据的表,从弹出的快捷菜单中选择"编辑"菜单项,则会显示表中的所有数据,如图 3-21 所示。

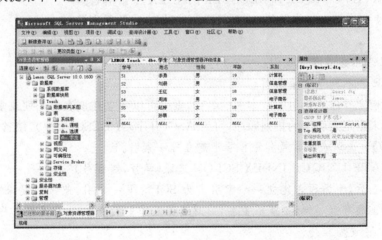

图 3-21　显示表中的数据

▷ 3.2.3　定义索引

提高 SQL Server 的系统性能有多种途径可以实现,其中正确地设计和使用索引是一种有效的方法。

1. 索引的作用

索引是基本表的目录。就如同我们利用图书目录可以在书中快速找到所需要的信息一样,借助索引,我们也可以很快找到基本表中的数据。索引是数据库随机检索的常用手段,它实际上就是记录的关键字与其相应地址的对应表。使用索引,先将索引文件读入内存,根据索引项找到元组的地址,然后再根据地址将元组数据直接读入计算机。显然,通过索引可以大大提高查询的速度。此外,在 SQL Server 中,行的唯一性也是通过建立唯一索引来维护的。因此,索引的作用主要表现在两个方面:①加快查询速度;②保证行的唯一性。

2. 索引的分类

(1)聚集索引与非聚集索引。按照索引记录的存放位置,索引可分为聚集索引与非聚集索引。

聚集索引是按索引字段的某种顺序来重新排列记录,并且按照排好的顺序将记录存储在表中。因此,每个基本表最多加入到一个聚集索引中。聚集索引可以极大地提高查询速度,但是会给数据的修改带来困难,因为当要新增或更新记录时,聚集索引需要将排序后的记录重新存储在表中,速度会比较慢。

非聚集索引按索引字段的某种顺序来重新排列记录,但是排列的结果并不会存储在表中,而是存储在另外的位置。非聚集索引属于普通索引,一个表中可以建立多个非聚集索引。

(2)唯一索引。唯一索引表示表中每一个索引值都是唯一的,不包含重复的值。在定义 PRIMARY KEY 或 UNIQUE 约束时,系统会自动为指定的列创建唯一索引。两者的区别在于,前者会建立一个聚集索引,而后者则建立一个非聚集的唯一索引。

3. 创建索引

(1)用 SQL 命令创建索引。SQL 使用 CREATE INDEX 命令建立索引,其语法格式为:

```
CREATE [UNIQUE] [CLUSTER] INDEX <索引名>
    ON <表名> (<列名>[次序][{,<列名>}][次序]…)
```

其中:

UNIQUE 表示建立唯一索引;

CLUSTER 表示建立聚集索引;

<表名>指定要建立索引的基本表的名称,索引可以建立在该表的一列或多列上;

"次序"用来指定索引值的排列顺序,可为 ASC(升序)或 DESC(降序),缺省值为 ASC。

【例 3-19】为选课表在学号和课程号上建立唯一索引。

```
CREATE UNIQUE INDEX SCI ON 选课(学号,课程号)
```

执行此命令后,为课程表建立一个索引名为 SCI 的唯一索引,此索引要求在学号和课程号两列的组合上具有唯一性,不能取重复值,对选课表中的行先按学号递增排序,对于相同的学号,再按课程号递增排序。

【例 3-20】为学生表在姓名上建立聚集索引。

```
CREATE CLUSTER INDEX SI ON 学生(姓名 DESC)
```

执行此命令后,为学生表建立一个索引名为 SI 的聚集索引,学生表中的记录将按照姓名值的降序存放。

应该注意的是:

①索引由 DBA 或 DBO 负责建立,建立后,系统将自动使用索引进行查询;

②当增加、删除或修改表中的数据时,索引将自动更新,因此,索引过多会影响数据更新的

速度；

③索引数目无限制，但索引过多会增加系统负担，对于经常进行查询的表可多建索引，对于数据更新频繁的表则应少建索引。

（2）用 SQL Server Management Studio 创建索引。在 SQL Server Management Studio 中创建索引的具体步骤如下：

①在"对象资源管理器"中选择要创建索引的表如学生，单击右键，在弹出的快捷菜单中选择"设计"选项。

②在"表设计器"菜单上选择"索引/键"，即弹出"索引/键"对话框，选择"添加"按钮来添加一个新的索引，如图 3 - 22 所示。

③单击"列"文本框，然后单击该文本框的右边按钮，弹出"索引列"对话框，如图 3 - 23 所示。

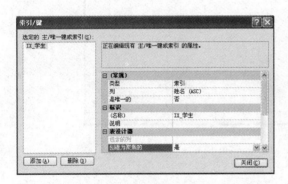

图 3 - 22　"索引/键"对话框　　　　图 3 - 23　"索引列"对话框

④在列名下，通过下拉列表框可以选择具有有效索引数据类型的列，并选择每一列的索引排列顺序，默认为"升序"。单击"确定"按钮关闭该对话框。

⑤设置"表设计器"中的"创建为聚集的"选项为"是"，其他选项的配置为默认，然后关闭对话框，这样就为学生表创建了一个聚集索引。

⑥选择"文件"→"保存"命令保存表，同时也会保存所创建的索引。

4．删除索引

索引一旦建立，由系统自动维护。在基本表中适当建立索引可以提高查询速度，但当数据更新时，过多的索引会使系统花费更多的时间来维护，从而降低基本表的更新速度。因此，可删除那些不必要的索引。

（1）用 SQL 命令删除索引。SQL 用 DROP INDEX 命令删除一个或多个当前数据库中的索引，其语法如下：

DROP INDEX 数据表名.索引名

DROP INDEX 命令不能删除由 CREATE TABLE 或 ALTER TABLE 命令创建 PRI-MARY KEY 或 UNIQUE 约束时建立的索引，也不能删除系统表中的索引。

【例 3 - 21】删除学生表的索引 SI。

DROP INDEX 学生.SI

（2）用 SQL Server Management Studio 删除索引。在"对象资源管理器"中可以从图

3-24所示的窗口中选择"索引"文件夹中要删除的索引,然后单击右键,在弹出的快捷菜单中选择"删除"命令,在弹出的"删除对象"对话框中单击"确定"按钮,即删除索引,如图3-25所示。

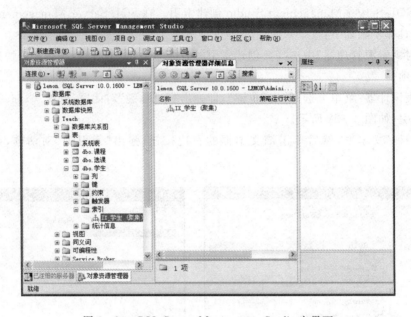

图 3-24　SQL Server Management Studio 主界面

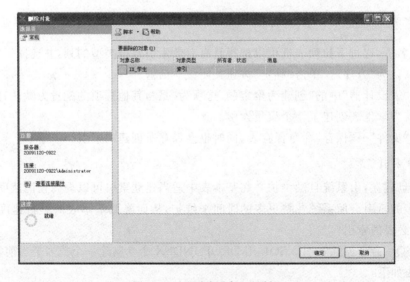

图 3-25　"删除对象"对话框

➤3.2.4　视图的定义

视图是一个虚表,其本身并不存储数据,数据来自于相应的基本表,在数据库中只存储其定义。视图实现了数据库系统三级模式结构中的外模式,在概念上可等同基本表,可以对视图进行查询、删除和更新等操作,也可在视图的基础上再定义视图。

1．创建视图

（1）用 SQL 命令创建视图。SQL 使用 CREATE VIEW 命令创建视图，其语法格式为：

　　CREATE VIEW ＜视图名＞［（＜视图列表＞）］

　　　　AS ＜子查询＞

其中，＜视图列表＞为可选项，省略时，视图的列名就是子查询的 SELECT 子句的目标列。在以下三种情况下，视图的列名必须指定：

①视图由多个表连接得到，在不同的表中存在同名列；

②视图的列名不是单纯的属性名，而是表达式或库函数的计算结果；

③不使用子查询中 SELECT 子句的目标列名，需要重新对列命名。

在子查询中不允许使用 ORDER BY 子句和 DISTINCT 短语，如果需要排序，则可在视图定义后，对视图查询时再进行排序。

【例 3－22】创建一个信息管理系学生情况的视图。

　　CREATE VIEW 信息管理系学生情况

　　AS SELECT 学号，姓名，性别，年龄

　　FROM 学生

　　WHERE 系别＝'信息管理'

其中，SELECT…FROM…WHERE 为 SQL 的查询语句，该语句的用法将在下一节详细说明。

在创建信息管理系学生情况视图时，省略了视图列表，则该视图由子查询中的学号、姓名、性别、年龄四列组成。该视图中所涉及的内容仅限于"信息管理"系的学生，而且只能获取学生的学号、姓名、性别、年龄等数据，其他数据对使用该视图的用户来说是不可见的，从而达到了数据保密的目的。

通过 CREATE VIEW 命令创建视图后，只在数据字典中存放视图的定义，而其中的子查询 SELECT 语句并不执行。只有当用户对视图进行操作时，才通过视图定义中的子查询将数据从基本表中取出。

【例 3－23】创建教师授课情况视图（包括教师号、姓名、课程名）。

　　CREATE VIEW 教师授课（教师号，姓名，课程名）

　　AS SELECT 教师.教师号，姓名，课程名

　　FROM 教师，课程，授课

　　WHERE 教师.教师号＝授课.教师号 AND 授课.课程号＝课程.课程号

此视图涉及三个表，在教师表和授课表中均存在教师号列，因此需指定视图列名。

【例 3－24】创建学生成绩统计视图（包括学号，总成绩）。

　　CREATE VIEW 学生成绩统计（学号，总成绩）

　　AS SELECT 学号，Sum（成绩）

　　FROM 选课

　　GROUP BY 学号

此视图的子查询中使用了库函数，因此需指明视图列名。

（2）用 SQL Server Management Studio 创建视图。在 SQL Server Management Studio 中创建视图，可采用如下方法。

①在"对象资源管理器"中选择要创建视图的数据库如 Teach,单击展开可看到"视图"文件夹,如图 3-26 所示。

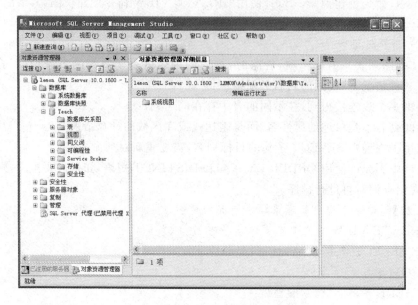

图 3-26　创建视图

②右键单击"视图",在弹出的快捷菜单中选择"新建视图"选项,打开"添加表"对话框,如图 3-27 所示。

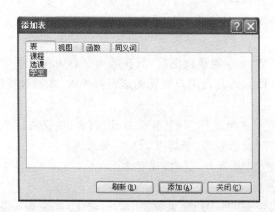

图 3-27　"添加表"对话框

③如创建信息管理系学生情况视图,则在"添加表"对话框中选择学生表,单击"添加"按钮,然后单击"关闭"按钮关闭该对话框。下次需要再次显示该对话框,可以通过在"查询设计器"的菜单中选择"添加表"来显示。

④关闭"添加表"对话框,将显示选定对象的视图窗格。在视图窗格中选择此视图所使用的列:学号、姓名、性别、年龄和系别。在指定列的时候,可以通过筛选器指定列的条件,如在系别的筛选器中添加"筛选条件:='信息管理'",如图 3-28 所示,该操作会创建一个可用于生成该视图的 SELECT 语句。

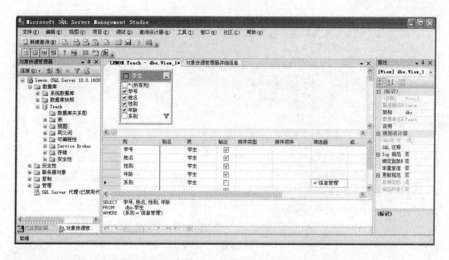

图 3-28 视图设计器

⑤在"视图属性"窗格中可以对视图进行配置。

A. 在设置视图的名称、描述和架构时,如果想要把视图绑定到架构,将"绑定到架构"设定为"是",但一旦将视图绑定到架构,则在该视图中使用到的视图或表不能被删除,另外对该视图中使用到的表执行 ALTER TABLE 时,如果修改语句会影响到视图定义,这些语句执行会失败。

B. 如果希望视图显示不重复的项,并过滤掉完全相同的行,则将"DISTINCT 值"设置为"是"。

C. 如果希望视图返回包含最前面匹配的部分结果集,将"最前面"设置为"是",然后定义返回最前面匹配结果的数量,如固定的最大值,或者总结果的百分比。

D. 如果希望创建一个可更新的视图,将"使用视图规则更新"设置为"是"。

⑥视图配置完成后,可以通过"查询分析器"菜单的"验证 SQL 语法"选项来检验 SQL 语法。如果报告有错误或问题,需要进行纠正。

⑦单击执行按钮,在数据结果区将显示包含在视图中的数据行。

⑧单击保存按钮,在弹出的对话框中输入视图名,单击"保存"按钮完成视图的创建,此时在"对象资源管理器"对应数据库的视图中将显示所创建的视图名,如"信息管理系学生情况"视图,如图 3-29 所示。

2. 修改视图

(1)用 SQL 命令修改视图。SQL 使用 ALTER VIEW 命令修改视图,其语法格式为:

    ALTER VIEW <视图名>[(<视图列表>)]

    AS <子查询>

【例 3-25】修改学生成绩统计视图(包括学号、总成绩,平均成绩)。

    ALTER VIEW 学生成绩统计(学号,总成绩,平均成绩)

    AS SELECT 学号,Sum(成绩),Avg(成绩)

    FROM 选课

    GROUP BY 学号

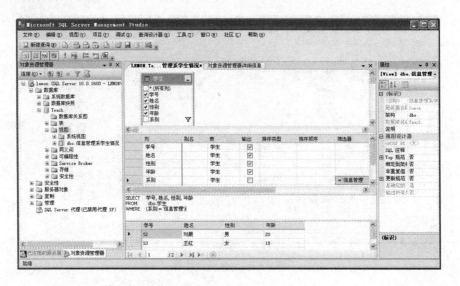

图 3-29　保存视图

（2）用 SQL Server Management Studio 修改视图。在 SQL Server Management Studio 中修改视图,可采用如下步骤。

①在"对象资源管理器"中选择要修改视图的数据库文件夹,展开"视图"节点,此时在"视图"节点后将显示当前数据库的所有视图,同时在右面的窗格中也会显示当前数据库的所有视图。

②在右面窗格中,用右键单击要修改的视图,在弹出的快捷菜单中选择"设计"选项,即可进入到设计视图的窗口,如图 3-30 所示。

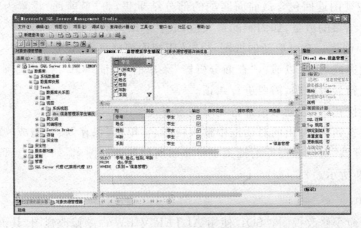

图 3-30　设计视图窗口

③在该窗口中可按照创建新视图的方法对原有的视图进行各种修改,最后保存即可。

3. 删除视图

（1）用 SQL 命令删除视图。SQL 使用 DROP VIEW 命令删除视图,其语法格式为:

　　DROP VIEW ＜视图名＞

【例3-26】删除信息管理系学生情况视图。

    DROP VIEW 信息管理系学生情况

（2）用 SQL Server Management Studio 删除视图。在 SQL Server Management Studio 中修改视图，可采用如下步骤。

①在"对象资源管理器"中选择要删除视图的数据库文件夹，展开"视图"节点，此时在"视图"节点后将显示当前数据库的所有视图，同时在右面的窗格中也会显示当前数据库的所有视图。

②在右边窗格中，用右键单击要删除的视图，在弹出的快捷菜单中选择"删除"选项，会弹出"删除对象"窗口，如图3-31所示。

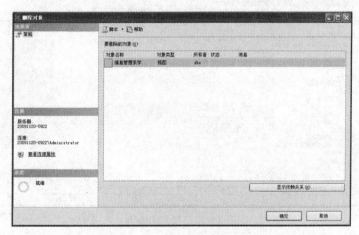

图3-31 "删除对象"窗口

③在"删除对象"窗口中选择要删除的视图，单击"确定"按钮即可删除该视图。

视图删除后，只是从数据字典中删除该视图的定义，与该视图有关的基本表中的数据不会受任何影响，而由此视图导出的其他视图的定义不会删除，但已无任何意义。为防止使用时出错，用户应该把这些视图删除。

4. 查询视图

视图定义后，可以对视图进行查询操作。从用户的角度看，查询视图与查询基本表的方式是完全一样的。

（1）用 SQL 命令查询视图。

【例3-27】查询视图信息管理系学生情况中性别为女生的学号和姓名。

    SELECT 学号,姓名

    FROM 信息管理系学生情况

    WHERE 性别='女'

视图中是不包含数据的，执行该查询是将视图定义中的子查询和用户查询结合起来，实际上是转换成了对学生基本表的查询。因此，该查询相当于执行了以下查询：

    SELECT 学号,姓名

    FROM 学生

    WHERE 系别='信息管理' AND 性别='女'

由此可见，当对一个基本表进行复杂查询时，可以先对基本表建立一个视图，然后只需对此视图进行查询,从而将一个复杂的查询转换成一个简单的查询,简化了查询操作。

(2)用 SQL Server Management Studio 查询视图。在 SQL Server Management Studio 中查询视图,可以采取如下步骤实现。

① 在"对象资源管理器"中选择要进行视图查询的数据库。

② 单击菜单栏上的"新建查询"命令,显示查询窗口,在查询窗格中输入相应的查询语句。

③ 单击"执行"按钮,结果窗格中将显示视图查询的结果,如图 3-32 所示。

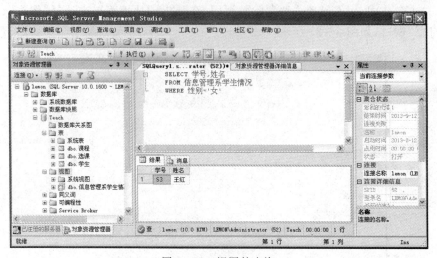

图 3-32 视图的查询

5.更新视图

由于视图是虚表,不实际存储数据,因此对视图的更新,最终要转换成对基本表的更新。其更新操作包括添加、修改和删除数据,语法格式同基本表一样。

视图在进行更新操作时,会受到很多条件的限制。一般的数据库系统只允许对行列子集视图进行更新操作。当视图是基于一张表,而且保留了主码属性,这样的视图称为行列子集视图。因此,一般的数据库系统不支持包含下列几种情况的视图的更新操作:① 视图由两个以上基本表导出;② 视图的列来自表达式;③ 视图定义中有分组子句;④ 视图定义中有嵌套查询,且内层查询中涉及了与外层一样的导出该视图的基本表。

下面的三种更新操作,仅考虑可以更新的视图。

(1)添加(INSERT)。

【例 3-28】向信息管理系学生情况视图中添加一条记录(学号:S8,姓名:孙铭,性别:男,年龄:20)。

    INSERT INTO 信息管理系学生情况(学号,姓名,性别,年龄)

  VALUES('S8','孙铭','男',20)

在视图中执行添加操作,就是将视图的定义和添加操作结合起来,转换成对学生基本表的添加。相当于执行以下操作:

    INSERT INTO 学生(学号,姓名,性别,年龄)

    VALUES('S8','孙铭','男',20)

在 SQL Server Management Studio 中使用视图添加记录,可以采取如下步骤实现。

　　①在"对象资源管理器"中选择要添加记录的数据库文件夹,展开"视图"节点,此时在"视图"节点后将显示当前数据库的所有视图。

　　②用右键单击要添加记录的视图,在弹出的快捷菜单中选择"设计"选项,进入到设计视图的窗口。

　　③在显示视图结果的最下面一行直接输入新记录,如图 3 - 33 所示。

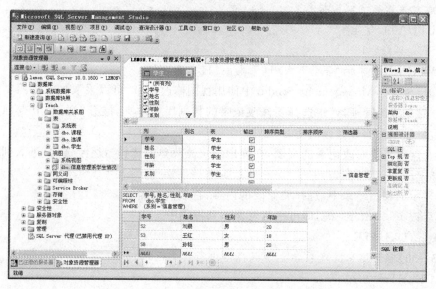

图 3 - 33　设计视图窗口

　　④然后按下<Enter>键,即可把新记录插入到视图中。

　　⑤单击"执行"按钮,完成新记录的添加。

　　⑥显示学生表中的数据,可以看到新记录已添加到表中,未指定值的列显示为空,如图 3 - 34 所示。

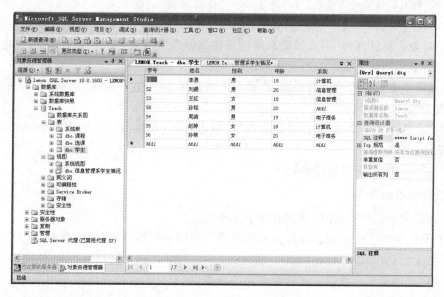

图 3 - 34　学生表中的数据

（2）修改（UPDATE）。

【例 3－29】将信息管理系学生情况视图中王红的年龄改为 19。

　　　　UPDATE 信息管理系学生情况

　　　　SET 年龄＝19

　　　　WHERE 姓名＝'王红'

转换成对基本表的修改操作：

　　　　UPDATE 学生

　　　　SET 年龄＝19

　　　　WHERE 姓名＝'王红' AND 系别＝'信息管理'

在 SQL Server Management Studio 中使用视图修改记录，可以采取如下步骤实现。

①在"对象资源管理器"中选择要修改记录的数据库文件夹，展开"视图"节点，此时在"视图"节点后将显示当前数据库的所有视图。

②用右键单击要修改记录的视图，在弹出的快捷菜单中选择"设计"选项，进入到设计视图的窗口，如上图 3－33 所示。

③在显示的视图结果中，选择要修改的内容，直接修改即可。

④然后按下＜Enter＞键，即可把信息保存到视图中。

（3）删除（DELETE）。

【例 3－30】删除信息管理系学生情况视图中王晨的记录。

　　　　DELETE

　　　　FROM 信息管理系学生情况

　　　　WHERE 姓名＝'刘晨'

转换成对基本表的删除操作：

　　　　DELETE

　　　　FROM 信息管理系学生情况

　　　　WHERE 姓名＝'刘晨' AND 系别＝'信息管理'

在 SQL Server Management Studio 中使用视图删除记录，可以采取如下步骤实现。

①在"对象资源管理器"中选择要修改记录的数据库文件夹，展开"视图"节点，此时在"视图"节点后将显示当前数据库的所有视图。

②用右键单击要修改记录的视图，在弹出的快捷菜单中选择"设计"选项，进入到设计视图的窗口，如上图 3－33 所示。

③在显示的视图结果中，选择要删除的行，单击右键，在弹出的快捷菜单中选择"删除"选项，弹出删除记录对话框。

④单击"是"按钮，即可删除该记录。

6. 使用视图的优点

由上述实例，可以看出使用视图有如下几个优点。

（1）有利于数据安全保密。通过视图用户可以访问某些数据，而表或数据库的其余部分对用户是不可见的，也不能进行访问。

（2）简化查询操作。视图可以隐蔽复杂的查询，用户只需查询视图而不用编写复杂的查询语句。

(3)保证数据的逻辑独立性。对于视图的操作,比如查询,只依赖于视图的定义。当构成视图的基本表要修改时,只需修改视图定义中的子查询部分,而基于视图的查询不用改变。

3.3 数据查询功能

数据查询是数据库中最常用的操作,也是 SQL 的核心功能。SQL 提供 SELECT 命令来实现数据的查询,通过查询操作得到所需的信息。

▷ 3.3.1 SELECT 命令的格式

SELECT 语句的一般格式为:

SELECT[ALL | DISTINCT][TOP N[PERCENT][WITH TIES]]

<列名> [AS 别名 1] [{,<列名> [AS 别名 2]}]

[INTO 新表名]

FROM <表名 1 或视图名 1> [[AS] 表 1 别名] [{,<表名 2 或视图名 2> [[AS] 表 2 别名]}]

[WHERE <检索条件>]

[GROUP BY <列名 1> [HAVING <条件表达式>]]

[ORDER BY <列名 2> [ASC | DESC]]

SELECT 语句的格式还可写为:

SELECT [ALL | DISTINCT][TOP N[PERCENT][WITH TIES]]

列名 1 [AS 别名 1]

[,列名 2 [AS 别名 2]…]

[INTO 新表名]

FROM 表名 1 [[AS] 表 1 别名]

[INNER | RIGHT | FULL | OUTER] JOIN

   表名 2 [[AS] 表 2 别名]

ON 条件

SELECT 查询语句共有 5 个子句,其中 SELECT 和 FROM 子句是必需的,而 WHERE、GROUP BY 和 ORDER BY 子句是可选的。各子句的含义如下:

①SELECT 子句用于指定查询结果所包含的列,相当于关系代数中的投影运算。

②FROM 子句用于给出查询的数据源,数据源可以是表或视图。

③WHERE 子句用于指定结果元组需要满足的条件,相当于关系代数中的选择运算。

④GROUP BY 子句用于对查询结果按指定的列进行分组。若后面还有 HAVING 短语,则对组按条件表达式进行筛选。

⑤ORDER BY 子句用于对查询结果进行排序。

SELECT 语句的执行过程是,根据 WHERE 子句的检索条件,从 FROM 子句指定的数据源(基本表或视图)中选取满足条件的元组,再按照 SELECT 子句中指定的列,投影得到结果表。如果有 GROUP BY 子句,则将查询结果按照<列名 1>相同的值进行分组。如果 GROUP BY 子句后有 HAVING 短语,则只输出满足 HAVING 条件的元组。如果有 OR-

DER BY 子句,查询结果还要按照 ORDER BY 子句中<列名 2>的值进行排序。

3.3.2 简单查询

1. 投影查询

查询语句中不使用 WHERE 子句的无条件查询,称作投影查询。SELECT 子句用于确定查询结果的目标列,其选择列可以分为如下几种情况。

(1)选择所有列。

【例 3-31】查询教师的全部信息。

    SELECT *
    FROM 教师

"*"表示教师表中包含的全部列名,并按照教师表定义时的顺序显示。

(2)选择指定列。

【例 3-32】查询全体教师的教师号、姓名和职称。

    SELECT 教师号,姓名,职称
    FROM 教师

(3)更改列名。在 SELECT 子句中可以为查询结果的列名重新命名,并且可以重新指定列的次序。为列取别名特别适合那些经过计算的列。

【例 3-33】查询教师的姓名、教师号和职称。

    SELECT 姓名 Name,教师号 No,职称 Prof
    FROM 教师
    或
    SELECT 姓名 AS Name,教师号 AS No,职称 AS Prof
    FROM 教师

(4)选择经过计算的列。SELECT 子句可以使用列、常数、表达式或函数,如果是表达式或函数,则先计算表达式或函数的值,然后将计算结果显示出来。

【例 3-34】查询学生的学号、姓名以及出生年份。

    SELECT 学号,姓名,YEAR(GETDATE( ))-年龄 AS 出生年份
    FROM 学生

其中,函数 GETDATE( )可获取当前系统的日期,函数 YEAR( )用于提取日期中的年份。

(5)消除重复元组。SELECT 语句进行查询默认是不消除重复的元组,若需要消除重复元组,可以使用 DISTINCT 关键字。

【例 3-35】查询学生所在的系。

    SELECT DISTINCT 系别
    FROM 学生

2. 选择查询

WHERE 子句用于查询满足选择条件的元组。在 WHERE 子句中,常用的查询条件如表 3-10 所示。

表 3 – 10　常用的查询条件

查询条件	运算符
比较运算	＝，＞，＜，＞＝，＜＝，！＝，＜＞
逻辑查询	AND，OR，NOT
范围查询	BETWEEN…AND
集合查询	IN
字符匹配查询	LIKE
空值查询	IS NULL

（1）比较查询。

【例 3 – 36】查询男生的学号和姓名。

　　SELECT 学号,姓名

　　FROM 学生

　　WHERE 性别＝'男'

【例 3 – 37】查询成绩高于 90 分的学生的学号、课程号和成绩。

　　SELECT 学号,课程号,成绩

　　FROM 选课

　　WHERE 成绩＞90

（2）逻辑查询。当 WHERE 子句由多个表达式构成复杂查询条件时,需要使用逻辑运算符 AND,OR 和 NOT 对表达式进行连接。逻辑运算符的优先级由高到低为:NOT,AND,OR,用户可以使用括号改变优先级。

【例 3 – 38】查询计算机系女生的学号和姓名。

　　SELECT 学号,姓名

　　FROM 学生

　　WHERE 系别＝'计算机' AND 性别＝'女'

【例 3 – 39】查询选修 C2 或 C3 且分数大于等于 80 分的学生学号、课程号和成绩。

　　SELECT 学号,课程号,成绩

　　FROM 选课

　　WHERE（课程号＝'C2' OR 课程号＝'C3'）AND（成绩＞＝80）

（3）范围查询。BETWEEN…AND 可用于查询属性值在某个范围内的元组,与之相对的是 NOT BETWEEN…AND,即查询列值不在某个范围内的元组。BETWEEN 后是属性的下限值,AND 后是属性的上限值。

【例 3 – 40】查询成绩在 80～90 分之间的学生学号、课程号及成绩。

　　SELECT 学号,课程号,成绩

　　FROM 选课

　　WHERE 成绩 BETWEEN 80 AND 90

　　该查询语句等价于:

　　SELECT 学号,课程号,成绩

　　　　FROM 选课

　　　　WHERE 成绩＞＝80 AND 成绩＜＝90

【例 3 - 41】查询成绩不在 80～90 分之间的学生学号、课程号及成绩。

　　　　SELECT 学号,课程号,成绩

　　　　FROM 选课

　　　　WHERE 成绩 NOT BETWEEN 80 AND 90

　　(4)集合查询。利用"IN"操作可以查询属性值属于某个集合内的元组。而利用"NOT IN"可以查询不属于某个集合的元组。

【例 3 - 42】查询职称为讲师或副教授的教师的教师号、姓名和职称。

　　　　SELECT 教师号,姓名,职称

　　　　FROM 教师

　　　　WHERE 职称 IN('讲师','副教授')

该查询语句等价于:

　　　　SELECT 教师号,姓名,职称

　　　　FROM 教师

　　　　WHERE 职称='讲师' OR 职称='副教授'

【例 3 - 43】查询没有选修 C1,也没有选修 C2 的学生的学号、课程号和成绩。

　　　　SELECT 学号,课程号,成绩

　　　　FROM 选课

　　　　WHERE 课程号 NOT IN('C1','C2')

该查询语句等价于:

　　　　SELECT 学号,课程号,成绩

　　　　FROM 选课

　　　　WHERE 课程号＜＞'C1' AND 课程号＜＞'C2'

　　(5)字符匹配查询。字符匹配查询是一种模糊查询,当不知道完全精确的值时,用户可以使用 LIKE 或 NOT LIKE 进行字符匹配查询,其语法格式为:

　　　　＜属性名＞[NOT] LIKE ＜字符串常量＞

　　字符匹配查询要求属性必须为字符型,字符串常量中的字符可以包含通配符,利用这些通配符进行模糊查询,字符串中的通配符及其功能如表 3 - 11 所示。

表 3 - 11　字符串中的通配符及其功能

通配符	功能	实例
％	代表 0 个或多个字符的任意字符串	'ab％','ab'后可接任意字符串
_(下划线)	代表任意单个字符	'a_b','a'与'b'之间可有一个字符
[ ]	表示范围或集合中的任何单个字符	[0 - 9],0～9 之间的字符
[^]	表示不在范围或集合中的任何单个字符	[^0 - 9],不在 0～9 之间的字符

【例 3 - 44】查询课程名中含有'计算机'一词的课程号和课程名。

SELECT 课程号,课程名

FROM 课程

WHERE 课程名 LIKE '％计算机％'

【例 3 - 45】查询姓王且全名为 2 个汉字的学生学号和姓名。

SELECT 学号,姓名

FROM 学生

WHERE 姓名 LIKE '王_'

注意:在中文 SQL Server 中,如果匹配字符串为汉字,则一个下划线代表一个汉字;若是西文,则一个下划线代表一个字符。

(6)空值查询。某个字段没有值称之为具有空值(NULL),表示未知或不确定。空值是一个概念而不是一个具体的值,所以不能用相等或不相等来进行比较。其语法格式为:

<属性名> IS [NOT] NULL

【例 3 - 46】查询没有考试成绩的学生的学号和相应的课程号。

SELECT 学号,课程号

FROM 选课

WHERE 成绩 IS NULL

3. 汇总查询

SQL 提供了丰富的统计和计算功能,其统计功能是通过聚合函数来实现的。常用的聚合函数及其功能如表 3 - 12 所示。

表 3 - 12   常用的聚合函数及其功能

函数	功　能
COUNT	按列值计数
AVG	按列计算平均值
SUM	按列计算值的总和
MAX	求一列中的最大值
MIN	求一列中的最小值

【例 3 - 47】查询计算机系学生的总人数。

SELECT COUNT(学号)

FROM 学生

WHERE 系别 = '计算机'

【例 3 - 48】查询选修了课程的学生人数。

SELECT COUNT(DISTINCT 学号) AS 人数

FROM 选课

注意:加入关键字"DISTINCT"后表示消除重复行,可计算字段"学号"不同值的数目。COUNT 函数对空值不计算,但对 0 进行计算。

【例 3 - 49】利用特殊函数 COUNT(*)查询学生的总人数。

    SELECT COUNT(*)

    FROM 学生

    COUNT(*)用来统计元组的个数,不消除重复行,不允许使用 DISTINCT 关键字。

【例 3 - 50】查询学号为 S3 的学生的总分和平均分。

    SELECT SUM(成绩) AS 总分,AVG(成绩) AS 平均分

    FROM 选课

    WHERE 学号 = 'S3'

【例 3 - 51】查询选修 C1 课程的最高分、最低分及其分差。

    SELECT MAX(成绩) AS 最高分,MIN(成绩) AS 最低分,

        MAX(成绩)-MIN(成绩) AS 分差

    FROM 选课

    WHERE 课程号 = 'Cl'

4. 分组查询

在 SQL 查询中,往往需要对数据进行分组运算,其目的是为了细化聚合函数的作用对象。如果不对查询结果进行分组,则聚合函数作用于整个查询结果;如果对查询结果进行分组,则聚合函数分别作用于每个组,查询结果按组聚合输出。

SQL 查询使用 GROUP BY 子句进行分组查询,GROUP BY 子句可以将查询结果按属性列或属性列组合在行的方向上进行分组,每组在属性列或属性列组合上具有相同的值。

【例 3 - 52】查询每个学生的学号及其选修课程的平均分。

    SELECT 学号,AVG(成绩) AS 平均分

    FROM 选课

    GROUP BY 学号

GROUP BY 子句按学号的值进行分组,所有具有相同学号的元组分为一组,对每组使用函数 AVG 进行计算,统计出各个学生选修课程的平均分。

若在分组后还要按照一定的条件进行筛选,则需使用 HAVING 子句。

【例 3 - 53】查询选修两门以上(含两门)课程的学生的学号和选课门数。

    SELECT 学号,COUNT(*) AS 选课门数

    FROM 选课

    GROUP BY 学号

    HAVING (COUNT(*)>=2)

GROUP BY 子句按学号的值分组,所有具有相同学号的元组分为一组,对每组使用函数 COUNT 进行计算,统计出每个学生选课的门数。HAVING 子句去掉不满足 COUNT(*)>=2 的组。

当在一个 SQL 查询中同时使用 WHERE 子句,GROUP BY 子句和 HAVING 子句时,其顺序是 WHERE,GROUP BY,HAVING。WHERE 子句与 HAVING 子句的根本区别在于作用对象不同。WHERE 子句作用于基本表或视图,从中选择满足条件的元组;HAVING 子句作用于组,选择满足条件的组,必须用在 GROUP BY 子句之后,但 GROUP BY 子句可没有 HAVING 子句。

5. 排序查询

使用 ORDER BY 子句可以对查询结果进行排序。ORDER BY 子句必须出现在其他子句之后。排序方式可以指定:DESC 为降序,ASC 为升序,缺省时为升序。

【例 3-54】查询选修了 C2 课程的学生学号和成绩,并按成绩降序排列。

```
SELECT 学号,成绩
FROM 选课
WHERE 课程号='C2'
ORDER BY 成绩 DESC
```

【例 3-55】查询选修了 C1、C2、C3 课程的学生学号、课程号和成绩,查询结果按学号升序排列,学号相同再按成绩降序排列。

```
SELECT 学号,课程号,成绩
FROM 选课
WHERE 课程号 IN('C1','C2','C3')
ORDER BY 学号,成绩 DESC
```

【例 3-56】查询选课在两门以上(含两门)且各门课程均及格的学生的学号及其平均成绩,查询结果按平均成绩降序排列。

```
SELECT 学号,AVG(成绩) AS 平均成绩
FROM 选课
WHERE (成绩>=60)
GROUP BY 学号
HAVING (COUNT(*)>=2)
ORDER BY 平均成绩 DESC
```

此语句的执行过程如下:

①FROM 取出整个选课表;

②WHERE 筛选成绩>=60 的元组;

③GROUP BY 将选出的元组按学号分组;

④HAVING 筛选选课两门以上的分组;

⑤SELECT 在筛选后剩下的组中投影学号和平均成绩;

⑥ORDER BY 将查询结果排序。

➤ 3.3.3 连接查询

上述简单查询都是针对一个表进行的操作,而在实际应用中,往往会涉及多个表的查询。如果一个查询同时涉及两个以上的表时,称为连接查询。连接查询包括等值连接、自然连接、非等值连接、自身连接和外连接等。

表的连接方法有以下两种。

(1)表之间满足一定条件的行进行连接时,FROM 子句指明进行连接的表名,WHERE 子句指明连接的列名及其连接条件。

(2)利用关键字 JOIN 进行连接,将 JOIN 放于 FROM 子句中,并用关键字 ON 与之对应,以表明连接的条件。JOIN 的具体连接方法如表 3-13 所示。

表 3 – 13　JOIN 的连接方法

连接方法	含义
INNER JOIN	显示符合条件的记录,此为默认值
LEFT(OUTER) JOIN	为左(外)连接,用于显示符合条件的数据行以及左边表中不符合条件的数据行,此时右边数据行会以 NULL 来显示
RIGHT(OUTER) JOIN	右(外)连接,用于显示符合条件的数据行以及右边表中不符合条件的数据行,此时左边数据行会以 NULL 来显示
FULL(OUTER) JOIN	显示符合条件的数据行以及左边表和右边表中不符合条件的数据行,此时缺少数据的数据行会以 NULL 来显示
CROSS JOIN	将一个表的每个记录和另一表的每个记录匹配成新的数据行

1. 等值连接与非等值连接

连接查询中,用来连接多个表的条件称为连接条件,其一般格式为:

　　　　[<表名 1>.] <列名 1> <比较运算符> [<表名 2>.] <列名 2>

其中,比较运算符主要有:=、>、<、>=、<=、! =。连接条件中的列名称为连接字段,连接字段不一定同名,但必须具有可比性。

当比较运算符为"="时,称为等值连接。其他情况为非等值连接。

【例 3 – 57】查询"张立"老师所讲授的课程,要求列出教师号、教师姓名和课程号。

　　SELECT 教师.教师号,姓名,课程号

　　FROM 教师,授课

　　WHERE 教师.教师号=授课.教师号 AND 姓名='张立'

由于两个表中有相同的列名"教师号",为避免二义性,必须在引用列名前加上表名前缀,说明所指列属于哪个表。如果列名是唯一的,就不必加前缀。

该查询语句也可写为:

　　SELECT 教师.教师号,姓名,课程号

　　FROM 教师 INTER JOIN 授课

　　　　　ON 教师.教师号=授课.教师号

　　WHERE 姓名='张立'

【例 3 – 58】查询选课学生的学号、姓名、课程名及成绩。

　　SELECT 学生.学号,姓名,课程名,成绩

　　FROM 学生,课程,选课

　　WHERE 学生.学号=选课.学号 AND 选课.课程号=课程.课程号

【例 3 – 59】查询选修了 C1 课程且成绩为 85 分以上的学生学号、姓名和成绩。

　　SELECT 学生.学号,姓名,成绩

　　FROM 学生,选课

　　WHERE 学生.学号=选课.学号 AND 课程号='C1' AND 成绩>85

该查询语句的 WHERE 子句中既有连接条件,也有元组选择条件,表达时应将连接条件放在前面。

2．自身连接

当一个表与自己进行连接操作时，称为表的自身连接。

【例 3－60】查询与"李勇"同学同系的学生的姓名、性别和年龄。

要查询的内容均在同一个学生表中，可以将学生表分别取两个别名，一个是学生 1，一个是学生 2，也就是将学生表在逻辑上分为两个表，而这两个表的内容是一样的。将学生 1 和学生 2 中满足与李勇所在的系相同的行连接起来，这实际上是同一个学生表的等值连接。

    SELECT 学生 1．姓名，学生 1．性别，学生 1．年龄

    FROM 学生 AS 学生 1，学生 AS 学生 2

    WHERE 学生 1．系别＝学生 2．系别 AND 学生 2．姓名＝'李勇'

也可写为：

    SELECT 学生 1．姓名，学生 1．性别，学生 1．年龄

    FROM 学生 AS 学生 1 INNER JOIN 学生 AS 学生 2

    ON 学生 1．系别＝学生 2．系别 AND 学生 2．姓名＝'李勇'

3．外连接

在上面的连接操作中，只有满足连接条件的元组才能查询出来，不满足连接条件的元组不能作为查询结果输出。而在外部连接中，参与连接的表有主从之分，以主表的每行数据去匹配从表的数据列。符合连接条件的数据将直接返回到结果集中，对那些不符合连接条件的列，将被填上 NULL 值后再返回到结果集中（对于 BIT 类型的列，由于 BIT 数据类型不允许有 NULL 值，因此将会被填上 0 值再返回到结果中）。

外部连接分为左外连接、右外连接以及全外连接三种。以主表所在的方向区分左右外部连接，主表在左边，则称为左外连接；主表在右边，则称为右外连接。

【例 3－61】查询所有学生的学号、姓名、选课名称及成绩（包括没有选课的学生信息）。

    SELECT 学生．学号，姓名，课程名，成绩

    FROM 学生

    LEFT OUTER JOIN 选课

    ON 学生．学号＝选课．学号

    LEFT OUTER JOIN 课程

    ON 课程．课程号＝选课．课程号

查询结果包括所有的学生，没有选课的孙萌同学的选课信息显示为空。

➢ 3.3.4 嵌套查询

在 SQL 查询中，若 WHERE 子句中包含一个形如 SELECT－FROM－WHERE 的查询块，此查询块称为嵌套查询或子查询，包含子查询的语句称为父查询或外部查询。嵌套查询在执行时由里向外处理，先对子查询进行处理，将子查询的结果作为父查询的查找条件。

嵌套查询可以将多个简单查询构造成复杂查询，从而丰富和增强了 SQL 的查询功能。子查询的嵌套层次最多可以达到 255 层，采用逐层嵌套的方式构造查询语句，体现了 SQL"结构化"的特点。

1. 使用比较运算符的嵌套查询

当子查询的返回值只有一个时,可以使用比较运算符(=,>,<,>=,<=,! =)将其与父查询连接起来。

【例3-62】查询比"王红"年龄大的学生的学号和姓名。

　　　SELECT 学号,姓名
　　　FROM 学生
　　　WHERE 年龄> (SELECT 年龄
　　　　　　　　　　FROM 学生
　　　　　　　　　　WHERE 姓名='王红')

此查询包含子查询,将先执行子查询:

　　　SELECT 年龄
　　　FROM 学生
　　　WHERE 姓名='王红'

子查询的结果为一个值,即年龄为18,然后以此作为父查询的条件,再执行父查询,也就是查找年龄大于18岁的学生学号和姓名。

　　　SELECT 学号,姓名
　　　FROM 学生
　　　WHERE 年龄>18

2. 使用 IN 的嵌套查询

当子查询的返回值不是一个,而是一个集合,且父查询的条件是取集合中的任一值,则可以用 IN 操作符将子查询与父查询连接起来。

【例3-63】查询选修了 C1 课程的学生姓名。

　　　SELECT 姓名
　　　FROM 学生
　　　WHERE 学号 IN (SELECT 学号
　　　　　　　　　　　FROM 选课
　　　　　　　　　　　WHERE 课程号='C1')

先执行子查询,找到选修了 C1 课程的学号,学号为一个集合(S1,S2,S3);再执行父查询,在学生表中查询学号为 S1,S2,S3 的学生的姓名。

该查询也可以使用连接操作来实现:

　　　SELECT 姓名
　　　FROM 学生,选课
　　　WHERE 学生.学号=选课.学号
　　　　　　　AND 选课.课程号='C1'

3. 使用 ANY 或 ALL 的嵌套查询

如果子查询的返回值不止一个,而是一个集合,而且需要父查询中的字段(或表达式)与子查询结果进行比较,此时可以在比较运算符和子查询之间使用 ANY 或 ALL。其具体含义详见以下各例。

【例3-64】查询讲授C1课程的教师姓名。

SELECT 姓名

FROM 教师

WHERE 教师号＝ANY（SELECT 教师号

                FROM 授课

                WHERE 课程号＝'C1'）

先执行子查询,找到讲授C1课程的教师号集合（T1、T5）;再执行父查询,查询与教师号集合中的任一教师号相同的教师姓名。

【例3-65】查询其他系中比计算机系某一学生年龄大的学生姓名和年龄。

SELECT 姓名,年龄

FROM 学生

WHERE 年龄＞ANY（SELEC 年龄

               FROM 学生

               WHERE 系别＝'计算机'）

        AND 系别＜＞'计算机'

先执行子查询,找到计算机系中所有学生的年龄集合（18,19）;再执行父查询,查询所有不是计算机系且年龄大于18岁的学生姓名和年龄。

【例3-66】查询其他系中比计算机系所有学生年龄都大的学生姓名和年龄。

SELECT 姓名,年龄

FROM 学生

WHERE 年龄＞ALL（SELEC 年龄

              FROM 学生

              WHERE 系别＝'计算机'）

       AND 系别＜＞'计算机'

先执行子查询,找到计算机系中所有学生的年龄集合（18,19）;再执行父查询,查询所有不是计算机系且年龄大于19岁的学生姓名和年龄。

此查询也可以使用聚合函数实现,写为:

SELECT 姓名,年龄

FROM 学生

WHERE 年龄＞（SELECT MAX（年龄）

            FROM 学生

            WHERE 系别＝'计算机'）

        AND 系别＜＞'计算机'

由上例可知,ANY和ALL与聚合函数之间存在一定的对应关系,如表3-14所示。

表3-14　ANY和ALL与聚合函数的对应关系

	＝	＜＞或！＝	＜	＜＝	＞	＞＝
ANY	IN	无意义	＜MAX	＜＝MAX	＞MIN	＞＝MIN
ALL	无意义	NOT IN	＜MIN	＜＝MIN	＞MAX	＞＝MAX

4. 使用 EXISTS 的嵌套查询

子查询包含普通子查询和相关子查询。前面所讲的子查询都是普通子查询,普通子查询将子查询的结果作为父查询的查询条件的值。普通子查询只执行一次,而父查询所涉及的所有记录行都与其查询结果进行比较以确定查询结果集合。

而相关子查询是先选取父查询表中的第一行记录,内部的子查询利用此行中相关的属性值进行查询,然后父查询根据子查询返回的结果判断此行是否满足查询条件。如果满足条件,则把该行放入父查询的查询结果集合中。重复执行这一过程,直到处理完父查询表中的每一行数据。由此可见,相关子查询的执行次数是由父查询表的行数决定的。

使用 EXISTS 的嵌套查询属于相关子查询。EXISTS 是表示存在的量词,EXISTS 后的子查询不返回任何实际数据,它只得到逻辑值"真"或"假"。当子查询的查询结果集合为非空时,外层的 WHERE 子句返回真值,否则返回假值。NOT EXISTS 与此相反。

【例 3-67】查询讲授 C5 课程的教师姓名。

```
SELECT 姓名
FROM 教师
WHERE EXISTS(SELECT *
             FROM 授课
             WHERE 教师号＝教师.教师号 AND 课程号＝'C5')
```

取出教师表中的第一行,若子查询授课表存在一行记录满足其 WHERE 子句中的条件,则投影该行的姓名值,重复执行以上过程,直到找出满足条件的所有教师姓名。

【例 3-68】查询没有讲授 C5 课程的教师姓名。

```
SELECT 姓名
FROM 教师
WHERE NOT EXISTS(SELECT *
                 FROM 授课
                 WHERE 教师号＝教师.教师号 AND 课程号＝'C5')
```

取出教师表中的第一行,若子查询授课表存在一行记录不满足其 WHERE 子句中的条件,则投影该行的姓名值,重复执行以上过程,直到找出所有符合条件的教师姓名。

【例 3-69】查询选修了全部课程的学生姓名。

```
SELECT 姓名
FROM 学生
WHERE NOT EXISTS (SELECT *
                 FROM 课程
                 WHERE NOT EXISTS ( SELECT *
                                   FROM 选课
                                   WHERE 学号＝学生.学号
                                      AND 课程号＝课程.课程
                                   号))
```

本例题可理解为:选出这样一些学生名单,在选课表中不存在他们没有选修课程的记录。

➤ 3.3.5　合并查询

合并查询就是使用 UNION 操作符将两个或两个以上的查询结果合并到一个结果集中。在执行合并查询时,要求参与合并的查询结果的列数相同,其对应列的数据类型必须一致。UNION 操作会自动将重复的数据行剔除。

【例 3-70】在选课表中查询出学号为"Sl"学生的学号和平均分,再从选课表中查询学号为"S3"学生的学号和平均分,然后将两个查询结果合并成一个结果集。

```
SELECT 学号,AVG(成绩) AS 平均分
FROM 选课
WHERE 学号 = 'Sl'
GROUP BY 学号
UNION
SELECT 学号,AVG(成绩) AS 平均分
FROM 选课
WHERE 学号 = 'S3'
GROUP BY 学号
```

此查询还可以用简单查询表示为:

```
SELECT 学号,AVG(成绩) AS 平均分
FROM 选课
WHERE 学号 = 'Sl' OR 学号 = 'S3'
GROUP BY 学号
```

3.4　数据操纵功能

SQL 提供了 INSERT(插入)、UPDATE(修改)和 DELETE(删除)三种语句实现对数据的插入、修改和删除等操纵功能。

➤ 3.4.1　插入数据

插入数据是把新的记录添加到一个存在的表中。

1. 用 SQL 命令添加数据

SQL 使用 INSERT INTO 命令插入数据,其插入方式有两种:一是插入一条记录;二是通过子查询插入多条记录。

(1)插入一条记录。插入一行新记录的语法格式为:

```
INSERT INTO <表名> [(<列名 1>[,<列名 2>…])]
    VALUES (<值>)
```

其中:

<表名>:指定要插入新记录的表;

<列名>:指定待插入数据的列。该项是可选项,若省略,则新插入的记录必须在表的每个属性列上均有值;

VALUES 子句:指定待插入数据的具体值。当指定列名时,VALUES 子句中值的排列顺序必须和 INTO 子句指定的列名排列顺序一致、个数相等、数据类型一一对应。未出现在 INTO 子句中的列系统自动取空值。

【例 3-71】在教师表中添加一条教师记录(教师号:T6,姓名:李冬,性别:男,年龄:31,职称:讲师,系别:计算机)。

  INSERT INTO 教师(教师号,姓名,性别,年龄,职称,系别)
  VALUES('T6','李冬','男',31,'讲师','计算机')

【例 3-72】在学生表中插入一条学生记录('S7','刘青',20)。

  INSERT INTO 学生(学号,姓名,年龄)
  VALUES('S7','刘青',20)

(2)插入多条记录。SQL 提供了使用插入子查询的结果集的 INSERT 语句实现同时插入多条记录的方法。

插入多条记录的命令语法格式为:

  INSERT INTO <表名> [(<列名 1>[,<列名 2>…])]
  子查询

【例 3-73】求选修了课程的学生的平均成绩,并将结果存放在新表学生平均成绩中。

首先建立新表学生平均成绩,用来存放学号和每个学生的平均成绩。

  CREATE TABLE 学生平均成绩
  (学号 CHAR(6),
   平均成绩 NUMERIC(4,1))

然后利用子查询求出选课表中每个学生的平均成绩,并把结果插入到学生平均成绩中。

  INSERT INT 学生平均成绩
  SELECT 学号,AVG(成绩)
  FROM 选课
  GROUP BY 学号

2. 用 SQL Server Management Studio 添加数据

用 SQL Server Management Studio 添加数据,可以采用如下步骤:

(1)启动 SQL Server Management Studio,并连接到 SQL Server 中的数据库。

(2)在"对象资源管理器"中选择指定的数据库,并找到要添加数据的基本表。

(3)右键单击基本表如学生,在弹出的快捷菜单中选择"编辑前 200 行"命令,弹出数据表编辑窗口,如图 3-35 所示。

(4)在数据表编辑窗口中,最后一条记录下面有一条所有字段都为 NULL 的记录,在此处添加新记录。当输入一个新记录的数据后,会自动在最后出现一个新的空白行,用户可以继续输入多个新记录。记录添加后数据将自动保存在数据表中。

在添加新记录时要注意以下几点:①被设置为主键的字段不允许与其他行的主键值相同;②输入字段内容的数据类型和字段定义的数据类型一致,包括数据类型、长度、精度等;③不允许 NULL 的字段必须输入与字段类型一致的数据;④作为外键的字段,输入的内容一定要符合外键要求;⑤如果字段存在其他约束,输入的内容必须满足约束条件;⑥如果字段被设置默认值,当不在字段内输入任何数据时会自动填入默认值。

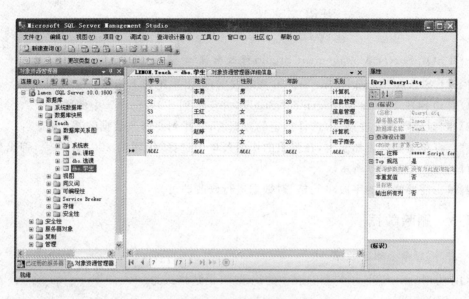

图 3-35   数据表编辑窗口

3.4.2   修改数据

1. 用 SQL 命令修改数据

SQL 使用 UPDATE 语句对表中的数据进行修改,其语法格式为:

　　UPDATE ＜表名＞

　　SET ＜列名＞ ＝ ＜表达式＞［,＜列名＞:＜表达式＞］…

　　［WHERE ＜条件＞］

其中:

＜表名＞:指定要修改的表;

SET 子句:给出要修改的列及其修改后的值;

WHERE 子句:指定待修改的记录应当满足的条件,WHERE 子句省略时,则修改表中的所有记录。WHERE 子句中也可以嵌入查询语句。

【例 3-74】把刘晨转到计算机系。

　　UPDATE 学生

　　SET 系别＝'计算机'

　　WHERE 姓名＝'刘晨'

【例 3-75】将所有学生的年龄增加 1 岁。

　　UPDATE 学生

　　SET 年龄＝年龄＋1

【例 3-76】将数据库课程的成绩乘以 1.2。

　　UPDATE 选课

　　SET 成绩＝1.2 * 成绩

　　WHERE 课程号 ＝ (SELECT 课程号

　　　　FROM 课程

　　　　WHERE 课程名＝'数据库')

2. 用 SQL Server Management Studio 修改数据

用 SQL Server Management Studio 修改数据,可以采用如下步骤:

(1)启动 SQL Server Management Studio,并连接到 SQL Server 中的数据库。

(2)在"对象资源管理器"中选择指定的数据库,并找到要修改数据的基本表。

(3)右键单击基本表如学生,在弹出的快捷菜单中选择"编辑前 200 行"命令,弹出数据表编辑窗口,如上图 3 - 35 所示。

(4)单击需要修改的字段单元格,对数据进行修改即可。

➢ 3.4.3 删除数据

1. 用 SQL 命令删除数据

SQL 使用 DELETE 语句删除表中的记录,其语法格式为:

　　　　DELETE

　　　　FROM ＜表名＞

　　　　[WHERE ＜条件＞]

其中:

＜表名＞:指定要删除数据的表;

WHERE 子句:指定待删除的记录应当满足的条件,WHERE 子句省略时,则删除表中的所有记录。

【例 3 - 77】删除学号为 S3 的学生的选课记录。

　　　　DELETE

　　　　FROM 选课

　　　　WHERE 学号＝'S3'

【例 3 - 78】删除所有教师的授课记录。

　　　　DELETE

　　　　FROM 授课

执行此语句后,授课表成为一个空表,但其定义仍存在数据字典中。

【例 3 - 79】删除计算机网络课程的选课记录。

　　　　DELETE

　　　　FROM 选课

　　　　WHERE 课程号 ＝ (SELECT 课程号

　　　　　　　　　　　　FROM 课程

　　　　　　　　　　　　WHERE 课程名称＝'计算机网络')

2. 用 SQL Server Management Studio 删除数据

用 SQL Server Management Studio 删除数据,可以采用如下步骤:

(1)启动 SQL Server Management Studio,并连接到 SQL Server 中的数据库。

(2)在"对象资源管理器"中选择指定的数据库,并找到要删除数据的基本表。

（3）右键单击基本表如学生，在弹出的快捷菜单中选择"编辑前200行"命令，弹出数据表编辑窗口，如上图3－35所示。

（4）单击记录左侧的小方块，此时该记录呈蓝色，表示选中了要删除的数据记录，如图3－36所示。也可以在记录左侧的区域内上、下拖动鼠标指针来选择多个记录。

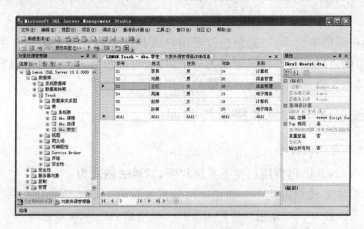

图3－36　数据表编辑窗口

（5）单击右键，在弹出的快捷菜单中选择"删除"命令，系统会弹出提示对话框，如图3－37所示。

图3－37　提示对话框

（6）单击"是"按钮，即可删除该记录。

3.5　数据控制功能

数据库中的数据由多个用户共享，为保证数据库的安全，SQL提供数据控制语句对数据库用户的使用权限进行限制。

▷ 3.5.1　权限与角色

1. 权限

数据库管理系统提供了两个安全机制，一是视图机制，通过视图将用户能访问的数据限于视图内，用户不能访问视图外的数据，从而提供了一定的安全性；另一个是权限机制，通过对不同的用户授予不同类型的权限，使用户对数据库的操作及其能操作的数据限定在指定的范围内，禁止用户对数据库进行越权操作，而且在必要时可以收回权限，从而保证了数据库的安全性。

数据库中的权限可分为系统权限和对象权限。系统权限是指数据库用户能够对数据库系统进行某种特定操作的权力,它可由数据库管理员授予其他用户。对象权限是指数据库用户在指定的数据库对象上进行某种特定操作的权力,它由创建基本表、视图等数据库对象的用户授予其他用户。

2. 角色

角色是多种权限的集合,可以把角色授予用户或其他角色。当要为某一用户同时授予或收回多项权限时,则可以把这些权限定义为一个角色,对此角色进行操作。这样就避免了许多重复性的工作,简化了管理数据库用户权限的工作。

➤ 3.5.2 系统权限与角色的授予与收回

1. 系统权限与角色的授予

SQL 使用 GRANT 语句为用户授予系统权限,其语法格式为:

```
GRANT <系统权限>|<角色>[,<系统权限>|<角色>]…
TO <用户名>|<角色>|PUBLIC[,<用户名>|<角色>]…
[WITH ADMIN OPTION]
```

其中,PUBLIC 代表数据库中的全部用户。WITH ADMIN OPTION 为可选项,指定后则允许被授权的用户将指定的系统特权或角色再授予其他用户或角色。

【例 3-80】为用户 YH1 授予 CREATE TABLE 的系统权限。

```
GRANT CREATE TABLE
TO YH1
```

2. 系统权限与角色的收回

SQL 使用 REVOKE 语句收回系统权限,其语法格式为:

```
REVOKE <系统权限>|<角色>[,<系统权限>|<角色>]…
FROM <用户名>|<角色>|PUBLIC[,<用户名>|<角色>]…
```

【例 3-81】收回用户 YH1 所拥有的 CREATE TABLE 的系统权限。

```
REVOKE CREATE TABLE
FROMYH1
```

➤ 3.5.3 对象权限与角色的授予与收回

1. 对象权限与角色的授予

数据库管理员拥有系统权限,而作为数据库的普通用户,只对自己创建的基本表、视图等数据库对象拥有对象权限。如果要共享其他的数据库对象,则必须授予普通用户一定的对象权限。SQL 使用 GRANT 语句为用户授予对象权限,其语法格式为:

```
GRANT ALL|<对象权限>[(列名[,列名] …)][,<对象权限>]…
ON <对象名>
TO <用户名>|<角色>|PUBLIC[,<用户名>|<角色>]…
[WITH GRANT OPTION]
```

其中,ALL 代表所有的对象权限。列名用于指定要授权的数据库对象的一列或多列。如果不指定列名,被授权的用户将在数据库对象的所有列上均拥有指定的特权。实际上,只有当授予 INSERT 和 UPDATE 权限时才需指定列名。ON 子句用于指定要授予对象权限的数据库对象名,可以是基本表名、视图名等。WITH GRANT OPTION 为可选项,指定后则允许被授权的用户将权限再授予其他用户或角色。

【例 3-82】将对学生表和课程表的所有对象权限授予 User1 和 User2。

　　GRANT ALL

　　ON 学生,课程

　　TO User1,User2

【例 3-83】将对教师表的查询权限授予所有用户。

　　GRANT SELECT

　　ON 教师

　　TO PUBLIC

【例 3-84】将查询课程表和修改课程学分的权限授予 User3,并允许将此权限授予其他用户。

　　GRANT SELECT,UPDATE(学分)

　　ON 课程

　　TO User3

　　WITH GRANT OPTION

User3 具有此对象权限,并可使用 GRANT 命令给其他用户授权,例如 User3 将此限授予 User4:

　　GRANT SELECT,UPDATE(学分)

　　ON 课程

　　TO User4

2. 对象权限与角色的收回

所有授予出去的权限在必要时都可以由数据库管理员和授权者收回,收回对象权限仍然使用 REVOKE 语句,其语法格式为:

　　REVOKE <对象权限>|<角色>[,<对象权限>|<角色>]…

　　FROM <用户名>|<角色>|PUBLIC[,<用户名>|<角色>]…

【例 3-85】收回用户 User1 对学生表的查询权限。

　　REVOKE SELECT

　　ON 学生

　　FROM User1

【例 3-86】收回用户 User3 查询课程表和修改课程学分的权限。

　　REVOKE SELECT,UPDATE(学分)

　　ON 课程

　FROM User3

在【例 3-84】中,User3 将对课程表的权限授予了 User4,在收回 User3 对课程表的权限的同时,系统会自动收回 User4 对课程表的权限。

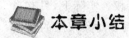 **本章小结**

　　本章详细介绍了 SQL 语言的数据定义、数据查询、数据操纵和数据控制功能。在数据定义功能中,主要介绍了数据库、数据表、索引和视图的定义;在数据查询功能中,主要介绍了数据查询语句 SELECT 的使用方法,包括简单查询、复杂查询、嵌套查询、子查询等;在数据操纵功能中,主要介绍了数据插入、修改和删除语句的用法;在数据控制功能中,主要介绍了角色和权限的授予和收回。

　　SQL 语言是本课程的重点,是学习和掌握关系数据库的基础,希望读者能深刻理解和熟练掌握本章的内容。

复习题

一、选择题

　　1. SQL 语言是_____标准语言。

　　　　A. 层次数据库　　　　　　　　B. 网络数据库

　　　　C. 关系数据库　　　　　　　　D. 非数据库

　　2. 下列关于基本表的叙述中,正确的是_____。

　　　　A. 在 SQL 中一个关系对应一个基本表

　　　　B. 一个基本表对应一个存储文件

　　　　C. 一个基本表只能有一个索引,索引也存放在存储文件中

　　　　D. 基本表是独立存储在数据库中的,但一个存储文件中只能存放一个基本表

　　3. SQL 语言的数据操纵语句包括 SELECT、INSERT、UPDATE 和 DELETE 等。其中最重要的也是使用最频繁的语句是_____。

　　　　A. SELECT　　　　　　　　　　B. INSERT

　　　　C. UPDATE　　　　　　　　　　D. DELETE

　　4. 定义基本表时,若要求某一列的值是唯一的,则应在定义时使用_____保留字,但如果该列是主键,则可省写。

　　　　A. NULL　　　　　　　　　　　B. NOT NULL

　　　　C. DISTINCT　　　　　　　　　D. UNIQUE

　　5. 以下关于视图的描述中,不正确的是_____。

　　　　A. 视图是外模式　　　　　　　B. 使用视图可以加快查询语句的执行速度

　　　　C. 视图是虚表　　　　　　　　D. 使用视图可以加快查询语句的编写

　　6. 若要修改基本表中某一列的数据类型,需要使用 ALTER 语句中的_____子句。

　　　　A. DELETE　　　　　　　　　　B. DROP

　　　　C. MODIFY　　　　　　　　　　D. ADD

　　7. 视图创建完成后,数据字典中存放的是_____。

　　　　A. 查询语句　　　　　　　　　B. 查询结果

　　　　C. 视图的定义　　　　　　　　D. 所引用的基本表的定义

　　8. 在 SELECT 语句中,能实现投影操作的是_____。

　　　　A. SELECT　　　　　　　　　　B. FROM

C. WHERE   D. GROUPBY

9. 在 SELECT 语句中,与关系代数中 σ 运算符对应的是_____子句。

    A. SELECT   B. FROM

    C. WHERE   D. GROUP BY

10. SQL 使用_____语句为用户授予系统权限或对象权限。

    A. SELECT   B. CREATE

    C. GRANT   D. REVOKE

11. 若用如下的 SQL 语句创建一个 student 表:

CREATE TABLE student

(NO CHAR(4) NOT NULL,

    NAME CHAR(8) NOT NULL,

    SEX CHAR(2),

    AGE SMALLINT);

可以插入到 student 表中的是_____。

    A. ('1031','曾华', 23,男)   B. ('1031','曾华',NULL,NULL)

    C. (NULL,'曾华','男',23)   D. ('1031',NULL,'男',23)

12. 两个子查询的结果_____时,可以执行并、交、差操作。

    A. 结构完全一致   B. 结构完全不一致

    C. 结构部分一致   D. 主码一致

13. FOREIGN KEY 约束是_____约束。

    A. 实体完整性   B. 参照完整性

    C. 用户自定义完整性   D. 域完整性

14. 在以下 SELECT 语句的子句中,放在最后的应该是_____子句。

    A. GROUP BY   B. HAVING

    C. WHERE   D. ORDER BY

15. 与 HAVING 子句一起使用的子句是_____。

    A. GROUP BY   B. ORDER BY

    C. WHERE   D. JOIN

二、填空题

1. SQL 是_____的缩写。

2. 在 SQL 语言中,创建基本表应使用_____语句,创建视图应使用_____语句,创建索引应使用_____语句。

3. 在 SQL 语言中,_____命令用来删除表中的记录,_____命令用来删除表。_____命令用来更新表的记录值,_____语句用来更新表结构。

4. 在 SQL Server 2000 中,数据库是由_____文件和_____文件组成的。

5. SQL 支持数据库的三级模式结构,其中_____对应于视图和部分基本表,____对应于基本表,_____对应于存储文件。

6. 在 SQL 中定义视图时,需要用关键字_____连接子查询来完成。

7. 按照索引记录的存放位置,索引可分为_____与_____。

8．相关子查询的执行次数是由父查询表的_____决定的。

9．在数据库中，权限可分为_____和_____。

10．使用 INSERT 语句插入记录时，有两种形式：一是使用 VALUES 子句，一次只能插入一行；二是使用_____，一次可插入多行。

11．有如下关系表 R：

R(学号，姓名，性别，年龄，班号)，主码是学号。

写出实现下列功能的 SQL 语句。

(1)插入一个记录(25，'李明'，21，NULL，'95031')_____。

(2)将学号为 10 的学生姓名改为"王华"_____。

(3)删除姓"王"的学生记录_____。

(4)在表中增加一列 DEPT，类型为 CHAR(10)_____。

(5)将全体学生的年龄增加 1 岁_____。

12．设有如下关系模式 R、S 和 T：

R(BH，XM，XB，DWH)

S(DWH，DWM)

T(BH，XM，XB，DWH)

(1)实现 R∪T 的 SQL 语句是_____。

(2)实现 $\sigma_{DWH='100'}(R)$ 的 SQL 语句是_____。

(3)实现 $\Pi_{XM,XB}(R)$ 的 SQL 语句是_____。

(4)实现 $\Pi_{XM,DWH}(\sigma_{XB='女'}(R))$ 的 SQL 语句是_____。

(5)实现 R×S 的 SQL 语句是_____。

(6)实现 $\Pi_{XM,XB,DWM}(\sigma_{XB='男'}(R\bowtie S))$ 的 SQL 语句是_____。

三、设计题

1．设要建立"学生选课"数据库，库中包括学生、课程和选课三个表，其表结构为：

学生(学号，姓名，性别，年龄，所在系)

课程(课程号，课程名，先行课)

选课(学号，课程号，成绩)

用 SQL 实现下列功能：

(1)建立"学生选课"数据库。

(2)建立学生、课程和选课表，并定义主键和外键。

(3)建立性别只能为"男"、"女"的规则，性别为"男"的默认。

(4)创建信息管理系学生的视图，该视图的属性列由学号、姓名、课程名组成。

(5)查询信息管理系年龄在 18 岁以上的学生的学号。

(6)查询刘明同学所学课程的成绩，列出姓名、课程号和成绩。

(7)查询选修了两门课程以上的学生的学号和平均成绩，并按成绩降序排列。

(8)查询选修了"操作系统"课程的学生的姓名、课程名和成绩

(9)S3 同学选修了 C5 课程，将此记录插入到选课表中。

(10)将刘明同学所学课程的成绩加 10 分。

2．设有以下两个数据表，各表的字段名如下：

图书(书号,类型,书名,作者,单价,出版社号)

出版社(出版社号,出版社名称,所在城市,电话)

用 SQL 实现下述功能:

(1)在"机械工业出版社"出版、书名为"数据结构"的图书的作者名。

(2)查询"电子工业出版社"出版的"计算机"类图书的价格,同时输出出版社名称及图书类别。

(3)查找比"高等教育出版社"出版的"高等数学"价格低的同名书的有关信息。

(4)查找书名中有"计算机"一词的图书的书名及作者。

(5)在"图书"表中增加"出版时间"(BDate)项,其数据类型为日期型。

(6)在"图书"表中以"作者"建立一个索引。

四、简答题

1.简述 SQL 支持的三级逻辑结构。

2.SQL 有什么特点?

3.解释本章所涉及的有关基本概念的定义:基本表、视图、索引、系统权限、对象权限、角色,并说明视图、索引、角色的作用。

4.举例说明关系参照完整性的含义。

5.叙述等值连接与自然连接的区别和联系。

6.在对数据库进行操作的过程中,设置视图机制有什么优点?它与数据表间有什么区别?

7.在表中定义约束时,PRIMARY KEY 和 UNIQUE 有什么区别?

8.在 CREATE TABLE 命令中,哪些内容与定义参照完整性有关?

9.执行插入、修改和删除操作时,分别会进行哪些数据完整性检查?如果违背某项数据完整性约束,结果为怎样?

拓展实验

实验1 建立和维护数据库

实验目的:掌握 SQL Server 2008 数据库的建立和维护方法。

实验内容:在 SQL Server 2008 环境下建立数据库和维护数据库。

实验要求:

(1)在 SQL Server 2008 的 SQL Server Management Studio 中通过向导方式以及用 CREATE DATABASE 命令建立数据库。

①利用 SQL Server Management Studio 工具创建数据库 Test1,初始大小为 1MB,最大为 50MB,数据库自动增长,增长方式按 10%增长;日志文件初始大小为 2MB,最大大小不受限制,按 1MB 增长。

②用 CREATE DATABASE 命令创建数据库 Test2,指定主数据文件名为 Test2_data,存储路径为 e:\example\Test2_data.mdf,该数据文件的初始大小为 10MB,最大为 100MB,数据库自动增长,增长方式按 10MB 增长;指定主志文件名为 Test2_log,存储路径为 e:\example\Test2_log.ldf,该日志文件初始大小为 20MB,最大为 200MB,按 10MB 增长。

(2)使用 SQL Server Management Studio,修改 Test1 数据库的最大文件大小为 200MB。

（3）使用 SQL 语句，将 Test1 数据库中添加一个数据文件 Test1_data1，指定其初始大小为 4MB，最大不受限制，增长方式按 10% 增长。

（4）使用 SQL 语句，删除建立的 Test2 数据库。

实验 2　建立和修改数据表

实验目的：熟练掌握使用 SQL Server Management Studio 工具和 SQL 语句建立表的方法。

实验内容：在实验 1 建立数据库的基础上建立数据表，数据表结构见表 3-15 所示。

表 3-15　学生成绩数据库字段和约束说明

表名	字段名	数据类型	长度	关键字	约束说明
学生	学号	Char	6	是	
	姓名	Char	8		唯一，不允许为空
	性别	Bit	1		男 1，女 0
	出生日期	smalldatetime	4		
	专业名	Char	10		
	所在系	Char	10		
	联系电话	char	11		
课程	课程号	Char	3	是	
	课程名	Char	20		不允许为空
	开课学期	Tinyint	1		只能 1～6
	学时	Tinyint	1		默认为 60
	学分	Tinyint	1		不允许为空
成绩	学号	Char	6	是	外键
	课程号	Char	3	是	外键
	成绩	Tinyint	1		0～100

实验要求：

（1）参照表 3-15，用 SQL Server Management Studio 工具通过向导方式创建表。

（2）参照表 3-15，使用 CREATE TABLE 命令建立表。

（3）使用 ALTER TABLE 命令按如下要求修改表结构：

① 为学生表增加一个新的字段"籍贯"，类型为字符型，默认是空值。

② 将课程表的课程名字段的类型修改为 varchar(30)。

实验 3　数据完整性约束

实验目的：熟练掌握使用 SQL Server Management Studio 工具和 SQL 语句实现数据完整性约束的方法。

实验内容：在实验 2 建立数据表的基础上实现数据完整性约束。

实验要求：

(1)参照表 3-15，使用 SQL Server Management Studio 工具实现数据完整性约束。

①定义学生、课程、成绩三个数据表的主键。

②创建课程表中开课学期的约束，开课学期只能取 1～6。

③ 将课程表中的学时字段默认为 60。

(2)参照表 3-15，用 ALTER TABLE 命令实现数据完整性约束。

① 为学生表中的姓名字段增加唯一性约束。

② 定义成绩表的外键约束。

③创建成绩表中成绩的约束，成绩只能取 0～100；

(3)定义约束和默认值后，请在表中输入新的记录来检验定义的正确性。

实验 4　索引

实验目的：熟练掌握使用 SQL Server Management Studio 工具和 SQL 语句建立索引的方法。

实验内容：在实验 2 建立数据表的基础上建立索引。

实验要求：参照表 3-15，使用 SQL Server Management Studio 工具和 SQL 命令创建、修改、删除索引。

(1)在学生表的姓名列上创建索引。

(2)使用 SQL 语句在课程表上创建一个唯一性的聚集索引，索引排列顺序为降序。

(3)使用 SQL 语句在课程表上创建一个非聚集索引。

(4)删除学生表上的索引。

(5)使用 SQL 语句删除课程表上的索引。

实验 5　数据查询

实验目的：熟练掌握 SQL 的 SELECT 命令查询数据库中的数据。

实验内容：在实验 2 和实验 3 的基础上完成规定的查询操作。

实验要求：用 SQL 的 SELECT 命令完成以下查询：

(1)查询学生的姓名和专业。

(2)查询计算机系男生的信息。

(3)查询学生表中所有的系名。

(4)查询数据库课程的课程号、学时和学分。

(5)查询选修了 3 门以上课程的学生的学号。

(6)按学号分组汇总学生的平均分，并按平均分的降序排列；

(7)统计每门课程的选课人数和最高分。

(8)统计每个学生的选课门数和考试总成绩,并按选课门数的降序排列。

(9)查询选修了课程为107且成绩不及格的学生信息。

(10)在学生表中查询住在同一寝室的学生,即其联系电话相同。

(11)查询有哪些同学选修了课程。

(12)查询与杨颖在同一个系的学生的姓名。

(13)查询选修了课程的学生的姓名、课程名与成绩。

实验6　数据更新

实验目的:熟练掌握使用 SQL 的 INSERT,UPDATE,DELETE 命令向数据库插入、修改和删除数据的操作。

实验内容:在实验2和实验3的基础上完成规定的数据更新操作。

实验要求:用 SQL 的 INSERT,UPDATE,DELETE 命令完成以下操作:

(1)将一条学生记录(学号:020205;姓名:陈冬;所在系:计算机)插入学生表中。

(2)插入一条选课记录('020101','103')。

(3)对每个学生,求其平均年龄,并把学生的姓名及其平均成绩存入数据库。(首先要在数据库中建立一个新表,用于存放相应数据,然后再将学生的姓名和平均年龄存入新表中)

(4)将选修了"计算机原理"课程的学生成绩上调10分。

(5)将"计算机应用"专业全体学生的成绩置为零。

(6)删除学号为020102的学生记录。

(7)删除"信息管理"专业所有学生的选课记录。

实验7　视图

实验目的:掌握视图的定义和使用方法,体会视图和基本表的异同之处。

实验内容:在实验2和实验3的基础上定义视图,并在视图上完成查询、插入、修改和删除操作。

实验要求:在实验2和实验3的基础上用 CREATE VIEW 命令定义视图,然后使用 SELECT 命令完成查询,使用 INSERT,UPDATE 和 DELETE 命令分别完成插入、修改和删除操作。

(1)在实验3建立的基本表的基础上,按如下要求设计和建立视图:

①创建一个简单视图,查询"计算机系"学生的信息。

②创建一个简单视图,统计每门课系的选课人数和最高分。

③创建一个复杂视图,查询与"俞奇军"住在同一寝室的学生信息,即其联系电话相同。

④创建一个复杂视图,查询选修了课程的学生的姓名、课程名及成绩。

(2)分别在定义的视图上设计一些查询(包括基于视图和基本表的连接或嵌套查询)。

(3)在不同的视图上分别设计一些插入、更新和删除操作,分情况讨论哪些操作可以成功完成,哪些操作不能完成,并分析原因。

第4章 关系数据库规范化理论

学习要点

1. 好的关系数据库模式具备的条件
2. 完全函数依赖、部分函数依赖和传递函数依赖的定义
3. 函数依赖理论
4. 1NF、2NF、3NF、BCNF 的定义
5. 关系规范化的原则和过程

数据库模式设计的好坏是数据库应用系统成败的关键。设计一个好的关系数据库模式，也就是如何选择一个好的关系模式的集合，而每个关系模式又应该是由哪些属性组成，这属于数据库逻辑设计的问题。而关系数据库理论是数据库逻辑设计的理论依据。本章从如何构造一个好的关系模式这一问题出发，逐步介绍基于函数依赖的关系数据库规范化理论和方法。

4.1 规范化问题的提出

数据库的逻辑设计为什么要遵循一定的规范化理论？什么是好的关系模式？某些不好的关系模式可能导致哪些问题？下面来看一个具体的关系模式。

假设有如下关系模式"选课"：

选课（学号，课程号，课程名，教师，职称，成绩）

它的一个关系实例如表 4-1 所示。下面具体分析在这样一个简单的关系中存在哪些问题。

表 4-1 选课关系

学号	课程号	课程名	教师	职称	成绩
S1	C1	数据库	李明	教授	85
S2	C5	计算机网络	刘兵	讲师	86
S3	C1	数据库	李明	教授	58
S4	C7	网站建设	张立	副教授	86
S5	C3	电子商务概论	张立	副教授	92

对选课关系中的数据进行分析,可以看出,(学号,课程号)属性的组合能唯一标识一个元组,因此(学号,课程号)是该关系的主键。在对该关系进行数据操作时,会出现如下问题。

(1)数据冗余。在这个关系中可以明显地看到课程信息有重复存储,一门课程有多少学生选修,这门课程的信息就要重复存储多少次。一个教师负责几门课程,这个教师的信息就要重复存储多少次。数据冗余度大,浪费了存储空间。

(2)数据更新。如把第 1 条记录的"教师"字段值改为"王霞",而第 3 条记录的相应字段值没有修改,这样就使得同一门课程(C1)的"教师"是两个不同的人,从而使数据库中的数据不一致。

(3)数据插入。这个关系的主键是(学号,课程号),当新增一门课程,但尚未有学生选修时,学号字段值将为空,这就违背了实体完整性规则,因此无法插入新的记录,即无法存入新增加的课程信息。

(4)数据删除。比如"计算机网络"课程由于选修人数太少决定不开,如果删除选修"计算机网络"课程的记录,这样可能会删除"计算机网络"课程的信息,以及讲授这门课程的教师信息。

根据分析,我们可以认为选课关系不是一个好的关系模式。选课关系之所以会产生上述问题,是因为在属性之间存在着一种数据依赖关系。

那么,怎样才能消除那些问题,成为一个好的关系模式呢?我们把选课关系分解为三个关系,其关系模式分别为:

选课(学号,课程号,成绩)

课程(课程号,课程名,教师)

教师(教师,职称)

具体的关系实例如表 4 - 2 所示。

表 4 - 2 分解后的关系模式

学号	课程号	成绩
S1	C1	85
S2	C5	86
S3	C1	58
S4	C7	86
S5	C3	92

课程号	课程名	教师
C1	数据库	李明
C5	计算机网络	刘兵
C7	网站建设	张立
C3	电子商务概论	张立

教师	职称
李明	教授
刘兵	讲师
张立	副教授

　　分解后的关系模式实现了信息的某种程度的分离,使得数据的冗余度明显降低,同时消除了更新异常、插入异常和删除异常,所以说分解后的关系模式是一个好的关系数据库模式。

　　然而,一个好的关系模式并不是在任何情况下都是最优的,例如,当要查询某个学生选修课程名及授课教师的职称时,要进行两个或两个以上关系的连接运算,而连接运算需要的系统开销非常大,因此,要以实际设计的目标出发进行设计。

4.2　函数依赖

➤ 4.2.1　函数依赖的定义

　　关系模式中的各属性之间相互依赖、相互制约的联系称为数据依赖。数据依赖一般分为函数依赖、多值依赖和连接依赖,其中函数依赖是最重要的数据依赖。

　　函数依赖是关系模式中属性之间的一种逻辑依赖关系。例如,对学生关系模式(学号,姓名,年龄,系别),学号与姓名、年龄、系别之间存在依赖关系,即确定了一个学号,也就是一个学生,就可以确定这个学生的姓名、年龄和系别。我们可以说学号决定函数(姓名,年龄,系别),或(姓名,年龄,系别)函数依赖于学号。显然,函数依赖讨论的是属性之间的依赖关系。下面将对函数依赖给出严格的形式化定义。

　　定义 4.1　设关系模式 R (U,F),U 是属性全集,F 是 U 上的函数依赖集,X 和 Y 是 U 的子集,如果对于 R (U) 的任意一个可能的关系 r 的任何两个元组,只要 $t_1[X]=t_2[X]$,就有 $t_1[Y]=t_2[Y]$,则称 X 决定函数 Y,或 Y 函数依赖于 X,记作 $X \rightarrow Y$。

　　说明:

　　(1)如果 $X \rightarrow Y$,但 Y 不包含于 X,则称 $X \rightarrow Y$ 是非平凡的函数依赖。若不作特别说明,这里总是讨论非平凡函数依赖。

　　(2)若 $X \rightarrow Y$,称 X 为决定因素,Y 为依赖因素。

　　(3)当 Y 不函数依赖于 X 时,记作:$X \nrightarrow Y$。

　　(4)当 $X \rightarrow Y$ 且 $Y \rightarrow X$ 时,则记作:$X \leftrightarrow Y$,这时 X 和 Y 可以称做函数等价。

　　由函数依赖的定义可知,函数依赖是一种语义范畴的概念,所以要从语义的角度来确定各个关系的函数依赖。例如,姓名→年龄这个函数依赖只有在没有重名的条件下才能成立。如果有相同名字的人,那么姓名就不能决定函数年龄了。

　　函数依赖与属性之间的联系类型有密切的关系,具体表现为以下三方面。

　　(1)如果属性 X 与 Y 有 1 : 1 的联系时,则存在函数依赖关系 $X \rightarrow Y, Y \rightarrow X$,即 $X \leftrightarrow Y$。

　　(2)如果属性 X 与 Y 有 m : 1 的联系时,则存在函数依赖关系 $X \rightarrow Y$。

（3）如果属性 X 与 Y 有 m∶n 的联系时，则 X 与 Y 之间不存在任何函数依赖关系。

（3）如果属性 X 与 Y 有 m∶n 的联系时，则 X 与 Y 之间不存在任何函数依赖关系。

由于函数依赖与属性之间的联系类型有关，所以在确定属性间的函数依赖关系时，可以通过分析属性之间的联系类型来确定它们之间的函数依赖。

➤ 4.2.2　完全函数依赖和部分函数依赖

定义 4.2　设关系模式 R(U)，U 是属性全集，X 和 Y 是 U 的子集，如果 X→Y，并且对于 X 的任何一个真子集 X'，都有 X'↛Y，则称 Y 完全函数依赖于 X，记作 $X \xrightarrow{f} Y$。如果对于 X 的任何一个真子集 X'，有 X'→Y，则称 Y 部分函数依赖于 X，并记作 $X \xrightarrow{p} Y$。

例如，在关系模式选课(学号，课程号，课程名，教师，职称，成绩)中，因为学号↛成绩，课程号↛成绩，所以有(学号，课程号)$\xrightarrow{f}$成绩。而课程号→课程名，所以(学号，课程号)$\xrightarrow{p}$课程名。

由**定义 4.2**可知，部分函数依赖只有在决定因素为组合属性时才存在，当决定因素为单属性时，不可能存在部分函数依赖。

➤ 4.2.3　传递函数依赖

定义 4.3　设关系模式 R(U)，U 是属性全集，X、Y、Z 是 U 的子集，如果 X→Y，但 Y↛X，而 Y→Z，则称 Z 传递函数依赖于 X，记作 $X \xrightarrow{t} Y$。如果 Y→X，则 X ↔ Y，此时 Z 对 X 是直接函数依赖，而不是传递函数依赖。

例如，在关系模式选课(学号，课程号，课程名，教师，职称，成绩)中，课程号→教师，而教师→职称，则有课程号$\xrightarrow{t}$职称。

4.3　函数依赖理论

➤ 4.3.1　函数依赖的逻辑蕴涵

根据已知的一组函数依赖，来判断另一个或一些函数依赖是否成立，或是否能从已知的函数依赖中推导出其他函数依赖集，这是函数依赖的逻辑蕴涵要讨论的问题。

定义 4.4　设关系模式 R(U，F)，U 是属性全集，X、Y 是 U 的子集，如果从 F 中的函数依赖能够推导出 X→Y，则称 F 逻辑蕴涵 X→Y，或称 X→Y 是 F 的逻辑蕴涵。

例如，有关系模式 R(U，F)，U＝{A，B，C}，F＝{A→B，B→C}，问 A→C 是否成立？如果成立，则说明 F 逻辑蕴涵 A→C，或者 A→C 是 F 的逻辑蕴涵。

在关系模式 R(U，F)中，所有被 F 逻辑蕴涵的函数依赖组成的依赖集称为 F 的闭包，记为 F^+。一般地有 $F \subseteq F^+$。显然，如果能计算出 F^+，就可以很方便地判断某个函数依赖是否被 F 逻辑蕴涵，但函数依赖集 F 的闭包 F^+ 的计算是一件十分麻烦的事情，即使 F 不大，F^+ 也比较大。

➤ 4.3.2　阿姆斯特朗公理体系

由于 F^+ 的计算是一件非常复杂的事情，经过一些学者的潜心研究，提出了一组推导函数依赖逻辑蕴涵关系的推理规则,并由 W. W. Armstrong 于 1974 年归纳成公理体系,形成了著名的 Armstrong(阿姆斯特朗)公理体系。阿姆斯特朗公理体系包括公理和规则两部分。

1. 阿姆斯特朗公理

设有关系模式 $R(U, F)$,U 是 R 的属性集,X、Y、Z、W 均是 U 的子集,阿姆斯特朗公理为:

(1)自反律:若 $X \supseteq Y$,则 $X \rightarrow Y$。

设 r 为关系模式 R 的任意一个关系,u 和 v 为 r 的任意两个元组。

若 $u[X] = v[X]$,则 u 和 v 在 X 的任何子集上必然相等。

由条件 $X \supseteq Y$,所以有 $u[y] = v[y]$。

由 r、u、v 的任意性,可得 $X \rightarrow Y$。

(2)增广律:若 $X \rightarrow Y$,则 $XZ \rightarrow YZ$。

设 r 为关系模式 R 的任意一个关系,u 和 v 为 r 的任意两个元组,并设 $u[XZ] = v[XZ]$,则 $u[X]u[Z] = v[X]v[Z]$。

由条件 $X \rightarrow Y$,若 $u[X] = v[X]$,则 $u[Y] = v[Y]$,并推知 $u[Z] = v[Z]$。

所以 $u[Y]u[Z] = v[Y]v[Z]$,则有 $u[YZ] = v[YZ]$,由此可得 $XZ \rightarrow YZ$。

(3)传递律:若 $X \rightarrow Y$,$Y \rightarrow Z$,则 $X \rightarrow Z$。

设 r 为关系模式 R 的任意一个关系,u 和 v 为 r 的任意两个元组。

由条件 $X \rightarrow Y$,若 $u[X] = v[X]$,则 $u[Y] = v[Y]$。

又由条件 $Y \rightarrow Z$,若 $u[Y] = v[Y]$,则 $u[Z] = v[Z]$。

所以推知若 $u[X] = v[X]$,则 $u[Z] = v[Z]$,由此可得 $X \rightarrow Z$。

2. 阿姆斯特朗规则

从阿姆斯特朗公理可以得出下面的推论:

(1)合并规则:若 $X \rightarrow Y$ 且 $X \rightarrow Z$,则 $X \rightarrow YZ$。

由条件 $X \rightarrow Y$,并增广律可得 $X \rightarrow XY$。

由条件 $X \rightarrow Z$,并增广律可得 $XY \rightarrow YZ$。

利用传递律,由 $X \rightarrow XY$ 和 $XY \rightarrow YZ$,可得 $X \rightarrow YZ$。

(2)分解规则:若 $X \rightarrow Y$,且 $Z \subseteq Y$,则 $X \rightarrow Z$。

已知有 $X \rightarrow Y$。由条件 $Z \subseteq Y$,并自反律可得 $X \rightarrow YZ$。

利用传递律,由 $Y \rightarrow XY$ 和 $XY \rightarrow YZ$,可得 $X \rightarrow YZ$。

(3)伪传递规则:若 $X \rightarrow Y$ 且 $WY \rightarrow Z$,则 $XW \rightarrow Z$。

由条件 $X \rightarrow Y$,并增广律可得 $XW \rightarrow WY$。

利用传递律和已知条件 $WY \rightarrow Z$,可得 $XW \rightarrow Z$。

➤ 4.3.3 最小函数依赖集

1. 函数依赖集的等价与覆盖

在关系数据库中,关系的主键总是隐含着最小性,所以常常需要寻找与关系 R 的属性集 U 的依赖集 F 等价的最小依赖集。这些都涉及函数依赖集的等价与覆盖问题。

定义 4.5 设 F 和 G 是两个函数依赖集,如果 $F^+ = G^+$,则称 F 和 G 等价。如果 F 和 G

等价,则称 F 覆盖 G,同时也称 G 覆盖 F。

下面介绍判断依赖集 F 与 G 等价的方法。

定理 4.1　$F^+ = G^+$ 的充要条件是 $F \subseteq G^+$ 和 $G \subseteq F^+$。

证明:

(1)如果两个函数依赖集满足 $F_1 \subseteq F_2$,那么 F_1 中的任一逻辑蕴涵必是 F_2 的一个逻辑蕴涵,所以 $F_1^+ \subseteq F_2^+$。

(2)由闭包的定义可知有 $(F_1^+)^+ = F_1^+$。

(3)证明必要性:若 $F^+ = G^+$,显然有 $F \subseteq G^+$ 和 $G \subseteq F^+$。

(4)证明充分性:若 $F \subseteq G^+$,由(1)和(2)可得 $F^+ \subseteq (G^+)^+ = G^+$,即 $F^+ \subseteq G^+$;又由 $G \subseteq F^+$,同理可得 $G^+ \subseteq F^+$,所以 $F^+ = G^+$。

由**定理 4.1** 可知,为了判断 F 和 G 是否等价,只要判断对于 F 中的每一个函数依赖 $X \rightarrow Y$ 是否都属于 G^+,若都属于 G^+,则 $F \subseteq G^+$。只要发现某一个函数依赖 $X \rightarrow Y$ 不属于 G^+,就说明 $F^+ \neq G^+$。对于 G 中的每一个函数依赖也作同样的处理。如果 $F \subseteq G^+$ 且 $G \subseteq F^+$,则 F 和 G 等价。这里并不需要计算函数依赖的闭包 F^+ 和 G^+。为了判断 $F \subseteq G^+$,只要对 F 中的每一个函数依赖 $X \rightarrow Y$ 计算 X 关于 G 的闭包 X_G^+,若 $Y \subseteq X_G^+$,则说明 $X \rightarrow Y$ 属于 G^+。同理,为了判断 $G \subseteq F^+$,只要对 G 中的每一个函数依赖 $X \rightarrow Y$ 计算 X 关于 F 的闭包 X_F^+,若 $Y \subseteq X_F^+$,则说明 $X \rightarrow Y$ 属于 F^+。

由函数依赖集的等价可以引出一个重要的结论,即每一个函数依赖集 F 都被其右端只有一个属性的函数依赖组成的依赖集 G 所覆盖。

证明:设 F 中的函数依赖包括两种类型:一种是右端只有一个属性的函数依赖,设 $V \rightarrow W$ 为其中的任意一个;另一种是右端为一个以上属性的函数依赖。设 $X \rightarrow Y$ 为其中的任意一个,$Y = A_1 A_2 \cdots A_n$,A_i 为单个属性。并令 G 由所有的 $V \rightarrow W$ 和 $X \rightarrow A_i (i=1,2,\cdots,n)$组成。

对于 G 中的任意一个 $X \rightarrow A_i$,由于 F 中有 $X \rightarrow Y$,根据分解规则也即 F 中有 $X \rightarrow A_i (i=1,2,\cdots,n)$;而 $V \rightarrow W$ 在 G 和 F 中都有,所以有 $G \subseteq F^+$。

对于 F 中的任意一个 $X \rightarrow Y$,由于 G 中有 $X \rightarrow A_i (i=1,2,\cdots,n)$,根据合并规则也即 G 中有 $X \rightarrow Y$,而 $V \rightarrow W$ 在 F 和 G 中都有,所以有 $F \subseteq G^+$,从而有 $F^+ = G^+$。

该结论说明,任一函数依赖集都可转化成由右端只有单一属性的依赖组成的集合。

2. 最小函数依赖集

定义 4.6　满足下列条件的函数依赖集 F 称为最小函数依赖集。

(1)F 中的每一个函数依赖的右端都是单个属性;

(2)对 F 中的任何函数依赖 $X \rightarrow A$,$F - \{X \rightarrow A\}$ 不等价于 F;

(3)对 F 中的任何函数依赖 $X \rightarrow A$ 和 X 的任何真子集 Z,$(F - \{X \rightarrow A\}) \cup \{Z \rightarrow A\}$ 不等价于 F。

在这个定义中,条件(1)保证了 F 中的每一个函数依赖的右端都是单个属性;条件(2)保证了 F 中不存在多余的函数依赖;条件(3)保证了 F 中的每一个函数依赖的左端没有多余的属性。所以 F 理应是最小的函数依赖集。

求函数依赖集 F 的最小函数依赖集的计算过程分为以下三步:

(1)逐一检查 F 中各函数依赖 $X \rightarrow Y$,若 $Y = A_1 A_2 \cdots A_k (k \geqslant 2)$,则用 $\{X \rightarrow A_j \mid j=1,2,\cdots,$

m}来取代 X→Y。

(2)逐一检查 F 中各函数依赖 X→A，令 $G=F-\{X\to A\}$，若 $A\subseteq X_G^+$，则从 F 中去掉此函数依赖（因为 F 与 G 等价的充要条件是 $A\subseteq X_G^+$）。

(3)逐一取出 F 中各函数依赖 X→A，设 $X=B_1B_2\cdots B_m$，逐一检查 $B_i(i=1,2,\cdots,m)$，如果 $A\subseteq(X-B_i)_F^+$，则以 $X-B_i$ 取代 X（因为 F 与 $F-\{X\to A\}\cup\{Z\to A\}$ 等价的充要条件是 $A\subseteq Z_F^+$，其中 $Z=X-B_i$）。

因为对 F 的每一次"改造"都保证了改造前后的两个函数依赖集等价，最后得到的 F 就一定是最小依赖集，并且与原来的 F 等价。

应当指出的是，F 的最小依赖集不一定是唯一的，它与对各函数依赖及 X→A 中 X 各属性的处置有关。

4.4　范　式

关系范式或关系规范化的理论首先由 E.F.codd 于 1971 年提出，它的基本思想是消除关系模式中的数据冗余，消除数据依赖中不合适的部分，解决数据插入、删除、更新时发生的异常问题。这就要求关系模式满足一定的条件，根据关系模式满足的不同性质和规范化的程度，把关系模式分为第一范式、第二范式、第三范式、BC 范式、第四范式和第五范式等，范式越高，规范化程度越高，关系模式也就越好。由于本章只讨论函数依赖，而在函数依赖范畴内最高讨论到 BC 范式，因此在关系规范化中只讨论第一范式、第二范式、第三范式和 BC 范式。

▷ 4.4.1　第一范式

第一范式是关系要遵循的最基本的规范形式，也就是要满足关系模式的最低要求，即关系的所有分量都必须是不可分的最小数据项。

定义 4.7　如果关系模式 R 所有的属性均为简单属性，即每个属性都是不可再分的，则称 R 属于第一范式，简称 1NF，记作 R∈1NF。

把满足 1NF 的关系称为规范化关系。表 4-3 所示的表格就不是规范化的关系，因为在这个表中，"学生人数"不是基本数据项，它由另外两个基本数据项组成。非规范化表格转换成规范化关系非常简单，只需要将所有数据项都表示为不可分的最小数据项即可。将表 4-3 所示表格转换成规范化关系，如表 4-4 所示。

表 4-3　非规范化表格

班级	学生人数	
	男生	女生
11241	16	20
11251	23	15
11261	24	18

表 4－4　规范化关系

班级	男生人数	女生人数
11241	16	20
11251	23	15
11261	24	18

　　然而,一个关系仅仅属于第一范式是远远不够的,本章 4.1 节中给出的选课关系属于第一范式,但从我们的分析中可知,它不是一个好的关系模式,存在大量数据冗余,以及更新异常、插入异常和删除异常等问题。究其原因,该关系中存在着复杂的函数依赖,既存在完全函数依赖,又存在部分函数依赖和传递函数依赖,才导致数据操作出现种种弊端。克服这些弊端的方法是去掉过于复杂的函数依赖关系,向更高一级的范式转换。

▷ 4.4.2　第二范式

　　定义 4.8　如果关系模式 R∈1NF,并且 R 中的每个非主属性都完全函数依赖于主关系键,则称 R 属于第二范式,简称 2NF,记作 R∈2NF。

　　从第二范式的定义中可以看出,如果 R 的主关系键为单属性,则 R 自然属于 2NF。如果主键是由多个属性构成的复合关键字,并且存在非主属性对主键的部分函数依赖,则这个关系不属于 2NF。

　　本章 4.1 节中的选课关系的主键是(学号,课程号),这是一个复合关键字,其中"课程名"函数依赖于"课程号","教师"函数依赖于"课程号",即"课程名"和"教师"都是部分函数依赖于主键(学号,课程号),因此,选课关系不属于第二范式。

　　这样一个不满足第二范式要求的关系存在哪些问题呢? 读者可以从本章 4.1 节中关于操作异常的分析中,看哪些问题与不是第二范式有关,同时还可能存在哪些问题。

　　如选课关系之所以不属于第二范式,是因为存在以下部分函数依赖:

$$(学号,课程号) \xrightarrow{\text{P}} 课程名$$

$$(学号,课程号) \xrightarrow{\text{P}} 教师$$

也就是说,那些操作异常现象在一定程度上是由这些部分函数依赖造成的,为了尽量消除这些异常现象,需要设法消除这些部分函数依赖,为此可以把选课关系分解为如下两个关系:

选课(学号,课程号,成绩)

课程(课程号,课程名,教师,职称)

　　"选课"关系和"课程"关系是根据原来的"选课"关系分解得到的,这两个关系通过自然连接可以恢复成原来的关系。因此,分解没有丢失任何信息,具有无损连接性。

　　分解后,选课关系的主键是(学号,课程号),非主属性"成绩"完全依赖于主键,所以此时的选课关系属于 2NF;课程关系的主键是"课程号",是单属性,这样的关系自然属于 2NF。

　　分解之后再来分析原来的数据冗余、插入异常、更新异常、删除异常等现象是否还存在? 例如:

　　(1)比较分解前后的数据,可以看出分解后的关系模式中的数据冗余度有较大幅度的降低,课程信息不需要重复存储。这样也可在一定程度上避免数据更新造成的数据不一致问题。

(2)新增一门课程只需在"课程"关系中插入一条记录,与是否有学生选修无关,所以插入异常现象得到了部分改善。

(3)"计算机网络"课程由于选修人数太少决定不开,从"选修"关系中删除"计算机网络"课程号(C5)所对应的记录,这样就不会删除"计算机网络"课程的信息,所以也解决了部分删除异常问题。

虽然 2NF 的关系模式解决了 1NF 中存在的一些问题,但在对 2NF 的关系模式进行数据操作时,异常问题仍然存在。如在课程关系中,每个教师讲授几门课,该教师和职称信息就存储多少次,还是存在数据冗余;如当某个教师没有讲授课程时,该教师信息无法插入,插入操作也存在异常;如更换教师职称时,需改动较多的课程记录,也存在一定的更新异常。

4.4.3 第三范式

定义 4.9 如果关系模式 R∈2NF,并且所有非主属性都不传递依赖于 R 的主关系键,则称 R 属于第三范式,简称 3NF,记作 R∈3NF。

从定义中可以看出,如果存在非主属性对主键的传递函数依赖,或者存在非主属性对另一个非主属性的函数依赖,则相应的关系模式就不属于 3NF。

上述分解后得到的课程关系属于第二范式但却不属于第三范式,它的主关系键是"课程号",其他 3 个属性均是非主属性。但是这里存在"教师"函数依赖"课程号",而"职称"函数依赖于"教师",从而有"职称"传递函数依赖于主键"课程号",因此,这个关系不属于 3NF。对于不属于 3NF 的关系,从 4.4.2 节中的分析可知仍然存在数据操作异常问题。

解决非第三范式关系的操作异常现象的方法就是消除非主属性对主关系键的传递函数依赖。为此,可以把课程关系分解成如下两个关系:

课程(课程号,课程名,教师)

教师(教师,职称)

这里,课程关系的"教师"字段和教师关系的"教师"字段出自同一个值域。课程关系的主键是"课程号",教师关系的主键是"教师",这两个关系都是第三范式关系。

关系模式由 2NF 分解为 3NF 后,函数依赖关系变得更加简单,既没有非主属性对主键的部分函数依赖,也没有非主属性对主键的传递函数依赖,解决了 2NF 中存在的四个异常问题。但是,3NF 只限制了非主属性对主键的依赖关系,而没有限制主属性对主键的依赖关系。如果在关系模式中发生这种依赖,仍有可能存在数据冗余、插入异常、删除异常和更新异常。这时需要对 3NF 进一步规范,消除主属性对主键的函数依赖,这就是 BC 范式。

4.4.4 BC 范式

定义 4.10 如果关系模式 R∈1NF,并且所有的函数依赖 X→Y(Y⊄X),决定因素 X 都包含了 R 的一个候选键,则称 R 属于 BC 范式,简称 BCNF,记作 R∈BCNF。

如果 R 属于 BCNF,由于 R 消除了任何属性对候选键的传递函数依赖和部分函数依赖,所以 R 一定属于 3NF。但是,如果 R∈3NF,则 R 未必一定是 BCNF。

例如,有关系模式选课(学号,姓名,课程号,成绩),假设学生姓名没有重名,其函数依赖有:

学号→姓名

姓名→学号

(学号,课程号)→成绩

(姓名,课程号)→成绩

由函数依赖可以判断,关系模式选课的候选键有两个:(学号,课程号)和(姓名,课程号)。无论选哪一个作为主键,非主属性"成绩"都完全函数依赖于主键,不存在部分函数依赖和传递函数依赖,所以选课∈3NF。

由于学号↔姓名,决定因素"学号"和"姓名"都不包含候选键,也就是说存在主属性对候选键的部分函数依赖,即"学号"部分函数依赖于(姓名,课程号),"姓名"部分函数依赖于(学号,课程号),所以选课不属于 BCNF。

正是存在这种主属性对候选键的部分函数依赖,造成了选课关系中存在较大的数据冗余,学生姓名的存储次数等于该学生的选课数,从而会引起修改异常,出现数据不一致问题。解决这一问题的办法是进一步提高选课关系模式的范式等级,将其规范到 BCNF。为此,可以把选课关系分解成如下两个关系:

学生(学号,姓名)

选课(学号,课程号,成绩)

关系模式学生的候选键为学号,其函数依赖为学号→姓名,决定因素包含了候选键,因此学生属于 BCNF。

关系模式选课的候选键为(学号,课程号),其函数依赖为(学号,课程号)→成绩,决定因素包含了候选键,因此选课属于 BCNF。

关系模式分解后,数据冗余明显降低。学生的姓名只在学生关系中存储一次,学生改名时,只需改动一条学生记录中相应的姓名值即可,从而不会发生修改异常。

如果一个关系数据库中所有的关系模式都属于 3NF,则已在很大程度上消除了插入异常和删除异常,但由于可能存在主属性对候选键的部分函数依赖和传递函数依赖,因此关系模式的分解仍不够彻底。

如果一个关系数据库中所有的关系模式都属于 BCNF,那么在函数依赖的范畴内,已经实现了模式的彻底分解,消除了产生插入异常和删除异常的根源,而且数据冗余也减少到极小程度。

4.5　关系规范化

一个低一级范式的关系模式,通过模式分解转化为若干个高一级范式的关系模式的集合,这种分解过程叫做关系的规范化。其目的就是逐步消除关系模式中不合适的数据依赖,使关系模式结构合理,消除存储异常,使数据冗余尽量小,便于插入、删除和修改。

▷4.5.1　关系规范化的原则

关系规范化的基本原则就是遵循"一事一地"原则,即一个关系只描述一个实体或者实体间的联系。若多于一个实体,就把它"分离"出来。因此,所谓规范化,实质上是概念的单一化,即一个关系表示一个实体。

▷4.5.2　关系规范化的过程

　　关系的规范化过程是通过对关系模式的分解来实现的。在关系数据库中,对关系模式的基本要求是满足第一范式。

　　对于一个已经满足 1NF 的关系模式,消除非主属性对键的部分函数依赖,就达到了 2NF;对 2NF 的关系模式,消除非主属性对键的传递函数依赖,就达到了 3NF;当消除了主属性对键的部分函数依赖和传递函数依赖,就属于 BCNF。

　　关系规范化的过程如图 4-1 所示。

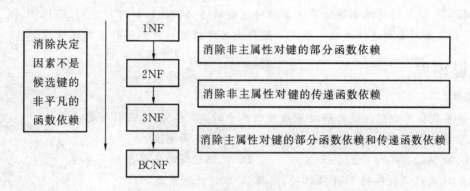

图 4-1　关系规范化的过程

　　一个不好的关系模式总可以通过分解的方式转换成好的关系模式的集合。但是在分解时要全面衡量,综合考虑,视实际情况而定。对于那些只要求查询而不要求插入、删除等操作的系统,存在异常现象并不影响数据库的操作。这时不宜过度分解,否则当对系统进行整体查询时,就需要更多的表进行连接操作,得不偿失。在实际应用中,进行关系模式设计时,通常分解到 3NF 就足够了。

▷4.5.3　关系规范化的要求

　　关系模式的分解不是随意的拆分,模式分解需要遵循一定的原则,正确的模式分解不能破坏原来的语义,不能丢失信息。也就是说,模式分解要具有:①无损连接性;②函数依赖保持性。

　　无损连接是指分解后的关系通过自然连接可以恢复为原来的关系,即分解后的关系通过自然连接得到的关系与原来的关系相比,既不多出信息,又不丢失信息。

　　函数依赖保持是指在模式的分解过程中,函数依赖不能丢失,即模式分解不能破坏原来的语义,也就是说分解后的所有关系模式的函数依赖的集合与原关系模式的函数依赖集等价。

　　无损连接性和函数依赖保持性是两个相互独立的标准。具有无损连接性的分解不一定具有函数依赖保持性。同样,具有函数依赖保持性的分解也不一定具有无损连接性。

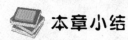 **本章小结**

本章首先讨论了为什么要提出规范化理论,指出一个不好的关系数据库模式存在的四个异常问题,并由此引出函数依赖的概念,函数依赖主要分为完全函数依赖、部分函数依赖和传递函数依赖,然后引申介绍了函数依赖的逻辑蕴涵、公理体系和最小函数依赖集的概念。一个不好的关系数据库模式可以通过模式分解的方式转换为一个好的关系数据库模式。模式分解的过程也是关系规范化的过程,根据关系规范化的程度,可以分为 1NF、2NF、3NF 和 BCNF。1NF 是关系必须满足的基本条件,在 1NF 的基础上消除非主属性对主键的部分函数依赖可以达到 2NF,在 2NF 的基础上消除非主属性对主键的传递函数依赖可以达到 3NF,在 BCNF 关系上,所有决定因素都是候选键。模式分解要满足无损连接性和函数依赖保持性。

复习题

一、选择题

1.关系数据库规范化是为解决关系数据库中的 ＿＿＿＿ 问题而引入的。

    A.插入、删除和数据冗余   B. 提高查询速度

    C.减少数据操作的复杂性   D. 保证数据的安全性和完整性

2.当 B 属性函数依赖于 A 属性时,属性 A 与 B 的联系是＿＿＿＿＿＿。

    A.1 对多   B. 多对 1

    C. 多对多   D. 以上都不是

3.在关系数据库中,从关系规范化的意义看,如果关系 R 中的非主属性对码有部分函数依赖,那么 R 至多是(　　　)

    A.1NF   B.2NF

    C.3NF   D. BCNF

4.在关系模式 R 中,函数依赖 X→Y 的语义是(　　　　)。

    A.在 R 的某一关系中,若两个元组的 X 值相等,则 Y 值也相等。

    B.在 R 的每一关系中,若两个元组的 X 值相等,则 Y 值也相等。

    C.在 R 的某一关系中,Y 值应与 X 值相等。

    D.在 R 的每一关系中,Y 值应与 X 值相等。

5.对于关系数据库,任何二元关系模式都可以达到(　　　)范式。

    A.1NF   B.2NF

    C.3NF   D.4NF

6.设有关系模式 R(X,Y,Z,W),其函数依赖集 F＝{XY→Z,W→X},则 R 的关系键为＿＿＿＿＿＿。

    A. XY   B. XW

    C.YZ   D. YW

二、填空题

1.在关系模式 R 中,能函数决定 R 中所有属性的属性组,称为关系模式 R 的 ＿＿＿＿＿ 。

2.若关系是 1NF,且每一个非主属性都＿＿＿＿＿＿＿,则称该关系属于 2NF。

3.若 R 属于 1NF,且不存在非主属性对码的传递依赖,则 R 属于＿＿＿＿＿。

4.消除了非主属性对候选键的部分函数依赖的关系模式,属于_____范式;消除了非主属性对候选键的传递函数依赖的关系模式,属于_____范式;消除了每一属性对候选键的传递函数依赖的关系模式,属于_____范式。

三、简答题

1.给出下列术语的定义,并加以理解。

函数依赖、部分函数依赖、完全函数依赖、传递函数依赖、范式、1NF、2NF、3NF、BCNF。

2.什么叫关系模式分解?关系模式分解要遵循什么原则?

3.设工厂里有一个记录职工每天日产量的关系模式:

R(职工编号,日期,日产量,车间编号,车间主任)

如果规定:每个职工每天只有一个日产量;每个职工只能隶属于一个车间,每个车间只有一个车间主任。

试回答下列问题:

(1)根据上述规定,写出关系模式 R 的函数依赖集。

(2)找出关系模式 R 的关键码。

(3)关系模式 R 最高已经达到第几范式?为什么?

(4)如果 R 不属于 3NF,请将 R 分解为 3NF。

4.设某人才市场数据库中有一个记录应聘人员信息的关系模式:

R(人员编号,姓名,性别,职位编号,职位名称,考试成绩)

如果规定:每人可应聘多个职位,每个职位可由多人应聘且必须参加相关考试,考试成绩由人员编号和职位编号确定。

试回答下列问题:

(1)根据上述规定,写出关系模式 R 的函数依赖集。

(2)找出关系模式 R 的关键码。

(3)关系模式 R 最高已经达到第几范式?为什么?

(4)如果 R 不属于 3NF,请将 R 分解为 3NF。

第 5 章　数据库安全技术

学习要点

1. 数据库的安全性定义
2. 数据库安全性的保护措施
3. 数据库的完整性约束条件
4. 实现数据库完整性的方法
5. 事务的定义和特征
6. 并发控制的三种形式
7. 数据库故障恢复及恢复策略

数据库是存放数据的场所,数据库中的数据从开始建立到不断充实完善,需要花费大量人力、物力,其中的许多数据,如银行数据库中的用户存款数据,证券所数据库中的证券交易数据,大型企业数据库中的市场需求、营销策略、销售计划、客户档案和供货商档案等数据,都是非常关键和重要的,且涉及各种机密和个人隐私,对它们的非法使用和更改可能引起灾难性的后果。因此,在数据库的使用过程中,如何保证数据的安全可靠、正确可用,且当数据库遭到破坏后能够迅速地得到恢复,这就是数据库的安全与保护问题。

5.1　数据库的安全性

数据库的安全性是评价数据库系统性能的一个重要指标,它是指保护数据库以防止非法用户对其进行访问,造成数据泄露、更改或破坏。按照前面章节的定义,数据库中的数据是在DBMS统一控制之下的共享数据集合,但它又不是任何人都可以随意访问和使用的,因为对数据库的非法使用和更改可能引起灾难性的后果,必须采取有效措施防止各种非法使用。因此,数据库安全是 DBMS 的一个重要组成部分,也是 DBMS 一个必不可少的重要特征。数据库的共享不能是无条件的共享,它只允许有合法使用权限的用户访问他有权访问的数据。

从数据库用户的角度来看,DBMS 提供的数据库安全性保护措施通常有用户鉴别、存取权限控制、视图机制、跟踪审核、数据加密存储等几个层次。

➤ 5.1.1　用户标识和身份认证

由于数据库是由 DBMS 统一管理的共享数据集合，因此一个用户如果要访问某个数据库，他必须首先登录到 DBMS。对于每个要求访问数据库的用户，用户标识和鉴定是系统提供的最外层的安全保护措施。其方法是由 DBMS 提供一定的工具和命令，首先让 DBA 创建和定义合法用户，即让每个合法用户在数据库系统中都有一个标明自己身份的标识符——用户名和口令（password），用以与其他用户相区别。每次用户要求进入数据库系统时，系统都要求用户输入相应的用户名和口令，并将其与系统内部记录的合法用户名和口令进行核对，只有用户名和密码都匹配的用户才能登录到 DBMS。用户的口令由于其私密性，因此用户在终端上输入口令时一般在屏幕上不直接显示，而是以"＊"代替。

在 SQL Server 2008 中，账号有两种，分别是登录服务器的登录账号（login name）以及使用数据库的用户账号（user name）。登录账号是指能登录到 SQL Server 的账号，它属于服务器的层面，本身并不能让用户访问服务器中的数据库，而登录者要使用服务器中的数据库时，必须要有用户账号才能存取数据库。

我们在 SQL Server 2008 中尝试用两种方式登录服务器，一种方式是以 Windows 身份验证模式登录，另一种方式是通过 SQL 和 Windows 身份验证模式登录，来展示它的用户标识和身份认证功能。这两种方式均属于登录服务器的登录账号。在之前章节的例子中，我们都是以 Administrator 的身份默认连接的，下面我们将新建其他的用户予以说明。

1. 以 Windows 身份验证模式连接服务器

（1）在 SQL Server 中创建一个 Windows 身份登录的用户，前提是在原有的 Windows 操作系统里存在这个用户。因此首先在 Windows 中创建一个新用户，其具体步骤如下：右键单击"我的电脑"选择"管理"项，出现"计算机管理"窗口，展开"本地用户与组"节点，选择"用户"项，然后单击右键，在弹出的快捷菜单中选择"新用户"命令，如图 5-1 所示。

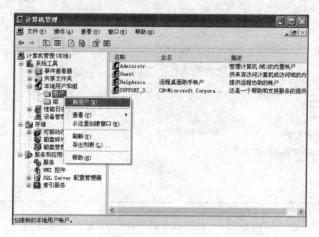

图 5-1　在 Windows 操作系统中创建新用户

（2）在弹出"新用户"对话框中，为新创建的用户起名为 winuser，密码设置为 123，并只勾选"密码永不过期"，如图 5-2 所示。创建成功后，"用户"右侧窗格里以一列的形式出现 winuser 用户的相关信息。

(3)打开 SQL Server Management Studio 工具,以默认的管理员身份配置登录。右键选择需要设置的服务器,在弹出的快捷菜单中单击"属性"命令,如图 5-3 所示。

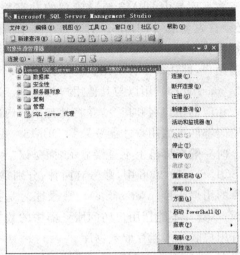

图 5-2　Windows 新用户的相关信息设置　　　　图 5-3　"对象资源管理器"对话框

(4)在弹出"服务器属性"对话框中,选择"安全性"选项卡,在"服务器身份验证"一栏选中"Windows 身份验证模式"单选项,"服务器代理账户"一栏默认不选,单击"确定"按钮,如图 5-4 所示。

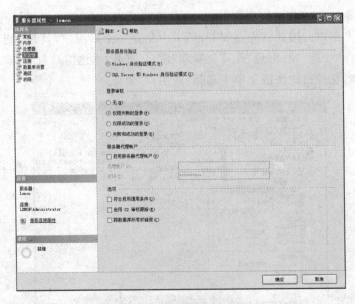

图 5-4　"服务器属性"对话框

(5)回到"对象资源管理器"窗口中,展开"安全性"节点。右键单击"登录名"项,在弹出的快捷菜单中单击"新建登录名"命令,弹出"新建登录名"对话框,选择"Windows 身份认证",如图 5-5 所示。

(6)单击"搜索"按钮,出现如图 5-6 所示的"选择用户或组"对话框,单击"对象类型"按

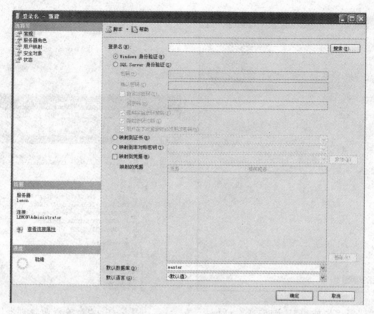

图 5-5 Windows 身份模式"新建登录名"对话框

钮,设置如图 5-7 所示,单击"确定"按钮回到"选择用户或组"对话框。点击该对话框内的"高级"按钮,出现"选择用户或组"进一步详细信息的对话框,如图 5-8 所示。单击"立即查找"按钮,并在该对话框的最后一列找到新建的 Windows 用户 winuser,选中后,单击"确定"按钮回到"选择用户或组"对话框,单击"确定"按钮,回到"新建登录名"对话框,"登录名"一栏出现 winuser,单击"确定"按钮。刷新服务器,在安全性→登录名中出现 winuser,如图 5-9 所示。

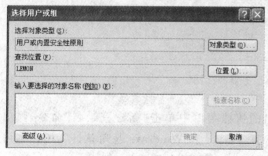

图 5-6 "选择用户或组"对话框

图 5-7 "对象类型"对话框

(7)注销 Windows 系统,并以刚才新建的用户 winuser 重新登录 Windows 操作系统,此时,启动 SQL Server Management Studio,会弹出"连接到服务器"对话框,如图 5-10 所示,该对话框中身份验证默认选择"Windows 身份验证",用户名已默认为 winuser 并且不可更改,表示对于该 Windows 用户连接 SQL Server,直接使用其 Windows 账户信息即可,点击"连接"按钮,连接到数据库服务器。

2. 以 SQL Server 和 Windows 身份验证模式连接服务器

(1)打开 SQL Server Management Studio 工具,以默认的管理员身份配置登录。在"对象资源管理器"窗口中,展开"安全性"节点。

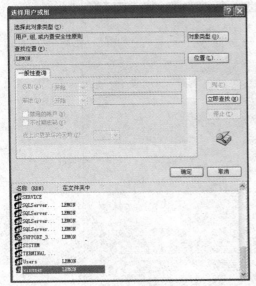

图 5-8 "选择用户或组"详细信息对话框   图 5-9 "对象资源管理器"窗口

图 5-10 "连接到服务器"对话框

(2)选择"登录名"项,然后单击右键,在弹出的快捷菜单中单击"新建登录名"命令,弹出"新建登录名"对话框,如图 5-11 所示。选择"SQL Server 和 Windows 身份认证",用户名可任意填写,这里命名为 SQLServeruser,密码设置为 123,密码相关策略均不选取。

(3)点击确定,回到"对象资源管理器"窗口,右键选择需要设置的服务器,在弹出的快捷菜单中单击"属性"命令,弹出"服务器属性"对话框。选择"安全性"选项卡,在"服务器身份验证"一栏选中"SQL Server 和 Windows 身份验证模式"单选项,"服务器代理账户"一栏默认不选,单击"确定"按钮,此时弹出对话框,提示"直到重新启动 SQL 后,您所做的某些配置更改才能生效",如图 5-12 所示。

(4)回到"对象资源管理器"窗口后,按照刚才 SQL Server 2008 的提示,我们重新启动服务器,如图 5-13 所示。选择"重新启动"项后,系统提示"是否确实要重新启动 LEMON 上的MSSQL SERVER 服务",如图 5-14 所示,点击"是";系统再次提示"停止此服务也将停止SQL Server 代理(MSSQLSERVER)是否要继续",如图 5-15 所示,点击"是",则服务器重新

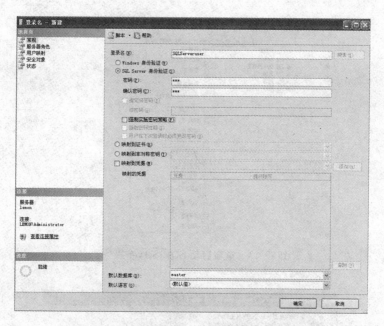

图 5-11　Windows 身份模式"新建登录名"对话框

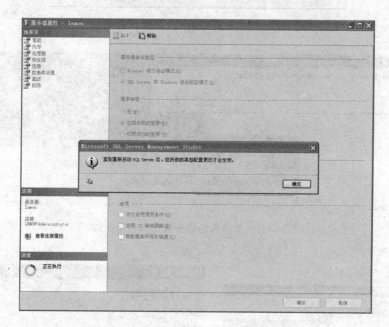

图 5-12　将服务器身份验证模式更改为"SQL Server 和 Windows 身份验证模式"

启动。

　　(5)在 SQL Server Management Studio 中,选择"文件"下拉菜单中的"连接对象资源管理器",如图 5-16 所示,则弹出服务器连接对话框,如图 5-17 所示,"身份验证"一栏选择"SQL Server 身份验证",登录名一栏填写之前注册的名称 SQLServeruser,密码为 123,点击"连接"按钮后,则在对象资源管理器中出现了该用户连接服务器的相关信息,如图 5-18 所示。

图 5 - 13　重新启动 SQL Server 服务器

图 5 - 14　重新启动服务器提示窗口

图 5 - 15　重新启动服务器代理提示窗口

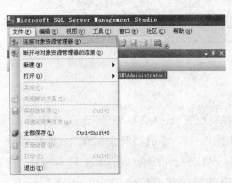

图 5 - 16　在 SSMS 中连接对象资源管理器　　图 5 - 17　以 SQL Server 身份验证模式连接服务器

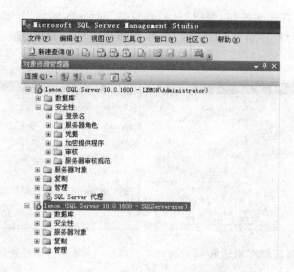

图 5-18 显示 SQLServer 身份用户已成功连接服务器

前面介绍的登录账号,解决了一个用户能否正常登录到 SQL Server 服务器,然而登录服务器成功的用户能否正常访问某个数据库,还要看该登录账号在数据库中是否拥有相应的数据库用户账号。下面的例子则介绍该如何创建数据库用户。

3.**将 SQLServeruser 登录账号添加入数据库用户**

(1)使用 SQLServeruser 用户,以 SQL Server 和 Windows 身份验证模式连接服务器,步骤参见上文。

(2)在"对象资源管理器"中展开数据库节点,找到用户建立的数据库如 Teach,展开该数据库中的"安全性"节点,右键单击"用户"项,在弹出的快捷菜单中单击"新建用户"选项,弹出"数据库用户-新建"对话框,如图 5-19 所示。

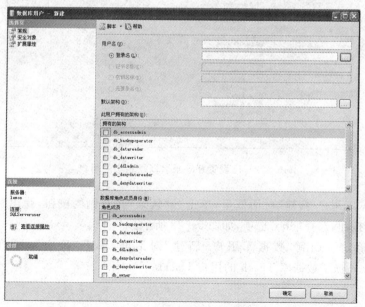

图 5-19 "数据库用户-新建"对话框

(3)单击"登录名"右侧的按钮,弹出"选择登录名"对话框,如图 5-20 所示,单击该对话框中的"浏览"按钮,弹出"查找对象"对话框,选择之前创建的用户 SQLServeruser,如图 5-21 所示,单击"确定"。

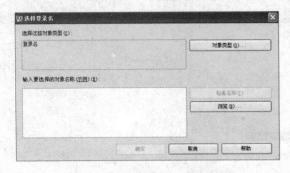

图 5-20　"选择登录名"对话框　　　　　　图 5-21　"查找对象"对话框

(4)回到"数据库用户-新建"对话框,可以看到,登录名已被填写为 SQLServeruser。在该登录名上方的用户名,即我们要创建的数据库用户名处,填写 User1,表示该登录账户在 Teach 下的数据库用户为 User1,如图 5-22 所示。

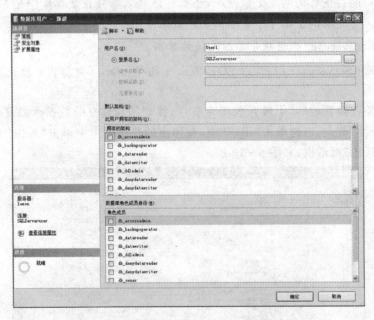

图 5-22　已设置好登录名以及相应的用户名

(5)在"数据库用户-新建"对话框里,单击"默认架构"右侧的按钮,弹出"选择架构"对话框,单击"浏览"按钮,选择"dbo"选项,如图 5-23 所示。

(6)单击"确定",回到"数据库用户-新建"对话框,单击"确定"。此时,为登陆账号 SQLServeruser 添加了数据库 Teach 的用户 User1。

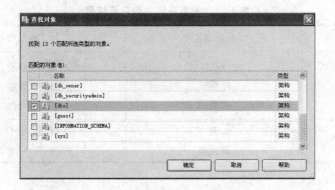

图 5-23 选择架构中的"dbo"选项

▶ 5.1.2 存取权限控制

数据库安全最重要的是确保只授权给有资格的用户访问数据库的权限,同时让所有未被授权的人员无法接近数据,这主要通过数据库系统的存取控制机制实现。由于数据库是一个面向企业或部门所有应用的共享数据集合,当用户被允许使用数据库后,不同的用户对数据库中数据的操作范围一般是不同的,对数据的操作权限也是不同的。比如,在一个大型企业的信息管理系统中,市场部门的数据只有市场部门的人能够修改,而其他相关部门只能查询其有关数据,而无权修改这些数据,因此一般商品化 DBMS 都提供了一定工具和命令来定义每个用户的存取权限(称为授权机制),以防止各种非法修改和使用,确保数据的安全性。

对于一个通过验证登录到 DBMS 的合法用户,系统只允许他使用有权使用的数据对象,执行其存取权限内的各种操作,也就是说,即使一个用户被允许使用数据库中的某个对象,如表、视图等,但该用户也并不一定能对该对象执行一切操作。对每个用户,可以定义以下两种存取控制权限:①数据对象权限。规定了用户使用数据库中数据对象的范围。②操作类型权限。规定了用户在可使用数据对象上能执行的操作。

定义一个用户的存取权限的过程称为授权(authorization)。授权就是 DBA 通过 DBMS 提供的命令或工具规定一个用户可以使用哪些数据对象并可对其执行什么类型的操作。在数据库管理系统中,存取控制权可以由 DBA 集中管理,即由 DBA 定义每个用户的权限,这种方式称为集中方式;也可以由用户将自己拥有的全部或部分权限授予其他用户,这种方式称为分散方式。在系统初始化时,系统中至少有一个具有 DBA 权限的用户,DBA 可以通过 GRANT 语句将系统权限或对象权限授予其他用户。对于已授权的用户可以通过 REVOKE 语句收回所授予的权限。

在关系数据库系统中,数据对象权限以表(关系)、元组、属性为基本对象,而操作类型权限一般可分为查询权、插入权、删除权、修改权等。当 DBA 把建立、修改一个基本表的权限授予某个用户后,该用户就可以建立和修改这个基本表及其有关的索引和视图。因此,关系数据库系统中存取权限控制的数据对象除了基本数据对象外,还有模式、外模式、内模式等数据字典中的内容,如表 5-1 所示。

表 5-1 关系系统中的存取权限

	数据对象	操作类型
模式	模式	建立、修改、检索
	外模式	建立、修改、检索
	内模式	建立、修改、检索
数据	表	查找、插入、修改、删除
	属性列	查找、插入、修改、删除

对于授权表,衡量授权机制是否灵活的一个重要指标是授权粒度,即可以定义的数据对象的范围。一般来说,授权定义中数据粒度越细,授权子系统就越灵活,能够提供的安全性就越完善,但是也应注意到数据字典会变得大而复杂,系统定义与检查权限的开销也会随之增大。

在大型数据库系统中,用户的数量可能非常庞大,为每个数据库用户账户授予相应的权限是很麻烦的事情。虽然他们使用数据库的权限不尽相同,但通常会有许多用户具有相同的使用权限,如在企业的员工管理系中,同一个部门的员工通常具有相同的权限。因此,为了便于管理,数据库管理系统一般都采用基于角色(role)的存取权限控制。当然,一个用户可以承担多种角色,一个角色也可以赋予多个用户。这种通过角色而不是直接对每个用户授权的方法,可大大提高系统的安全性并且减少安全管理的代价,因为对具有相同存取权限的多个用户的授权只需赋予他们相同的角色即可。

在 SQL Server 2008 中,可以通过如下步骤实现角色管理以及权限管理。

1. 角色管理

(1)以 Administrator 身份连接 SQL Server 服务器。在"对象资源管理器"中展开"安全性"节点,并展开"服务器角色"节点,可以看到 SQL Server 已有的预定义的固定服务器角色,一共有 9个,如图 5-24 所示。右键单击 sysadmin,在弹出的快捷菜单中选择"属性(R)"命令。

(2)在弹出的"服务器角色属性"窗口中单击"添加"按钮,如图 5-25 所示。

图 5-24 利用"对象资源管理器"为用户分配 sysadmin 服务器角色

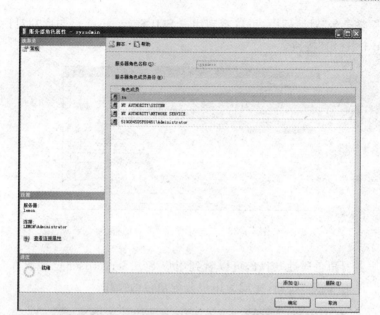

图 5 - 25　"服务器角色属性"窗口

(3)弹出"选择登录名"对话框,如图 5 - 26 所示,单击"浏览"按钮。

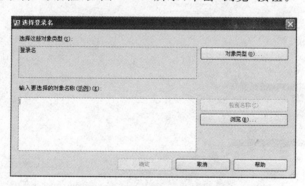

图 5 - 26　"选择登录名"对话框

(4)在弹出的"查找对象"对话框中,选择之前新建的 SQLServeruser,如图 5 - 27 所示,然后单击"确定"按钮。

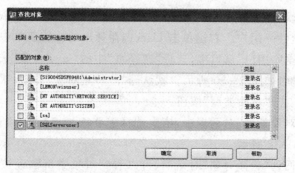

图 5 - 27　"查找对象"对话框

(5)在"选择登录名"对话框中,可以看到用户 SQLServeruser 已包含在对话框中,如图 5 -
28 所示,然后单击"确定"按钮。

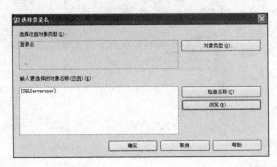

图 5-28 "选择登录名"对话框

(6)回到"服务器角色属性"窗口,可以看到用户 SQLServeruser 已包含在角色成员中,如
图 5-29 所示。单击"确定"按钮,完成为用户分配角色的操作。

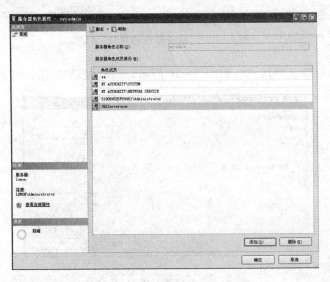

图 5-29 "服务器角色属性"窗口

2. 权限管理

(1)以 SQLServeruser 的身份连接服务器,在"对象资源管理器"中依次展开节点,路径为:
数据库→Teach→安全性→用户。右键单击 User1,在弹出的快捷菜单中选择"属性"选项。

(2)在弹出的"数据库用户"窗口中,选择"选择页"中的"安全对象"选项,单击"搜索"按钮,
弹出"添加对象"对话框,如图 5-30 所示。默认选择"特定对象"后,再次弹出"选择对象"对话
框,如图 5-31 所示,点击"对象类型"按钮。

(3)在弹出"选择对象类型"对话框中,依次选择需要添加权限的对象类型前的复选框,如
选择"表"对象,如图 5-32 所示。

(4)单击"确定",回到"选择对象"对话框,可以看到对象类型已经被选择为"表",如图 5-
33 所示,单击"浏览"按钮。

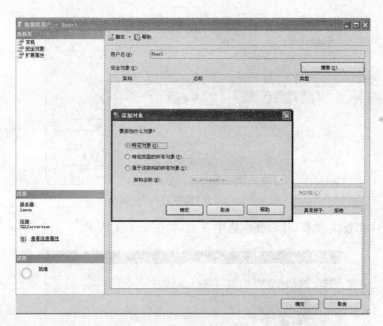

图 5-30 "添加对象"对话框

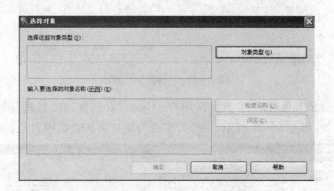

图 5-31 "选择对象"对话框

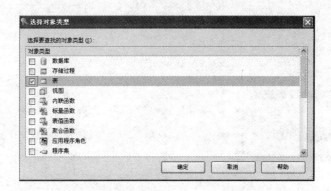

图 5-32 "选择对象类型"对话框

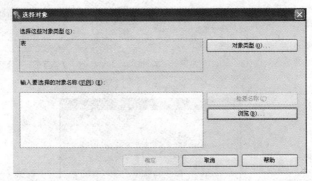

图 5-33　回到"选择对象"对话框

(5)在弹出的"查找对象"对话框中选中 S 表,如图 5-34 所示。

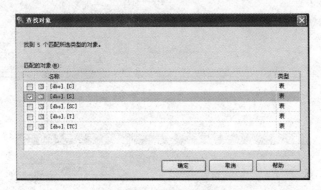

图 5-34　"查找"对话框

(6)逐层单击"确定",最后回到"数据库用户-User1"对话框,在"显式"标签下,选择"删除",并在"授予"列上打勾,如图 5-35 所示。此时,完成为用户添加数据库对象权限的所有操作。

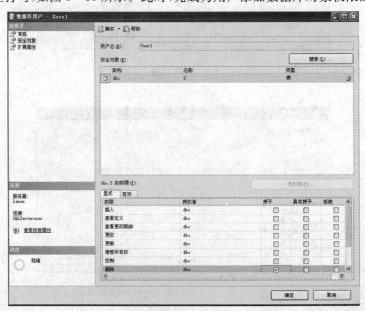

图 5-35　"删除"权限授予对话框

➤ 5.1.3　视图机制

进行存取控制,不仅可以通过授权与收回权力来实现,还可以通过定义用户的外模式来提供一定的安全保护功能。在关系数据库系统中,就是为不同的用户定义不同的视图,通过视图机制把要保密的数据对无权存取这些数据的用户隐藏起来,从而自动地对数据提供一定程度的安全保护。比如,在某企业的信息管理系统中,为了限制财务部门的人员只能查询和维护本部门的数据,就可以创建一个只包含该部门信息的视图。这样,财务部门的人员通过该视图访问数据库时,始终只能看到自己所在部门的相关数据,读者可以回顾一下在之前章节中介绍的用 CREATE VIEW 命令创建视图的方法。当然,视图机制最主要的功能是保证应用程序的数据独立性,其安全保护功能不太精细,远不能达到实际应用的要求。在一个实际的数据库应用系统中,通常是视图机制与授权机制配合使用,首先用视图机制屏蔽掉一些保密数据,然后在视图上面再进一步定义其存取权限。

➤ 5.1.4　跟踪审查

上面所介绍的数据库安全性保护措施都是正面的预防性措施,它防止非法用户进入DBMS 并从数据库系统中窃取或破坏保密的数据。但实际上任何系统的安全性措施都不可能是十分完美的,蓄意破坏数据的人总会设法打破控制。所以,当数据相当敏感,或者对数据的处理极为重要时,就必须以跟踪审查技术作为预防手段,监测可能发生的不法行为。

跟踪审查使用的是一个专用文件,即审计日志,系统将会自动记录用户对数据库的所有操作,利用跟踪审查的信息,就能重现导致数据库现有状况的一系列事件,以找出非法存取数据的人、事件和内容。

跟踪审查记录一般包括下列内容:①操作类型(如修改、查询等)。②操作终端标识与操作者标识。③操作日期和时间。④操作所涉及的数据。⑤数据的前像和后像,即操作前的数据值和操作后的数据值。

在 SQL Server 2008 就提供了 SQL Server Audit(服务器审核)的跟踪审查功能(仅企业版支持 SQL Server Audit)。用户可以通过 SQL server management studio 工具创建和监控审计日志,而且审核的级别也非常精细,甚至可以捕获单个用户的 SELECT、INSERT、UP-DATE、DELETE、REFERENCES 和 EXECUTE 语句。另外,也可通过 Transact－SQL 语句CREATE SERVER AUDIT 和 CREATE SERVER AUDIT SPECIFICATION 以及相关的ALTER 和 DROP 语句来实现完全脚本化的跟踪审查创建和撤销功能。

由于跟踪审查比较耗费时间和空间,所以该功能在 SQL Server 2008 中作为可选特性,数据库管理员可以根据需求灵活打开或者关闭该功能。跟踪审查一般用于安全性要求较高的场景。

➤ 5.1.5　数据加密存储

除以上安全性措施外,将数据进行加密存储和传输是 DBMS 提供的另一种数据安全性保护措施。对于高度敏感性数据,如财务数据、军事数据、国家安全数据,可以采用数据加密技术,以密码的形式传输和存储。这样,即使非法用户通过不正当途径获得数据,如利用系统的安全漏洞或在网络传输线路上窃取数据,但由于不知道解密算法,通常只能看到一些无法辨认的二进制代码而不知道数据的真实内容,从而达到保护数据的目的。而当合法用户使用数据时,看到的是由系统提供的解密算法还原后的可识别的正常数据,即原文。

加密有两种方法,一种是替换方法,该方法使用密钥(encryption key)将明文中的每一个字符转换为密文中的字符。另一种是转换方法,该方法将明文中的字符按不同的顺序重新排列,比如数据加密标准(data encryption standard, DES)。

目前不少数据库产品提供了数据加密例行程序,用户可根据要求进行加密处理,还有一些未提供加密程序的产品也提供了相应的接口,允许用户用其它厂商的加密程序对数据加密。由于数据的加密与解密是比较费时的操作,而且数据加密与解密程序会占用大量系统资源,因此数据加密功能通常只作为可选特征,允许用户自由选择使用,一般只对高度机密的数据加密。

5.2 数据库的完整性控制

数据库的完整性是指保证数据库数据的正确性和相容性,防止错误的数据进入数据库。

数据库是否具备完整性关系到数据库系统能否真实地反映现实世界,因此维护数据库的完整性是非常重要的。

数据库的完整性和安全性是数据库保护的两个不同的方面。数据库的安全性是指保护数据库以防止非法使用所造成数据的泄露,更改或破坏。数据库的完整性是指防止合法用户使用数据库时向数据库中加入不符合语义的数据。换句话说,安全性措施的防范对象是非法用户和非法操作,而完整性措施的防范对象是合法用户的不合理操作。当然,完整性和安全性是密切相关的。安全性可以用用户对数据库的操作权限来表示,完整性可以用完整性约束来表示。为了维护数据库的完整性,DBMS必须提供一种机制来检查数据中的数据,看其是否满足语义规定的条件,这些语义约束条件称为数据库完整性约束条件。

5.2.1 完整性约束条件

完整性控制都是围绕完整性约束条件进行的,从这个角度说,完整性约束条件是完整性控制机制的核心。

完整性约束条件作用的对象可以是关系、元组、列三种。其中列约束主要是列的类型、取值范围、精度、排序等约束条件。元组的约束是元组中各个属性间的联系的约束。关系的约束是若干元组间、关系集合上以及关系之间的联系的约束。

完整性约束条件设计的这三类对象,其状态可以是静态的,也可以是动态的。其中对静态对象的约束是反映数据库状态合理性的约束,这是最重要的一类完整性约束。对动态对象的约束是反映数据库状态变迁的约束。完整性约束条件可以分为以下六类。

1. 静态列级约束

(1)对数据类型的约束:比如对数据的类型、长度、单位和精度等。例如,Teach数据库中学生表中学生姓名的数据类型为CHAR,长度为8。

(2)对数据格式的约束:比如要求职工编号中前四位为进入公司的年份。

(3)对取值范围或取值集合的约束。

(4)对空值的约束。

(5)其它约束:如组合列等。

2. 静态元组约束

一个元组是由若干个列值组成的,静态元组约束就是规定组成一个元组的各个列之间的约束关系。比如订货关系中包含发货量、订货量等列,规定发货量不得超过订货量。

3. 静态关系约束

在一个关系的各个元组之间或者若干关系之间常常存在各种联系或约束。常见的静态关系约束有以下几种:

(1)实体完整性约束;

(2)参照完整性约束;

(3)函数依赖约束;

(4)统计约束:即字段值与关系中多个元组的统计值之间的约束关系。例如,规定教授的工资不得低于教师平均工资的 1.5 倍。

4. 动态列级约束

动态列级约束是修改列定义或列值时要满足的约束条件,包括以下两方面。

(1)修改列定义时的约束:比如将教师年龄的范围由原来的 0 至 65 岁之间改为 0 至 60 岁之间,如果之前已经存在 60 到 65 岁之间年龄的教师信息,则拒绝本次修改。

(2)修改列值时的约束:修改列值有时需要参照其旧值,并且新旧值之间需要满足某种约束条件。比如,学生年龄只能增长等。

5. 动态元组约束

动态元组约束是指修改元组的值时,元组中各个字段间需要满足某种约束条件。比如,职工工资调整时,新工资不得低于"原工资+工龄×2"等。

6. 动态关系约束

动态关系约束是加在关系变化前后状态上的限制条件,比如事务一致性、原子性等约束条件。

▷ 5.2.2 完整性控制

完整性约束条件可能非常简单,也可能极为复杂。DBMS 如何定义、检查并保证这些约束条件得到满足,就是本节要讨论的完整性控制问题。一个完善的完整性控制机制应该允许用户定义所有这六类完整性约束条件,且应具有以下三个方面的功能:①定义功能。为用户提供定义完整性约束条件的命令或工具。②检查功能。能够自动检查用户发出的操作请求是否违背了完整性约束条件。③保护功能。当发现用户的操作请求使数据违背了完整性约束条件时,能够自动采取一定的措施确保数据的完整性不遭破坏。

在之前提到的完整性约束条件中,实体完整性和参照完整性是最重要的两个约束,因此,关系数据库管理系统都应该自动支持并控制管理这两个完整性约束,而把其他的完整性约束条件原则上都归入用户定义的完整性之中。

对于违反实体完整性和用户定义的完整性的操作一般都采用拒绝执行的方式进行处理。而对于违反参照完整性的操作,并不都是简单地拒绝执行,有时还需要采取另外一种方法,即接受这个操作,同时执行一些附加的操作,以保证数据库的状态仍然是正确的。由于实体完整性的定义和控制比较容易实现,因此下面主要讨论实现参照完整性需要考虑的几个问题。

1. 外键的空值问题

根据实际情况的不同,一个关系的外键有时可以取空值,有时又不能取空值,这是数据库设计人员必须考虑的外键空值问题。下面通过两个例子来说明这个问题该如何解决。

【例 5-1】设有两个关系,其关系模式为:

学生(学号,姓名,性别,年龄,系名)

系别(系名,系主任)

其中,系别关系的主键为系名,学生关系的主键为学号,外键为系名,因此系别关系为被参照关系或目标关系,学生关系为参照关系。

在学生关系中,当某一个元组的系名列值为空值,表示这个学生尚未分配到任何具体的系里学习。这和实际语义是相符的,因此,学生关系的外键系名列是可以为空值的。

【例 5-2】在数据库 Teach 中有学生关系和选课关系,学生关系为被参照关系,其主键为学号。选课关系为参照关系,外键为学号。若选课关系的外键学号为空值,则表明尚不存在的某个学生,或者某个不知学号的学生,选修了某门课程,其成绩记录在成绩这一列中。这显然与学校的实际管理是不相符的,因此选课关系的外键学号列值不能取空值。

由此可知,在实现参照完整性时,DBMS 除了应该提供定义外键的机制以外,还应提供定义外键列值是否允许为空值的机制。

2. 被参照关系中删除元组的问题

当用户将被参照关系中的一个元组删除,如何处理参照关系中对应的元组,即是否将参照关系中对应的元组也一起删除,简称为被参照关系中元组的删除问题。下面通过例子来说明。

【例 5-3】如要删除系别关系中“系别＝‘信息管理’”的元组,而学生关系中又有元组的系别为“信息管理”。一般地,当删除被参照关系中的某个元组,而参照关系存在若干元组,其外键值与被参照关系删除元组的主键值相同时,这时可有三种不同的处理策略。

(1)级联删除(cascades)。这种策略就是将参照关系中外键值与被参照关系中将要删除元组的主键值相同的所有元组一起删除。例如,在删除系别关系中“系名＝‘信息管理’”的元组的同时,也将学生关系中对应系名为“信息管理”的元组一起删除。如果参照关系同时又是另一个关系的被参照关系,则这种删除操作会继续级联下去。

(2)受限删除(restricted)。这种策略就是仅当参照关系中没有任何元组的外键值与被参照关系中要删除元组的主键值相同时,系统才执行删除操作,否则拒绝此删除操作。

对于前面的情况,由于参照关系学生中有元组的系名为“信息管理”,因此系统将拒绝删除被参照关系系别中系名为“信息管理”的元组。

(3)置空值删除(nullifies)。这种策略就是在删除被参照关系中的元组时,将参照关系中相应元组的外键值置空。例如,在删除系别关系中系名为“信息管理”的元组的同时,将参照关系学生中所有系名为“信息管理”的元组的系名值置为空值。

在这三种处理策略中,哪一种策略是最佳的呢? 一般要根据应用环境的语义来确定,不能一概而论。比如,在【例 5-1】的学生关系与系别关系之间,一般考虑选择第二种或第三种策略比较合适;而在【例 5-2】的学生关系和选课关系中,则只能考虑第一种或者第二种策略,因为学号在选课关系中是主键属性,不能取空值,故这里不能选择第三种策略。

3. 在参照关系中插入元组的问题

【例 5 - 4】假如向参照关系选课中插入元组('S9','C3',90),而被参照关系学生中尚没有学号为"S9"的学生,系统该如何处理这样的插入操作呢?一般地,当在参照关系插入某个元组,而被参照关系不存在相应的元组,这时可有以下两种策略:

(1)受限插入。这种策略就是仅当被参照关系中存在相应的元组,其主键值与参照关系刚插入元组的外键值相同时,系统才执行插入操作,否则拒绝此操作。例如,对于上面的情况,由于被参照关系学生中尚没有学号为"S9"的学生,系统将拒绝向参照关系选课中插入元组('S9','C3',90)。

(2)递归插入。这种策略首先向被参照关系中插入一个相应的元组,其主键值等于参照关系中将要插入元组的外键值,然后再向参照关系插入元组。例如,对于上面的情况,系统将首先向被参照关系学生中插入一个学号为"S9"的元组(该元组的其他属性取缺省值或空值),然后再向参照关系选课中插入元组('S9','C3',90)。

4. 元组中主键值的修改问题

当用户欲修改关系中某个元组的主键值时,由于可能存在参照与被参照的问题,系统如何处理就是因主键修改而产生问题。这个问题一般有以下两种处理策略:

(1)不允许修改主键值。即不允许用户修改关系中任何元组的主键值。例如,不能用 UP-DATE 语句将学号"S2"改为"S9"。如果需要修改某个元组的主键值,必须先删除该元组,然后再把具有新主键值的元组插入到关系中。

(2)允许修改主键值。即允许用户修改关系中元组的主键值,但必须保证主键值的唯一性和非空,否则拒绝修改。当修改的关系是被参照关系时,还必须检查参照关系是否存在这样的元组,其外键值等于被参照关系要修改的主键值。例如,要将系别关系中系名为"信息管理"的系名值改为"计算机",而参照关系学生中有元组的系名为"信息管理",这时与前面在被参照关系中删除元组的情况类似,可以有以下三种策略的选择。

① 级联修改。在将系别关系中"信息管理"改为"计算机"的同时,将学生表中元组的"信息管理"也改为"计算机"。

② 受限修改。只有当学生表中不存在"信息管理"的元组时,才允许将系别关系中"信息管理"改为"计算机",否则拒绝修改。

③ 置空值修改。在将系别关系中"信息管理"改为"计算机"的同时,将学生表中"信息管理"元组的系别值全部置为空值 NULL。

当修改的关系是参照关系时,还必须检查被参照关系,是否存在这样的元组,其主键值等于参照关系要修改的外键值。例如,要把参照关系选课中('S1','C2',90)元组修改为('S9','C2',90),而学生关系中尚没有学号为"S9"的学生,这时与前面在参照关系中插入元组时情况类似,可以有受限修改和递归修改等两种策略的选择。

从上面的讨论可以看到,DBMS 在实现参照完整性时,除了要提供定义主键、外键的机制外,还需要提供不同的删除、插入和修改策略供用户选择。至于用户选择哪种策略,一般要根据应用环境的实际需求来确定。

5．用 SQL Server Management Studio 实现完整性控制

SQL Sever 2008 中，当在学生表中删除学号为"S1"同学的基本信息时，通过采用级联删除，删除该同学在选课表中的记录。具体步骤如下：

(1)设置学生表和选课表中的主键和外键(具体步骤在第 3 章中有详细说明，在此不再赘述)。

(2)在弹出的"外键关系"对话框中，展开该对话框下的"INSERT 和 UPDATE 规范"选项，在子选项"删除规则"中选择"级联"，如图 5-36 所示，单击"关闭"。

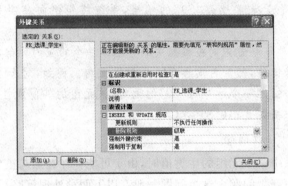

图 5-36　设定"级联删除"功能

(3)单击"保存"按钮，系统会弹出"保存"对话框，提示该操作会影响到学生和选课两张表，如图 5-37 所示。此时，完成了级联删除功能的设定，接下来可以验证一下该功能。

(4)打开学生表中的数据，并删除学号为"S1"同学的基本信息，这时我们再打开选课表中的内容，发现所有关于学号为"S1"同学的相关信息都被删除了，如图 5-38 所示。该操作验证了之前级联删除功能设置的正确性。

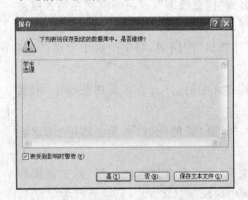

图 5-37　保存相应的配置修改　　　　图 5-38　选课表中 S1 同学的选课信息被自动删除

▶ 5.2.3　触发器

触发器(triggers)是目前 DBMS 中应用较为广泛的一种数据库完整性保护措施，它是建立在某个表上的一系列 SQL 语句的集合，并经预先编译后存储在数据库中。如果在某个关系上创建了触发器，则当用户对该关系进行插入、更新或删除等操作时，触发器就会自动被激活并执行。因此,人们又把触发器称为主动完整性约束机制。一般来说,在完整性约束功能中,当系统检查数据中有违反完整性约束条件时,仅给用户必要的提示信息,而触发器除了提示之外,它还会引起系统内部自动进行某些操作,以消除违反完整性约束条件所引起的负面影响。触发器除了有完整性保护以外,还兼具安全保护的功能。在 SQL Server 2008 中如何创建触发器,将在后续章节中详细介绍。

5.3 并发控制与封锁

▷ 5.3.1 数据库并发性的含义

数据库是一个可以供多个用户共享的信息资源。各个用户程序如果一个一个地串行执行,即每个时刻只有一个用户程序运行,执行数据库的存取操作,而其他用户闲置等待。这样导致了许多系统资源在大部分时间内处于闲置状态。为了充分利用资源,应该允许各个用户并行地存取数据。这样就会产生多个用户程序并发存取同一个数据的情况,若不加以控制则会导致存取不正确的数据,进而破坏数据的完整性。并发控制就是解决这类问题,以保持数据库中数据的一致性,即在任何一个时刻数据库都将以相同的形式给用户提供数据。

▷ 5.3.2 事务

1. 事务的定义

DBMS 的并发控制是以事务为基本单位进行的。那么到底什么是事务呢?

事务是数据库的基本逻辑工作单位,它包括用户定义的一系列操作,这些操作要么全做要么全不做,是一个不可分割的基本单位。一个事务可以是一条 SQL 语句、一组 SQL 语句或一段程序。事务和程序是两个概念,一般地,一个程序中包含多个事务。事务的开始与结束可以由用户显式控制。如果用户没有显式地定义事务,则由 DBMS 按照缺省规定自动划分事务。在 SQL 中,定义事务的语句有以下三条:

BEGIN TRANSACTION

COMMIT

ROLLBACK

通常,事务以 BEGIN TRANSACTION 开始,以 COMMIT 或者 ROLLBACK 结束。COMMIT 表示事务的提交,即提交事务的所有操作,事务提交是将事务中所有对数据的更新写回到磁盘上的物理数据库中,事务正常结束;ROLLBACK 表示事务的回滚,即事务在运行过程中发生某种故障,事务无法继续执行下去,回滚到执行事务前的状态。

2. 事务的特征

事务是由有限的数据库操作序列组成,但并不是任意的数据库操作序列都能成为事务,为了保护数据的完整性,一般要求事务具有以下四个特征。

(1)原子性(atomicity)。一个事务是一个不可分割的工作单位,事务在执行时,应该遵守"要么不做,要么全做"(nothing or aLL)的原则,即不允许完成部分的事务。即使因为故障而使事务未能完成,它执行过的部分也要被取消。

　　(2)一致性(consistency)。事务对数据库的作用是数据库从一个一致状态转变到另一个一致状态。所谓数据库的一致状态是指数据库中的数据满足完整性约束。例如,在银行中,"从账号 A 转移资金额 R 到账号 B"是一个典型的事务,这个事务包括两个操作,从账号 A 中减去资金额 R 和在账号 B 中增加资金额 R,如果只执行其中一个操作,则数据库处于不一致状态,账务会出现问题。也就是说,两个操作要么全做,要么全不做,否则就不能成为事务。可见事务的一致性与原子性是密切相关的。

　　(3)隔离性(isolation)。原子性和一致性只能保证单个事务夭折或成功完成时数据库的正确状态。当多个事务并发执行时,因其互相干扰可能会导致数据库的最终状态是不正确的。因此 DBMS 必须对它们的执行给予一定的控制,使若干并发执行的结果等价于它们一个接一个地串行执行的结果。

　　(4)持久性(durability)。持久性指一个事务一旦提交,它的影响将永久性地产生在系统中,也就是说其修改操作写到了数据库中。这种特性也称为永久性。

　　事务上述四个性质的英文术语的第一个字母为 A,C,I 和 D,因此,这四个性质又称为事务的 ACID 准则。下面通过一个事务的例子来说明该原则。

　　【例 5 - 5】设银行数据库有两个账户 A 和 B,现在 A 账户要向 B 账户转账 m 元钱。

　　这个操作看上去很简单,但是在实际的处理中,却是比较复杂的,要求从 A 账户中减去 m 元钱,在 B 账户中增加 m 元钱。银行的业务规则要求这两个操作要么全做,要么全不做。因此这两个账户间资金转换的事务可以处理如下:

```
BEGIN TRANSACTION
    UPDATE 支付表 SET 账户余额 = 账户余额－m WHERE 账户名＝'A';
            /＊ A 账户减少 m 元钱 ＊/
SELECT 账户余额 INTO ：Balance FROM 支付表 WHERE 账户名＝'A';
            /＊取出 A 账户的余额,放到变量 Balance 中 ＊/
IF Balance ＜ 0 THEN
        打印'余额不足,转账失败!';
        ROLLBACK;/＊ 撤销对 A 账户的减少 m 元钱操作,事务非正常结束 ＊/
    ELSE
{
    UPDATE 支付表 SET 账户余额 = 账户余额 ＋ m WHERE 账户名＝'B';
            /＊ B 账户增加 m 元钱 ＊/
    打印'转账成功!';
    COMMIT;        /＊ 事务正常结束 ＊/
}
```

　　这个例子说明事务是具有一个开始,两种结束方式的一种控制结构。COMMIT 是事务正常结束,表示事务的所有更新操作都完成了。ROLLBACK 是事务非正常结束,表示撤销所有的已经做过的更新操作,达到全不做的效果,使数据库处于一致性状态。

➤ 5.3.3　并发控制

　　当同一数据库系统中有多个事务并发运行时,如果不加以适当控制,可能产生数据的不一致性。

【例 5-6】并发取款操作。假设存款余额 R＝1500 元,甲事务 T1 取走存款 200 元,乙事务 T2 取走存款 400 元,如果正常操作,即甲事务 T1 执行完毕再执行乙事务 T2,存款余额更新后应该是 900 元。但是如果按照如下顺序操作,则会有不同的结果:

(1)甲事务 T1 读取存款余额 R＝1500 元;

(2)乙事务 T2 读取存款余额 R＝1500 元;

(3)甲事务 T1 取走存款 100 元,修改存款余额 R＝R－200＝1300,把 R＝1300 写回到数据库;

(4)乙事务 T2 取走存款 200 元,修改存款余额 R＝R－400＝1100,把 R＝1100 写回到数据库。

结果两个事务共取走存款 600 元,而数据库中的存款却只少了 400 元。

上述例子中得到这种错误的结果是由甲乙两个事务并发操作引起的,数据库的并发操作导致的数据库不一致性主要有以下三种。

1. 丢失更新（lost update）

当两个事务 T1 和 T2 读入同一数据,并发执行修改操作时,T2 把 T1 或 T1 把 T2 的修改结果覆盖掉,造成了数据的丢失更新问题,导致数据的不一致。

仍以【例 5-6】中的操作为例进行分析。在表 5-2 中,数据库中 R 的初值是 1500,事务 T1 包含三个操作:读入 R 初值（FIND R）;计算存款余额（R＝R－100）;更新 R（UPDATE R）。事务 T2 也包含三个操作:FIND R;计算（R＝R－200）;UPDATE R。如果事务 T1 和 T2 顺序执行,则更新后,R 的值是 900。但如果 T1 和 T2 按照表 5-2 所示的并发执行,R 的值是 1100,则得到错误的结果,原因在于在 t7 时刻丢失了 T1 对数据库的更新操作。因此,这个并发操作不正确。

表 5-2　丢失更新问题

时　间	事务 T1	数据库中 R 的值	事务 T2
t0		1500	
t1	FIND R		
t2			FIND R
t3	R＝R－200		
t4			R＝R－400
t5	UPDATE R		
t6		1300	UPDATE R
t7		1100	

2. 污读（dirty read）

事务 T1 更新了数据 R,事务 T2 读取了更新后的数据 R,事务 T1 由于某种原因被撤销,修改无效,数据 R 恢复原值,事务 T2 得到的数据与数据库的内容不一致,这种情况称为"污读"。在表5－3中,事务T1把R的值改为1300,但此时尚未做COMMIT操作,事务T2将修改过的值1300读出来,之后事务T1执行ROLLBACK操作,R的值恢复为1000,而事务T2仍在使用已被撤销的R值1300。原因在于,在t4时刻事务T2读取了T1未提交的更新操作结果,这种值是不稳定的,在事务T1结束前随时可能执行ROLLBACK操作。对于这些未提交随后又被撤销的更新数据称为"脏数据"。例如,这里事务T2在t2时刻读取的就是"脏数据"。

表5－3 污读问题

时 间	事务 T$_1$	数据库中R的值	事务 T$_2$
t0		1500	
t1	FIND R		
t2	R＝R－200		
t3	UPDATE R		
t4		1300	FIND R
t5	ROLLBACK		
t6		1500	

3. 不可重读（unrepeatable read）

事务T1读取了数据R,事务T2读取并更新了数据R,当事务T1再读取数据R以进行核对时,得到的两次读取值不一致,这种情况称为"不可重读"。

在表5－4中,在t1时刻,事务T1读取R的值为1500,但事务T2在t4时刻将R的值更新为1100。所以T1所使用的值已经与开始读取的值不一致了。

表5－4 不可重读问题

时间	事务 T1	数据库中R的值	事务 T2
t0		1500	
t1	FIND R		
t2			FIND R
t3			R＝R－400
t4			UPDATE R
t5		1100	

产生上述三类数据不一致性的主要原因就是并发操作破坏了事务的隔离性。并发控制就是要求DBMS提供并发控制功能,以正确的方式管理并发事务,避免并发事务之间的相互干扰造成数据的不一致性,从而保证数据库的完整性。

▷5.3.4 封锁

封锁是指事务对它要操作的数据对象有一定的控制能力,是并发控制的重要手段。为了达到封锁的目的,在使用时事务应该选择合适的锁,并且要遵从一定的封锁协议。

1. 封锁类型（lock type）

（1）排它型封锁（exclusive lock）。排它型封锁又称写锁,简称为 X 锁,用于修改数据时使用,它采用的原理是禁止并发操作。如果事务 T 对数据对象 R 加了 X 锁,则其它事务就不能再对 R 加任何类型的锁,直至事务 T 释放 R 上的 X 锁为止。这样,加了 X 锁的数据对象 R,其他事务不能读取也不能修改。排它锁是独占的。

（2）共享封锁（share lock）。共享封锁又称读锁,简称为 S 锁,它采用的原理是允许其他用户对同一数据对象进行查询,但不能对该数据对象进行修改。当事务 T 对某个数据对象 R 实现 S 封锁后,其他事务只能对 R 加 S 锁,而不能加 X 锁,直到 T 释放 R 上的 S 锁。这就保证了其他事务在 T 释放 R 上的 S 锁之前,只能读取 R,而不能再对 R 作任何修改。

2. 封锁协议（lock protocol）

封锁的目的是能够正确地调度并发操作。为此,在运用 X 锁和 S 锁这两种基本封锁对数据对象加锁时,还需要约定一些规则,例如何时加锁、持续时间、何时释放等,一般称这些规则为封锁协议。上面讲述过的并发操作所带来的丢失更新、污读和不可重读等数据不一致性问题,可以通过三级封锁协议在不同程度上给予解决,下面介绍三级封锁协议。

（1）一级封锁协议。它是指事务在修改数据之前必须先对其加 X 锁,直到事务结束才释放。该封锁协议规定事务在更新记录 R 时必须获得排它性封锁,使得两个同时要求更新 R 的并行事务之一必须在一个事务更新操作执行完成之后才能获得 X 封锁,这样就避免了两个事务读到同一个 R 值而先后更新时所发生的丢失更新问题。

利用一级封锁协议可以解决表 5-2 中的数据丢失更新问题,如表 5-5 所示。事务 T1 先对 R 进行 X 封锁（XLOCK）,事务 T2 执行"XLOCK R"操作,未获准"X 封锁",则进入等待状态,直到事务 T1 更新 R 值以后,释放 X 锁（UNLOCK X）。此后事务 T2 再执行"XLOCK R"操作,获准"X 封锁",并对 R 值进行更新(此时 R 已是事务 T1 更新过的值,R＝900)。这样就能得出正确的结果。

表 5-5　无丢失更新问题

时间	事务 T1	数据库中 R 的值	事务 T2
t0	XLOCK R	1500	
t1	FIND R		
t2			XLOCK R
t3	R＝R－200		WAIT
t4	UPDATE R		WAIT
t5	UNLOCKX	1300	WAIT
t6			XLOCK R
t7			R＝R－400
t8			UPDATE R
t9		900	UNLOCK X

一级封锁协议只有修改数据时才进行加锁,如果只是读取数据则并不加锁,所以它不能防止"污读"和"不可重读"数据。

(2)二级封锁协议。它是指在一级封锁协议的基础上,当事务在读取数据之前必须先对其加 S 锁,读完后即可释放 S 锁。二级封锁协议还可以进一步防止"污读"。

利用二级封锁协议可以解决表 5-3 中的数据"污读"问题,如表 5-6 所示。事务 T1 先对 R 进行 X 封锁(XLOCK),把 R 的值改为 1300,但尚未提交。这时事务 T2 请求对数据 R 加 S 锁,因为 T1 已对 R 加了 X 锁,T2 只能等待,直到事务 T1 释放 X 锁。之后事务 T1 因某种原因被撤销,数据 R 恢复原值 1500,并释放 R 上的 X 锁。事务 T2 可对数据 R 加 S 锁,读取 R=1500,得到了正确的结果,从而避免了事务 T2 读取"脏数据"。

表 5-6　无污读问题

时间	事务 T1	数据库中 R 的值	事务 T2
t0	XLOCK R	1500	
t1	FIND R		
t2	R=R-200		
t3	UPDATE R		
t4		1300	SLOCK R
t5	ROLLBACK		WAIT
t6	UNLOCK R	1500	SLOCK R
t7			FIND R
t8			UNLOCKS

二级封锁协议在读取数据之后,立即释放 S 锁,所以它仍然不能防止"重读"数据。

(3)三级封锁协议。三级封锁协议是指在一级封锁协议的基础上,另外加上事务 T 在读取数据 R 之前必须先对其加 S 锁,读完后并不释放 S 锁,而直到事务 T 结束才释放。所以三级封锁协议除了可以防止更新丢失问题和"污读"数据外,还可进一步防止"不可重读"数据,彻底解决了并发操作所带来的三个不一致性问题。

利用三级封锁协议可以解决表 5-4 中的不可重读问题,如表 5-7 所示。在表 5-7 中,事务 T1 读取 R 的值之前先对其加 S 锁,这样其他事务只能对 R 加 S 锁,而不能加 X 锁,即其他事务只能读取 R,而不能对 R 进行修改。所以当事务 T2 在 t3 时刻申请对 R 加 X 锁时被拒绝,使其无法执行修改操作,只能等待事务 T1 释放 R 上的 S 锁,这时事务 T1 再读取数据 R 进行核对时,得到的值仍是 1500,与开始所读取的数据是一致的,即可重读。在事务 T1 释放 S 锁后,事务 T2 可以对 R 加 X 锁,进行更新操作,这样便保证了数据的一致性。

表 5-7　可重读问题

时间	事务 T1	数据库中 R 的值	事务 T2
t0		1500	
t1	SLOCK R		
t2	FIND R		

时间	事务 T1	数据库中 R 的值	事务 T2
t3			XLOCK R
t4	COMMIT		WAIT
t5	UNLOCK S		WAIT
t6			XLOCK R
t7			FIND R
t8			R=R-200
t9			UPDATE R
t10			UNLOCK X

3. 封锁粒度（lock granularity）

封锁粒度是指封锁对象的大小。封锁对象可以是逻辑单元,也可以是物理单元。封锁的粒度越大,系统中能够被封锁的对象就越少,并发度也就越低,系统开销也越小;相反,封锁的粒度越小,系统中能够被封锁的对象就越多,并发度就越高,系统开销也越大。因此,在实际应用中,选择封锁粒度时应同时考虑封锁机构和并发度两个因素,对系统开销与并发度进行权衡,以求得最优的效果。

4. 死锁和活锁

封锁技术可有效解决并行操作的一致性问题,但也可产生新的问题,即活锁和死锁问题。

（1）活锁（livelock）。当某个事务请求对某一数据进行排它性封锁时,由于其他事务对该数据的操作而使这个事务处于永久等待状态,这种状态称为活锁。

例如,事务 T1 在对数据 R 封锁后,事务 T2 又请求封锁 R,于是 T2 等待。T3 也请求封锁 R。当 T1 释放了 R 上的封锁后首先批准了 T3 的请求,T2 继续等待。然后又有 T4 请求封锁 R,T3 释放了 R 上的封锁后又批准了 T4 的请求,……,T2 可能永远处于等待状态,从而发生了活锁。如表 5-8 所示。

表 5-8 活锁

时间	事务 T1	事务 T2	事务 T3	事务 T4
t0	LOCK R			
t1		LOCK R		
t2		WAIT	LOCK R	
t3	UNLOCK	WAIT	WAIT	LOCK R
t4		WAIT	LOCK R	WAIT
t5		WAIT		WAIT
t6		WAIT	UNLOCK	WAIT
t7		WAIT		LOCK R
t8		WAIT		

解决活锁的方法就是采用先来先服务的策略。当有多个请求封锁同一个数据对象 R 时，系统按照申请数据对象 R 的先后顺序排队，数据 R 上的锁一旦释放就允许申请队列中第一个事务封锁 R，释放封锁后将其从队列中删除。

（2）死锁（deadlock）。在同时处于等待状态的两个或多个事务中，其中的每一个在它能够进行之前，都等待着某个数据，而这个数据已被它们中的某个事务所封锁，这种状态称为死锁。

例如，事务 T1 在对数据 R1 封锁后，又要求对数据 R2 封锁，而事务 T2 已获得对数据 R 的封锁，又要求对数据 R1 封锁，这样两个事务由于都不能得到封锁而处于等待状态，发生了死锁。如表 5-9 所示。

表 5-9　死锁

时间	事务 T1	事务 T2
t0	LOCK R1	
t1		LOCK R2
t2		
t3	LOCK R2	
t4	WAIT	
t5	WAIT	LOCK R1
t6	WAIT	WAIT
t7	WAIT	WAIT

①死锁的预防。死锁一旦发生，系统效率将会大大下降，因而要尽量避免死锁的发生。在操作系统的多道程序运行中，由于多个进程的并行执行需要分别占用不同资源，所以也会发生死锁。要想预防死锁的产生，就得改变形成死锁的条件。同操作系统预防死锁的方法类似，在数据库环境下，预防死锁常用的方法有以下两种。

A. 一次加锁法。一次加锁法是每个事物必须将所有要使用的数据对象全部依次加锁，并要求加锁成功，只要一个加锁不成功，表示本次加锁失败，则应该立即释放所有加锁成功的数据对象，然后重新开始加锁。

如表 5-9 发生死锁的例子，可以通过一次加锁法加以预防。事务 T1 启动后，立即对数据 R1 和 R2 依次加锁，加锁成功后，执行 T1，而事务 T2 等待。直到 T1 执行完后释放 R1 和 R2 上的锁，T2 继续执行，这样就不会发生死锁。

一次加锁法虽然可以有效地预防死锁的发生，但也存在一些问题。首先，对某一事务所要使用的全部数据一次性加锁，扩大了封锁的范围，从而降低了系统的并发度。其次，数据库中的数据是不断变化的，原来不要求封锁的数据，在执行过程中可能会变成封锁对象，所以很难事先精确地确定每个事务所要封锁的数据对象，这样只能在开始扩大封锁范围，将可能要封锁的数据全部加锁，这就进一步降低了并发度，影响了系统的运行效率。

B. 顺序加锁法。顺序加锁法是预先对所有可加锁的数据对象规定一个加锁顺序，每个事务都需要按此顺序加锁，在释放时，按逆序进行。

例如，对于表 5-9 发生的死锁，我们可以规定封锁顺序为 R1、R2，事务 T1 和 T2 都需要按此顺序加锁。T1 先封锁 R1,再封锁 R2。当 T2 再请求封锁 R1 时,因为 T1 已经对 R1 加锁,T2 只能等待。待 T1 释放 R1 后,T2 再封锁 R1,则不会发生死锁。

顺序封锁法也能够有效地防止死锁的发生,但是维护数据对象的封锁顺序是很麻烦的事情。因为数据库中的数据是不断动态变化的,而且事务的封锁请求可以随着事务的执行而动态地决定,有时很难按照既定的顺序进行封锁。由此可见,在操作系统中普遍采用的死锁预防策略并不是很适合数据库系统的特点,因此,DBMS 解决死锁问题普遍采用的是死锁诊断与解除的方法。

②死锁的诊断与解除。数据库系统中诊断死锁的方法与操作系统类似,可以利用事务信赖图的形式来测试系统中是否存在死锁。例如事务 T1 需要数据 R,但 R 已经被事务 T2 封锁,那么从 T1 到 T2 画一个箭头。如果在事务依赖图中沿着箭头方向存在一个循环,那么死锁的条件就形成了,系统就会出现死锁。

一旦出现死锁就要设法解除,通常选择处理代价最小的事务,将其回滚,释放所有它持有的封锁,使其他事务能继续执行下去。

5. 用 SQL Server Management Studio 实现锁机制

在 SQL Server 2008 中实现锁机制,我们可以在 Teach 数据库中模拟对查询与调动系别事务进行并发控制的过程,说明数据库管理系统如何解决在并发事务中所产生的读"脏数据"问题。具体步骤如下:

(1)连接数据库服务器后,在"对象资源管理器"中选择数据库 Teach,单击右键,在弹出的快捷菜单中单击"新建查询"选项。

(2)弹出 SQLQuery1.sql 窗口,在该窗口中,输入如下 SQL 语句,点击"执行"按钮后,得到李勇同学的基本信息,如图 5-39 所示。

(3)若此时,李勇同学申请调到信息管理系,因此再打开一个窗口 SQLQuery2.sql,开始一个新事务,执行如下语句:

BEGIN TRAN
UPDATE S
SET 系别='信息管理'
WHERE 姓名='李勇'

该语句执行后,返回的信息为"1 行受影响",如图 5-40 所示。

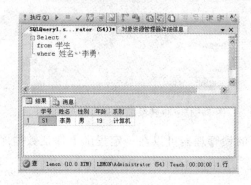

图 5-39 查询李勇同学的基本信息

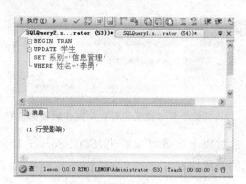

图 5-40 修改系别的事务

(4)由于步骤(3)中的事务尚未提交,此时,假设有相关的教务管理人员想查询学生的基本信息,因此,重新切换回 SQLQuery1.sql,再次执行步骤(2)中的查询语句,发现 SQL Server 2008 返回的信息是"正在查询……",且长时间没有结果,如图 5-41 所示。

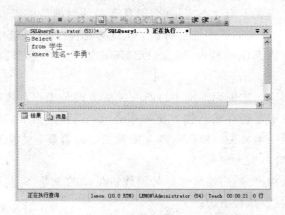

图 5-41　学生基本信息查询无法返回结果

(5)再打开一个新的窗口 SQLQuery3.sql,我们通过 sp_lock 存储过程来查看 SQL Server 2008 的锁信息,执行如下语句:

EXEC sp_lock

执行结果如图 5-42 所示。可以发现其中有一个进程的锁定请求状态 Status 的值为 WAIT。

(6)此时,假设李勇同学因故又不想转系了,那么就需要对之前步骤(3)中的事务作 ROLLBACK 操作,因此在步骤(3)的窗口 SQLQuery2.sql 中,添加一行 ROLLBACK 语句并执行,如图 5-43 所示。然后可以看到,步骤(4)中查询李勇同学基本信息的语句马上就返回了结果,并且和步骤(2)中的查询结果是一致的。

此时再次执行步骤(5)的语句,发现状态 Status 为 WAIT 的事务已不存在了。

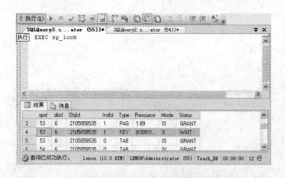

图 5-42　其他事务未提交进行查询操作时锁的信息

图 5-43　将转系的事务 ROLLBACK 回滚

通过以上步骤可以看出,SQL Server 2008 的锁管理器可以在一定程度上保证数据库中数据的一致性。

5.4 数据库恢复

5.4.1 数据库恢复的含义

数据库故障是指数据库运行过程中影响数据库正常使用的特殊事件。尽管数据库系统中采取了各种保护措施来防止数据库的安全性和完整性被破坏,保证并发事务的正确执行,但是计算机系统中硬件的故障、软件的错误、操作员的失误以及恶意的破坏仍是不可避免的。这些故障轻则造成运行事务非正常中断,影响数据库中数据的正确性;重则破坏数据库,使数据库部分或全部数据丢失。因此 DBMS 必须具有把数据库从错误状态恢复到某一正确状态的功能,这就是数据库的恢复。事务处理技术不仅包含并发控制技术,同时还包括数据库恢复技术。数据库恢复子系统不仅是 DBMS 中的一个重要组成部分,而且非常庞大,数据库系统所采用的恢复技术是否行之有效,不仅对系统的可靠程度起着决定性的作用,而且对系统的运行效率也有很大的影响,是影响系统性能的重要指标。

5.4.2 故障的种类

数据库系统中可能发生的故障大致可以分为以下几类。

1. 事务故障

事务故障是指事务没有达到预期的终点,使数据库可能处于不正确状态。事务内部更多的故障是非预期的,是不能由应用程序处理的,如运算溢出、并发事务发生死锁而被选中撤销该事务、违反了某些完整性限制等。发生事务故障时,被迫中断的事务可能已对数据库进行了修改,为了消除这种影响,则需要强行地回滚(ROLLBACK)该事务,将数据库恢复到修改前的初始状态。为此,要检查日志文件中由这些事务所引起变化的记录,取消这些没有完成的事务所做的一切改变,这类恢复操作称为事务撤销(UNDO)。

2. 系统故障

系统故障是指造成系统停止运转的任何事故,使得系统要重新启动。例如,特定类型的硬件错误(CPU 故障)、操作系统故障、DBMS 代码错误、突然停电等。这类故障影响正在运行的所有事务,但不破坏数据库。这时内存中数据库缓冲区的内容全部丢失,存储在外部存储设备上的数据库并未破坏,但内容不可靠了。

一种情况是,发生系统故障时,一些尚未完成的事务的结果可能已存入物理数据库,从而造成数据库可能处于不正确的状态。为保证数据一致性,需要强行撤销所有未完成的事务,清除这些事务对数据库所做的修改。另一种情况是,发生系统故障时,某些已完成的事务可能有一部分甚至全部留在缓冲区,尚未写回到磁盘上的物理数据库中,系统故障使得这些事务对数据库的修改部分或全部丢失,这也会使数据库处于不一致状态,应将这些事务已提交的结果重新写入数据库,这类恢复操作称为事务的重做(REDO)。所以系统重新启动后,恢复子系统除了需要撤销所有未完成的事务外,还需要重做所有已提交的事务,以将数据库真正恢复到一致状态。

3. 介质故障

介质故障是指系统在运行过程中,由于辅助存储器介质受到破坏,使得存储在外存中的数据部分丢失或全部丢失。这类故障比事务故障和系统故障发生的可能性要小,但这是最严重的一种故障。发生介质故障后,存储在磁盘上的数据被破坏,这时需要将故障之前的后备副本装入数据库,然后利用日志文件重做该副本所运行的所有事务。

▷ 5.4.3　故障恢复

恢复就是利用存储在系统其他地方的备份数据来修复数据库中被破坏的或者不正确的数据。因此恢复机制涉及两个问题:一是建立备份数据;二是如何利用这些备份数据恢复数据库。建立备份数据最常用的技术是数据转储和登录日志文件。

1. 数据转储

所谓数据转储,就是指定期地将整个数据库复制到多个储设备上保存起来的过程。其中,转储设备是指用于放置数据库拷贝的磁带或磁盘。存放于转储设备中的备用的数据库文件称为后备副本。一旦系统发生介质故障,就可以使用后备副本来恢复数据库。转储是十分耗费时间和资源的,不能频繁地进行,应该根据数据库的使用情况确定一个适当的转储周期。

(1)静态转储和动态转储。按照转储状态可以分为静态转储和动态转储。

静态转储是在系统中无运行事务时进行的转储操作,即转储操作开始的时刻,数据库处于一致性状态,而转储期间不允许(或不存在)对数据库的任何存取、修改活动。显然,静态转储得到的一定是一个数据一致性的副本。静态转储十分简单,但转储必须等待正在运行的用户事务结束后才能进行,而新的事务必须等待转储结束后才能执行。显然,这会降低数据库的可用性。动态转储则不同,它允许转储期间继续运行用户事务,但产生的副本并不能保证与当前的状态一致。解决的方法是把转储期间各事务对数据库的修改活动登记下来,建立日志文件。这样,通过后备副本和日志文件就能把数据库恢复到某一时刻的正确状态。

(2)海量转储和增量转储。按照转储方式还可以分为海量转储和增量转储两种方式。

海量转储是指每次都转储全部数据库。使用海量转储得到的后备副本能够比较方便地进行数据库恢复。增量转储是指每次只转储上一次转储后更新过的数据。上次转储以来对数据库的更新修改情况记录在日志文件中,利用日志文件就可进行这种转储,将更新过的那些数据重新写入上次转储的文件中,就完成了转储操作,这与转储整个数据库的效果是一样的,但花的时间要少的多。因此增量转储适用于数据库较大,事务处理又十分频繁的数据库系统。

2. 日志文件

(1)日志文件的作用。建立日志文件是数据库系统采取的另一种数据冗余措施。日志文件是记录每一次对数据库进行更新操作的文件,该文件由 DBMS 自动建立和记录。其具体作用如下:

①事务故障恢复和系统故障恢复必须用日志文件。

②在动态转储方式中必须建立日志文件,后备副本和日志文件综合起来才能有效地恢复数据库。

③在静态转储方式中也可以建立日志文件。当数据库损坏后可重新装入后备副本把数据库恢复到转储结束时刻的正确状态,然后利用日志文件,对已完成的事务进行重做处理,对故障发生时尚未完成的事务进行撤销处理。

(2)登记日志文件。每次修改数据库时,都要登记日志文件。日志文件主要有两种格式:

一种是以数据块为单位的日志文件,只要某个数据块中有数据被更新,就要将整个块更新前、更新后的内容存入日志文件;另一种是以记录为单位的日志文件,其中包括事务的开始和终止、事务的操作对象和操作类型、更新操作的数据旧值和新值等。

登记日志文件时必须遵循以下原则:①严格按并发事务执行的时间次序来进行登记。②必须先写日志文件,后写数据库。

由于故障可能发生在把对数据的修改写到数据库中和把表示这个修改的日志记录写到日志文件中的两个操作之间,如果先写了数据库修改,而在日志记录中没有登记这个修改,则以后就无法恢复这个修改了。如果先写了日志,但没有修改数据库,按日志文件恢复时只不过是多执行一次不必要的撤销操作,并不会影响数据库的正确性。

5.4.4 恢复策略

数据库系统的恢复包括事务故障恢复、系统故障恢复和介质故障恢复。对于不同的故障需要采用不同的恢复策略。

1. 事务故障恢复

发生事务故障时,夭折的事务可能已把对数据库的部分修改写回磁盘。恢复程序要在不影响其他事务运行的情况下,强行回滚该事务,即清除该事务对数据库的所有修改,使得这个事务像根本没有启动过一样。这类恢复就是我们前面说到的事务撤销(UNDO)。其具体步骤如下:

(1)反向扫描文件日志(即从最后向前扫描日志文件),查找该事务的更新操作。

(2)对该事务的更新操作执行逆操作。即将日志记录中"更新前的值"写入数据库。

①插入操作,"更新前的值"为空,则相当于作删除操作。

②删除操作,"更新后的值"为空,则相当于作插入操作。

③若是修改操作,则相当于用修改前值代替修改后值。

(3)继续反向扫描日志文件,查找该事务的其他更新操作,并进行同样的处理。

(4)继续做下去,直到读到该事务的开始标记。

事务故障的恢复由系统自动完成,对用户是透明的,不需要用户干预。

2. 系统故障恢复

系统故障造成数据库不一致的原因有两个:一是某些未完成事务对数据库的更新已写入数据库;二是有些已提交事务对数据库的更新可能还留在缓冲区没来得及写入数据库。因此,恢复操作就是要撤销故障发生时未完成的事务,重做已完成的事务。

系统恢复的步骤如下:

(1)正向扫描日志文件,找出故障发生前已经提交的事务(这些事务以 BEGIN TRANSACTION 开始,以 COMMIT 结束),将其记入重做队列,并找出故障发生时尚未完成的事务(这些事务以 BEGIN TRANSACTION 开始,而没有以 COMMIT 结束),将其记入撤销队列。

(2)对撤销队列中的各个事务进行撤销。进行撤销的方法是:反向扫描日志文件,对每个撤销事务的更新操作执行逆操作,也就是将日志中的"更新前的值"写入数据库。

(3)对重做队列中的各个事务进行重做处理。进行重做处理的方法是:正向扫描日志文件,对每个重做事务重新执行日志文件登记的操作,将日志中的"更新后的值"写入数据库中去。

系统故障的恢复也是系统重新启动后由系统自动完成的,不需要用户干预。

3. 介质故障恢复

发生介质故障后,存储在磁盘上的数据被破坏,这时需要装入数据库发生介质故障前某个时刻的数据库后备副本,并重新做自此时开始的所有成功事务,将这些事务已提交的结果重新记入数据库。恢复的方法就是重装数据库,并重做已完成的事务。其具体步骤如下:

(1)装入最新的数据库副本,使数据恢复到最近一次转储时的一致性状态,对于动态转储的数据库副本,还需要同时装入转储开始时刻的日志文件副本,利用系统故障恢复方法(即REDO+UNDO),将数据库恢复到一致性状态。

(2)装入相应的日志文件副本,重做已完成的事务。首先扫描故障发生时已提交的事务标识,将其记入重做队列,然后正向扫描日志文件,对重做队列中的所有事务进行重做处理,也就是将日志中的"更新后的值"写入数据库。

介质故障的恢复需要 DBA 介入,但是 DBA 只需要重装最近转储的数据库副本和有关的各日志文件副本,然后执行系统提供的恢复命令即可,具体的恢复操作仍由 DBMS 完成。

▷ 5.4.5 用 SQL Server Management Studio 实现数据库恢复

SQL Server 2008 提供了高性能的数据库恢复技术,对数据库的备份与还原功能,以及数据库的分离与附加功能都有很好的支持。

(1)将 Teach 数据库备份到指定目录,并指定备份文件名,随后使用该备份文件还原到备份之前的状态。

①启动 SQL Server Management Studio,连接数据库服务器后,选择数据库 Teach,然后单击右键,在弹出的快捷菜单中单击"任务"→"备份"选项。

②在弹出的"备份数据库"对话框中,数据库选项选择"Teach",备份类型选择"完整",备份组件默认选择"数据库"。在"目标"列表框中,将其内的默认路径文件删除掉,并点击"添加"按钮,把备份文件放在设定的目录"D:\数据库备份"中,名字定为"Teach. bak",如图 5-44 所示。

③点击"确定"按钮,完成 Teach 数据库的备份。

④在"对象资源管理器"中,选择"数据库",单击右键,在弹出的快捷菜单中单击"还原数据库"选项。

⑤在弹出的"还原数据库"对话框中,在"目标数据库"下拉框中选择"Teach",在"源数据库"下拉框中也选择"Teach",则系统会自动选择相应的备份集,如图 5-45 所示。

⑥单击"还原数据库"对话框中的"选项"选择页,如图 5-46 所示,在还原选项中,对第一个选项"覆盖现有数据库"打勾。

⑦单击"确定"按钮,完成 Teach 数据库的还原。

当数据库需要从一台计算机移到另一台计算机,或者需要从一个物理磁盘移到另一个物理磁盘的时候,常要进行数据库的分离与附加操作。

(2)将 Teach 数据库从 SQL Server 2008 中分离出来,再附加回去。

①启动 SQL Server Management Studio,并连接到数据库服务器,在"对象资源管理器"窗口中,展开"数据库"节点,选择 Teach 数据库,单击右键,在弹出的快捷菜单中单击"任务"→

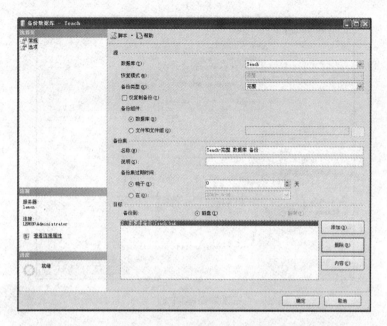

图 5-44　"备份数据库"对话框

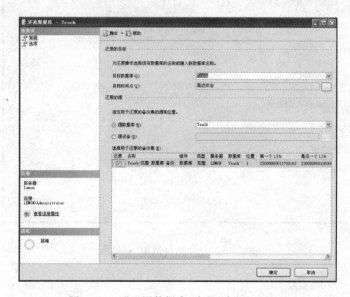

图 5-45　"还原数据库"中的"常规"选择页

"分离"选项。

②在弹出的"分离数据库"对话框中,单击"确定"按钮,完成数据库的分离操作,如图 5-47所示。

③数据库分离成功后,在"数据库"节点中分离的数据库名称就会消失。可将分离出的数据库所在的源文件夹中该数据库对应的两个文件(数据文件和日志文件)复制到其他文件夹中,否则在没有分离的情况下,会提示拷贝失败。假设这两个文件仍放在原来目录中。

④在"对象资源管理器"中,选择"数据库",单击右键,在弹出的快捷菜单中单击"附加"

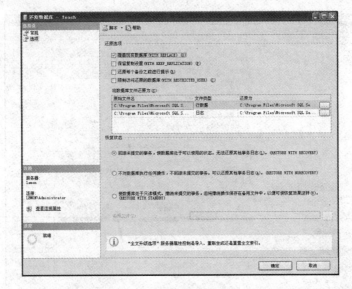

图 5-46 "还原数据库"中的"选项"选择页

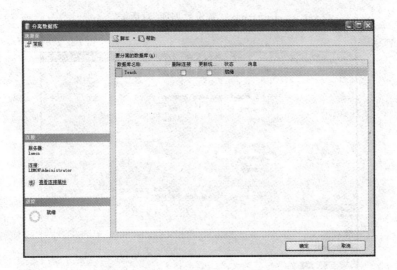

图 5-47 "分离数据库"对话框

选项。

⑤在弹出的"附加数据库"对话框中,单击"添加"按钮,弹出"定位数据库文件"对话框,在原始路径中找到 Teach.mdf,单击"确定"按钮,如图 5-48 所示。

⑥返回到"附加数据库"对话框,此时 SQL Server 2008 在导入 mdf 文件的同时,会自动导入相应的 ldf 文件,如图 5-49 所示。

⑦数据库附加成功后,在"数据库"节点中将会再次出现附加的 Teach 数据库的名称。

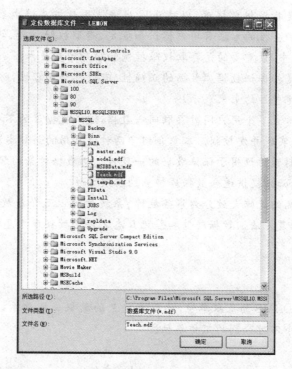

图 5-48 "定位数据库文件"对话框

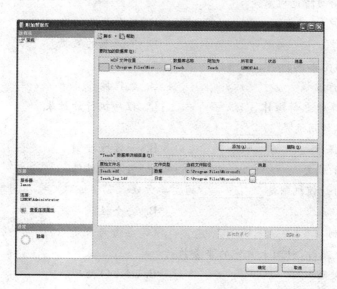

图 5-49 "附件数据库"对话框

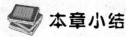 **本章小结**

　　DBMS 是管理数据的核心,其自身必须提供统一的数据保护功能以确保数据库的安全可靠和正确有效。本章介绍了数据库的安全性、完整性、并发控制以及恢复这四个方面的基本概念和实现方法。

数据库的安全性是指保护数据库,以防止因非法使用数据库造成数据的泄露、更改或破坏。实现数据库系统安全性的方法有用户标识和鉴定、存取权限控制、视图机制、跟踪审查以及数据加密存储等,其中,最重要的是存取权限控制和跟踪审查技术。

数据库的完整性是指保证数据库数据的正确性、有效性和相容性,防止错误的数据进入数据库。完整性可以用完整性约束来表示。

并发控制是为了防止多个用户同时存取同一数据,造成数据库的不一致性,它以事务为单位,通常使用封锁技术实现并发控制。本章介绍了两种最常用的封锁类型:排它型封锁和共享型封锁。三个级别的封锁协议用于保证数据的一致性。对数据对象的加锁会带来活锁和死锁的问题,并发控制机制必须提供适合数据库特点的解决方法。

数据库系统中可能的故障大致分为事务故障、系统故障以及介质故障这三类。针对这三类,DBMS 有不同的恢复方法。数据转储和登记日志文件是数据库恢复中最常用的技术。

复习题

一、选择题

1._____是 DBMS 的基本单位,是用户定义的数据库操作系统,这些操作要么全部做,要么全不做,是一个不可分割的工作单位。

  A. 程序   B. 命令

  C. 事务   D. 文件

2. 完整性控制的防范对象是_____。

  A. 非法用户   B. 不合语义的数据

  C. 非法操作   D. 不正确的数据

3. 日志文件用于记录_____。

  A. 程序运行过程   B. 数据操作

  C. 对数据库的更新操作 D. 程序执行的结果

4. 数据库副本的用途是_____。

  A. 安全性保障   B. 一致性控制

  C. 故障后的恢复   D. 数据的转储

5. 数据库中的封锁机制是_____的主要方法。

  A. 完整性   B. 安全性

  C. 并发控制   D. 备份与恢复

6. 在数据库恢复时,对尚未做完的事务执行_____。

  A. REDO 处理   B. UNDO 处理

  C. ABORT 处   D. ROLLBACK 处理

7. 若事务 T 对数据 R 已加 X 锁,则其他事务对数据 R _____。

  A. 可以加 S 锁,不能加 X 锁 B. 不能加 S 锁,可以加 X 锁

  C. 可以加 S 锁,也可以加 X 锁 D. 不能加任何锁

8. 在事务依赖图中,如果两个事务的依赖关系形成一个循环,那么就会_____。

  A. 出现活锁现象   B. 出现死锁现象

  C. 事务执行成功   D. 事务执行失败

9.操作系统故障属于_____。

　　A.人为错误　　　　　　　　　　　B.事务故障

　　C.介质故障　　　　　　　　　　　D.系统故障

10.若数据库中只包含成功事务提交的结果,则此数据库就称为处于_____状态。

　　A.安全　　　　　　　　　　　　　B.一致

　　C.不安全　　　　　　　　　　　　D.不一致

11.解决并发操作带来的数据不一致性问题普遍采用_____机制。

　　A.封锁　　　　　　　　　　　　　B.恢复

　　C.存取控制　　　　　　　　　　　D.协商

12.不允许任何其他事务对这个锁定目标再加任何类型锁的锁是_____。

　　A.共享锁　　　　　　　　　　　　B.排它锁

　　C.共享锁或排它锁　　　　　　　　D.以上都不是

13.能够解决"不可重读"情况的封锁协议是_____。

　　A.一级封锁协议　　　　　　　　　B.二级封锁协议

　　C.三级封锁协议　　　　　　　　　D.以上都不行

14.数据库管理系统通常提供授权功能来控制不同用户访问数据的权限,主要是为了实现数据库的_____。

　　A.可靠性　　　　　　　　　　　　B.一致性

　　C.完整性　　　　　　　　　　　　D.安全性

15.在 SQL Server 中,为便于管理用户以及权限,可以将一组具有相同权限的用户组织在一起,这一组具有相同权限的用户就称为_____。

　　A.账户　　　　　　　　　　　　　B.角色

　　C.登录　　　　　　　　　　　　　D.SQL Server 用户

二、填空题

1.DBMS 对数据库的安全保护功能是通过_____、_____、_____和_____四方面实现的。

2.存取权限由_____和_____两个要素组成。

3.生成冗余数据最常用的技术是_____和_____。

4.服务器安全对象范围包括_____、_____和_____。

5.加密的基本思想是根据一定的算法将_____加密成为_____,数据以_____的形式存储和传输。

6.实现并发控制的方法主要是_____技术,基本的封锁类型有_____和_____两种。

7.并发操作导致的数据库不一致性主要有_____、_____和_____三种。

8.衡量授权机制的两个重要指标是_____和_____。

9.数据库在运行过程中可能出现_____、_____和_____三类故障。

10.一级封锁协议解决了_____的问题。

11.数据库中的封锁机制是_____的主要方法。

12.在 SQL Server2008 中,dbcreator 是一种_____角色,而 dbowner 是一种_____

角色。

三、简答题

1. 什么是数据库的安全性？它和计算机的安全性有什么关系？

2. 数据库的完整性约束条件可以分为哪几类？

3. 数据库的并发操作会带来哪些问题？如何解决？

4. 简述数据库转储的含义和分类。

5. 简述事务的概念和四个属性。

6. 事务的提交和回滚是什么意思？

7. 并发操作会带来什么样的后果？

8. 什么是封锁？封锁的基本类型有几种,含义如何？

9. 如何利用日志文件恢复事务？

10. 简述事务故障及其恢复策略。

拓展实验

实验 1　SQL Server 安全管理

实验目的：理解和体会数据库安全性的内容,加强对数据库管理系统的安全管理功能的认识。

实验内容：在 SQL Server 环境下完成数据库的用户管理、角色管理和操作权限管理。

实验要求：

(1)以系统管理员身份完成如下实验：

①建立 3 个不同名称的注册用户。

②使用 ALTER LOGIN 命令对建立的注册用户作不同的修改。

③建立一个数据库管理员用户。

(2)以数据库管理员身份完成如下实验：

①根据已有的注册用户建立几个当前数据库的用户(部分用户可以指定默认模式等)。

②使用 ALTER USER 命令修改部分用户设置。

③建立若干角色,部分角色指定其他用户管理。

④授权一些用户可以创建表等数据库对象。

⑤完成角色管理及其他授权管理。

(3)由若干学生组成一组共同完成以下实验：

①每个用户有建立对象的权限,各自建立自己的对象(如表和视图等)。

②各用户之间就表或视图的查询、修改、删除、插入等互相授权,在授权过程中体会 GRANT 命令中 WITH GRANT OPTION 短语的作用。

③分情况收回授权,并体会 REVOKE 命令中 GRANT OPTION FOR 和 CASCADE 短语的作用。

实验 2　数据库的备份与恢复

实验目的：理解和掌握数据库备份和恢复机制的作用;掌握数据库备份和恢复机制的实现

技术。

　　实验内容：在 SQL Server 环境下完成数据库中数据的备份与恢复。

　　实验要求：

　　(1)使用企业管理器执行完全数据库备份及其简单恢复。

　　①对现有数据库执行完全备份 Fullbackup_Teach1。

　　②将学生刘晨的信息从基本表学生中删除。

　　③执行恢复，将数据库恢复到操作②之前的状态。

　　(2)使用企业管理器执行数据库差异备份及其恢复。

　　①创建数据库 Teach 的一个完全数据库备份 Fbackup_Teach1。

　　②把选课表中学号为 S2 的学生的 C4 号课程成绩从 NULL 修改为 88。

　　③差异备份当前数据库 Dbackup_Teach1。

　　④把课程表中学号 S2 学生的 C4 号课程记录删除。

　　⑤把数据库恢复到操作②完成后的状态。

实验 3　数据库的运行和维护

　　实验目的：理解和掌握数据库的运行维护管理中常用的几种技术方法。

　　实验内容：在 SQL Server 环境下完成数据库中数据的导入与导出，分离与附加，以及建立相应的维护计划。

　　实验要求：

　　(1)将 Excel 格式的 book3.xsl 中新建的学生表 newstus 导入到 Teach 中。

　　(2)把该数据库备份到文件 D:\数据库备份\Teach.bak 中。

　　(3)分离数据库 Teach。

　　(4)再将分离出的该数据库附加到另一台计算机上。

　　(5)建立一个维护该数据库的计划。

第6章 数据库设计

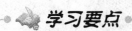

学习要点

1. 数据库设计的内容和方法
2. 数据库需求分析的任务和方法
3. 数据的抽象、局部及全局 E－R 图的设计
4. 将 E－R 模型转换为关系模型的方法
5. 数据库物理结构设计中聚簇、索引和数据存放位置的设计方法
6. 数据库实施和维护阶段的主要内容等

数据库设计是建立数据库及其应用系统的技术，是信息系统开发和建设中的核心技术。常见的管理信息系统(management information system，MIS)和企业资源计划系统(enterprise resource planning，ERP)等的设计与开发是数据库技术的主要研究领域之一，而数据库设计是数据库应用系统设计与开发的核心问题。

6.1 数据库设计概述

数据库是现代信息系统等计算机应用系统的核心和基础。数据库设计的目的就是实现数据库应用，所以它与数据库应用系统的设计紧密相关，但又不完全相同。数据库设计者是基于用户的各种应用需求，选择适当的系统环境，使用合理的设计方法与技术来建立一个以满足用户需要的过程。数据库设计的好坏会直接影响到整个数据库系统的效率和质量。

6.1.1 数据库设计的内容

数据库设计的内容主要包括数据库的结构特性设计、数据库的行为特性设计和数据库的物理模式设计。其中，数据库结构特性的设计起着关键作用，行为特性设计起着辅助作用。将数据库的结构特性设计和行为特性设计结合起来，相互参照，同步进行，才能较好地达到设计目标。

1. 数据库的结构特性设计

数据库的结构特性是指数据库的逻辑结构特征。结构特性设计的结果能否得到一个合理的数据模型,是数据库设计的关键。由于数据库的结构特性是静态的,一般情况下不会轻易变动,所以数据库的结构特性设计又称为数据库的静态结构设计。首先将现实世界中的事物以及事物间的联系用 E－R 图表示出来,再对各个分 E－R 图进行汇总,得到数据库的概念结构模型,然后将概念结构模型转化为数据库的逻辑结构模型,最后进行数据库物理设计,并建立数据库。

2. 数据库的行为特性设计

数据库的行为特性设计是指应用程序、事务处理的设计,是基于数据库用户的行为和动作进行的设计。数据库用户的行为和动作是指数据查询和统计、事物处理及报表处理等操作,这些都要通过应用程序来表达和执行。因此用户行为特性是动态的,数据库的行为特性设计又称为数据库的动态特性设计。

3. 数据库的物理模式设计

数据库的物理模式设计要求是根据数据库结构的动态特性(即数据库应用处理要求),在选定的 DBMS 环境下,把数据库的逻辑结构模型加以物理实现,从而得出数据库的存储模式和存取方法。

在进行数据库设计时,应综合考虑计算机的软硬件环境、当前以及未来对系统的需求。换句话说,数据库设计者应充分考虑到系统可能的扩充和改动,使系统具有较长的生命周期。

➤ 6.1.2 数据库设计的方法

早期的数据库设计采用手工试凑法进行,使用手工试凑法设计数据库与设计人员的经验和水平有直接关系,它更像是一种技艺而非工程技术。这种方法缺乏科学的理论和工程方法支持,因此数据库设计的质量很难得到保证,数据库常常是在投入使用以后才发现问题,不得不进行修改,这样就增加了系统维护的代价。随着计算机技术的发展,人们也在不断努力探索各种非手工的数据库设计方法,并提出了多种数据库设计的准则和规范,这些设计方法被称为规范设计法。

非手工方法主要有基于 LRA 方法、New Orleans 方法、E－R 模型方法等。其中 New Orleans 方法即新奥尔良法,是规范设计中比较著名的一种方法。它将数据库设计分为四个阶段:需求分析、概念设计、逻辑设计和物理设计。其后,许多科学家对其进行了改进,认为数据库设计应分六个阶段进行,分别是需求分析、概念结构设计、逻辑结构设计、物理结构设计、数据库实施和数据库运行与维护。本章所介绍的数据库设计步骤正是按照这样的六个阶段来进行操作的。

多年来,数据库工作者和数据库厂商一直在研究和开发数据库设计工具。经过不懈的努力,数据库设计工具已经实用化和产品化。比如 Sybase 推出的 PowerDesigner,这款工具采用基于 Entity-Relation 的数据模型,分别从概念数据模型和物理数据模型两个层次对数据库进行设计。另外还有 CA 公司的代表之作 ERWin,同样是采用 E－R 模型,它适合开发中小型数据库。

目前许多计算机辅助软件工程(computer aided software engineering,CASE)工具已经把数据库设计作为软件工程设计的一部分,如 ROSE、UML 等。

➢ 6.1.3　数据库设计的步骤

数据库设计是建立数据库及其应用系统的技术,是信息系统开发和建设中的核心技术。由于数据库设计的复杂性,因此不可能一次就达到最佳设计的效果,而只能采用"反复探寻、逐步求精"的方法,也就是规划和结构化数据库中的数据对象以及这些数据对象之间的关系的过程。

数据库设计过程一般分为需求分析、概念结构设计、逻辑结构设计、物理结构设计、数据实施以及数据库运行和维护这六个阶段,如图 6-1 所示。

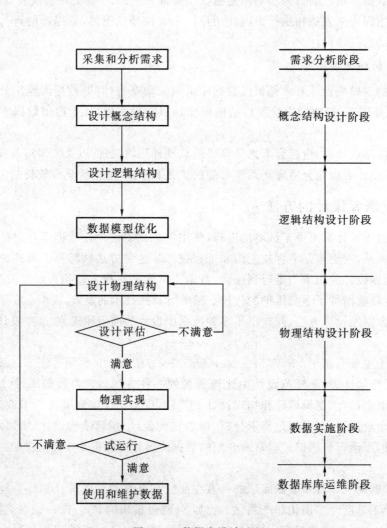

图 6-1　数据库设计过程

数据库设计中,前两个阶段是面向用户的应用要求,面向具体的问题;中间两个阶段是面向数据库管理系统;最后两个阶段是面向具体的实现方法。前四个阶段可统称为"分析和设计阶段",后两个阶段统称为"实现和运行阶段"。

这六个阶段的主要工作大致所述如下:

1. 需求分析阶段

需求分析是数据库设计的第一步,也是最困难、最耗时间的一步。需求分析的任务是准确了解并分析用户对系统的需要和要求,弄清系统要达到的目标和实现的功能。需求分析是否做得充分与准确,决定着在其上构建数据库大厦的速度与质量。如果需求分析做得不好,就会影响整个系统的性能,甚至会导致整个数据库设计返工重做。

2. 概念结构设计阶段

概念结构设计是整个数据库设计的关键。设计者要对用户需求进行综合、归纳和抽象,形成一个与计算机硬件无关,并独立于数据库管理系统的概念模型。

3. 逻辑结构设计阶段

数据逻辑结构设计的主要任务是将概念结构转换为某个 DBMS 所支持的数据模型,并将其性能进行优化。

4. 数据库物理设计阶段

数据库物理设计的主要任务是为逻辑数据模型选取一个最适合应用环境的数据存储结构和存取方法,并评价设计,对系统性能进行预测。

5. 数据库实施阶段

在数据库实施阶段,系统设计人员要运用 DBMS 提供的数据操作语言和宿主语言,根据数据库的逻辑设计和物理设计的结果建立数据库,编制与调试应用程序,组织数据入库并进行系统试运行。

6. 数据库运行和维护阶段

数据库应用系统经过试运行后即可投入正式运行。在数据库系统运行过程中,必须不断地对其性能进行评价、调整和修改,解决开发过程中的遗留问题,延长数据库系统的生命周期。

我们将在其后的各节中,分别对这六个阶段的内容进行详细介绍。

6.2 数据库需求分析

需求分析就是调查、收集、分析,并定义用户对数据库的各种要求。它是整个数据库设计的基础和出发点,其结果将直接影响后面各步的设计,甚至决定着最终设计的数据库的好坏与成败。因此,必须首先知道需求分析的任务是什么,以及采用什么样的方法进行需求分析。

➢ 6.2.1 需求分析的任务

需求分析的任务就是通过详细调查用户的现行系统的工作情况,深入了解其数据的性质和数据的使用情况,数据的处理流程、流向、流量等,并仔细地分析用户在数据格式、数据处理、数据库安全性、可靠性以及数据的完整性方面的需求,按一定规范要求写出需求分析说明书,以便于设计者和用户都能够理解。数据库设计人员为了完成需求分析任务,必须认识到用户参与的重要性,要充分调动用户的积极性,以获得准确而完整的需求信息,为后继设计工作打下基础。

➢ 6.2.2　需求分析的步骤

需求分析的任务可分解为需求调查、分析整理和评审三个步骤来完成。

1. 需求调查

需求调查又称为系统调查或需求信息的收集。为了很好的了解用户的需求,在进行实际调查研究之前,需要明确调查的内容,确定调查的方式等。

(1)需求调查的内容。

①组织机构情况。在系统分析时,要对管理对象所涉及的行政组织机构进行了解,弄清所设计的数据库系统与哪些部门相关,这些部门以及下属各个单位的联系和职责是什么。

②业务活动情况。需要弄清楚各部门输入和使用的数据,在部门内是如何加工处理这些数据的,输出哪些数据,以及这些数据输出到哪些部门,格式是怎样的,等等。

③新系统的功能界定。需要明确数据库系统的边界,即哪些功能或者活动是由人工完成的,哪些功能是由计算机来完成的。由计算机完成的功能就是新系统应该实现的功能。

(2)需求调查的方式。

①开座谈会。可以通过与用户座谈的方式来了解业务活动情况及用户需求。座谈会的参加者可以互相讨论、启发和补充。

②跟班作业。跟班作业是指数据库设计人员通过亲身参加业务工作来深入了解业务活动情况。这种方式可以比较准确地理解用户的需求,但比较费时。

③个别交谈。通过个别交谈可以仔细了解该用户业务范围的用户需求,调查时也不受其他人员的影响。

④查阅记录。查看现行系统的业务记录、票据、统计报表等数据记录,可了解具体的业务细节。

➢ 6.2.3　需求分析整理

1. 系统需求分析方法

调查了解了用户的需求以后,需要进一步分析和表达用户的需求。分析和表达用户需求的方法很多,常用的有结构化分析方法(structure analysis,SA),它是一种简单实用的方法,简称 SA 方法。

SA 方法从最上层的系统组织机构入手,采用自顶向下、逐层分解的方式分析系统。SA方法把任何一个系统都抽象为图 6-2 所示的形式。

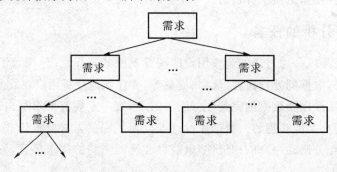

图 6-2　SA 需求分析方法

2. 数据流图

对于任意系统采用 SA 方法,都可以抽象为图 6-3 所示的数据流图。

在数据流图中,用命名的箭头表示数据流,用圆圈表示处理,用矩形或其他形状表示存储。当要反映更详细的内容时,可将一个处理功能分解为若干子功能,每个子功能还可以继续分解,直到把系统工作过程表示清楚为止。在处理功能逐步分解的同时,它们所用的数据也逐级分解,形成若干层次的数据流程图。数据流程图表达了数据和处理过程之间的关系。

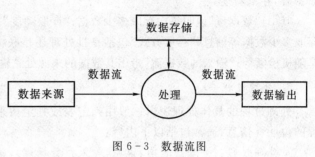

图 6-3　数据流图

6.2.4 数据字典

数据字典是数据库系统分析与设计人员手工建立的需求分析文档,是对数据流图中数据结构、数据流和数据存储的更进一步细化和补充,它贯穿于整个数据库设计的全过程。即可以帮助设计人员全面确定用户需求,也可以为后面的阶段提供参考依据,其内容在设计过程中被不断地修改、补充和完善。它通常包含以下五个部分:

1. 数据项

数据项是不可再分的数据单位。它的描述为:

数据项:{数据项名,数据项含义说明,别名,类型,长度,取值范围,与其他数据项的逻辑关系}。

其中:"取值范围"和"与其他数据项的逻辑关系"两项定义了数据的完整性约束条件,它们是设计数据完整性检验功能的依据。

2. 数据结构

数据结构的描述为:

数据结构:{数据结构名,含义说明,组成,{数据项或数据结构}}。

数据结构反映了数据之间的组合关系。一个数据结构可以由若干个数据项组成,也可以由若干个数据结构组成,或由若干数据项和数据结构混合组成。

3. 数据流

数据流是数据结构在系统内传输的路径。数据流的描述通常为:

数据流:{数据流名,说明,流出过程,流入过程,组成:{数据结构},平均流量,高峰期流量}。

其中:"流出过程"说明该数据流来自哪个过程;"流入过程"说明该数据流将到哪个过程去;"平均流量"是指在单位时间(每天、每周、每月等)里传输的次数;"高峰期流量"则是指在高峰时期的数据流量。

4. 数据存储

数据存储是数据及其结构停留或保存的地方,也是数据流的来源和去向之一。数据存储

可以是手工文档、手工凭单或计算机文档。数据存储的描述通常为:

　　数据存储:{数据存储名,说明,编号,输入的数据流,输出的数据流,组成:{数据结构},
数据量,存取频度,存取方式}。

　　其中:"数据量"说明每次存取多少数据;"存取频度"指每小时或每天或每周存取几次,每次
存取多少数据等信息;"存取方式"包括是批处理还是联机处理,是检索还是更新,是顺序检索还
是随机检索等;"输入的数据流"指出其数据的来源处;"输出的数据流"指出其数据的去向处。

5．处理过程

处理过程的具体处理逻辑一般用判定表或判定树来描述。数据字典中只需要描述处理过
程的说明性信息,通常包括以下内容:

　　处理过程:{处理过程名,说明,输入:{数据流},输出:{数据流},处理:{简要说明}}。

　　其中:"简要说明"中主要说明该处理过程用来做什么(不是怎么做)及处理频度要求,如单
位时间里处理多少事务、多少数据量,响应时间要求等。

关于需求分析,最后还有以下两点需要说明:

(1)需求分析阶段一定要收集将来应用所涉及的数据。如果设计人员仅仅按当前应用来
设计数据库,以后再想加入新的实体集、新的数据项和实体间的联系就会十分困难。新数据的
加入不仅会影响数据库的概念结构,而且将影响逻辑结构和物理结构。设计人员必须充分考
虑到可能的扩充和改变,使设计易于变动。收集将来应用所涉及的数据是需求分析阶段的一
个重要而困难的任务。

(2)需求分析离不开用户的积极参与。由于用户缺少相应的计算机专业知识,有时不能很
好地表达自己的想法和要求,而设计人员又缺乏相应的用户所从事行业的知识,对用户真正的
需求把握不够准确,这就导致确定用户最终需求成为一件非常困难的事情。只有双方加强沟
通和交流,才能够较好地完成需求分析。

6.3　数据库概念结构设计

把需求分析阶段得到的用户需求抽象为概念模型表示的过程就是概念结构设计。从前面
的章节可知,概念数据模型既独立于数据库逻辑结构,又独立于具体的数据库管理系统,是现
实世界与机器世界的中介。它不仅可以反映现实世界,易于非计算机人员理解,而且易于向关
系模型、网状模型、层次模型等各种数据模型转换。目前,在数据库概念结构设计中常用 E-R
模型来描述概念结构,因此数据库概念结构设计又称为 E-R 模型设计。

➢ 6.3.1　概念结构设计的方法与步骤

概念结构设计有如下几种方法:

(1)自顶向下:首先定义全局概念结构框架,然后逐步细化为完整的全局概念结构。

(2)自底向上:先定义每一局部应用的概念结构,然后按照一定规则集成起来,从而得到全
局概念结构。

(3)逐步扩张:首先定义最重要的核心概念结构,再逐步向外扩张生成其它概念结构,直至
完成总体概念结构。

(4)混合策略:混合策略是把自顶向下和自底向上结合起来,先自顶向下定义全局框架,再

以它为骨架集成自底向上方法中设计各个局部概念结构。

其中最常用的方法是自底向上的设计方法,因此我们主要介绍该方法的主要步骤。其具体步骤为:①进行数据抽象,设计局部 E-R 模型,即设计用户视图。②集成各局部 E-R 模型,形成全局 E-R 模型,即视图集成。

自底向上方法的设计步骤如图 6-4 所示。

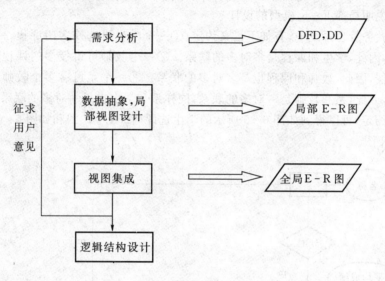

图 6-4 自底向上方法的设计步骤

▷ 6.3.2 数据抽象

数据抽象是概念设计的第一步。所谓抽象即是对现实世界中的人、事、物的人为处理,抽取人们关心的共同特性,去掉一些非关键的细节,并把这些特性用各种概念精确地加以描述,形成某种模型。

数据抽象一般有两种形式:分类和聚集。利用数据抽象方法对现实世界进行抽象,从而得到概念模型的实体集和属性。

1. 分类

所谓分类就是定义某一概念作为现实世界中一组对象的类型,将一组具有某些共同特性和行为的对象抽象为一个实体。分类抽象后,对象和实体之间是"成员"的关系。例如,在公司里,张三是一位市场人员,他有着该市场人员共同的特性和行为:属于销售部,并负责某个大区的市场推广。与张三属同一对象的还有李四等其它市场部员工。

2. 聚集

聚集定义某一类型的组成部分,将对象类型的组成成分抽象为实体的属性。组成成分和对象类型之间是"部分"的关系。比如把实体集"课程"的"课程号"、"课程名"、"课时数"等属性聚集在一起,形成实体型"课程"。

▷ 6.3.3 局部 E-R 模型设计

在设计数据库概念结构时,一个有效的策略就是先分别考虑各个用户的信息需求,形成局部概念结构,然后再综合成全局结构。

数据抽象后得到的实体和属性,往往需要根据实际情况进行必要的调整和划分,需要注意以下几点:①属性与它所描述的实体之间只能是单值联系,即联系只能是一对多。②属性不能再有需要进一步描述的性质。③作为属性的数据项,除了它所描述的实体之外,不能再与其他实体具有联系。④能作为属性的数据应尽量作为属性处理。

下面举例说明局部 E-R 模型的设计。

在简单的教务管理系统中,有如下语义约定:①一个学生可选修多门课程,一门课程可被多个学生选修,因此,学生和课程是多对多的联系。②一个教师可讲授多门课程,一门课程可为多个教师讲授,因此,教师和课程也是多对多的联系。③一个系可有多个教师,一个教师只能属于一个系,因此,系和教师是一对多的联系,同样系和学生也是一对多的联系。

根据上述约定,可以得到如图 6-5 所示的学生选课局部 E-R 图和如图 6-6 所示的教师任课局部 E-R 图。

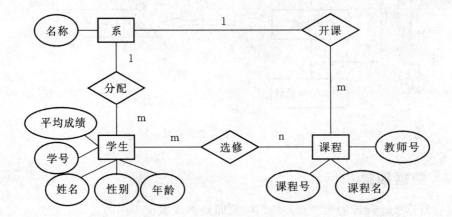

图 6-5　学生选课局部 E-R 图

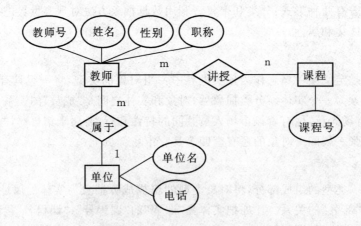

图 6-6　教师任课局部 E-R 图

➢ 6.3.4 全局 E-R 模型设计

这一步是将所有局部的 E-R 图集成为全局的 E-R 图,即全局的概念模型。首先,要确定各局部结构中的公共实体类型。在这一步中,仅根据实体类型名和关键字来认定公共实体类型。一般把同名实体类型作为公共实体类型的一类候选,把具有相同键的实体类型作为公共实体类型的另一类候选。接下来就要把局部 E-R 图集成为全局 E-R 图。

将局部 E-R 图集成为全局 E-R 图时,一般采用两种方法:①多元集成法,即一次性将多个局部 E-R 图合并为一个全局 E-R 图;②二元集成法,即首先集成两个重要的局部 E-R 图,然后每次逐步增加一个新的 E-R 图进来。但无论使用哪一种方法,视图集成均分成两个步骤,即合并和优化。

1. 合并

合并局部 E-R 图,消除局部 E-R 图之间的冲突,生成初步 E-R 图。

由于各个局部应用不同,通常由不同的设计人员进行局部 E-R 图设计,从而导致各局部之间不可避免地会有许多不一致的地方,这称之为冲突。冲突分为三种类型:属性冲突、命名冲突和结构冲突。

(1)属性冲突。属性冲突主要指属性值的类型,取值范围,或者计量单位的冲突。比如学号,有的部门用数值型,有的用字符型表示。再比如对于重量,有的可能用吨,有的用千克。属性冲突属于用户业务上的约定,必须与用户协商后解决。

(2)命名冲突。命名冲突主要有同名异义和异名同义两种情况。同名异义,即不同对象的名字相同但所包含的意义却不一样。异名同义,即同一意义的对象拥有不同的名字。命名冲突的解决方法同属性冲突相同,也需要与各部门用户协商、讨论后加以解决。

(3)结构冲突。

①同一对象在不同应用中有不同的抽象,可能为实体,也可能为属性。例如,教师的职称在某一局部应用中被当作实体,而在另一局部应用中被当作属性。

这类冲突在解决时,就是使同一对象在不同应用中具有相同的抽象,或把实体转换为属性,或把属性转换为实体。但都要符合局部 E-R 模型设计中所介绍的调整原则。

②同一实体在不同应用中属性组成不同,可能是属性个数或属性次序不同。解决办法是合并后实体的属性组成为各局部 E-R 图中的同名实体属性的并集,然后再适当调整属性的次序。

③同一联系在不同应用中呈现不同的类型。比如 A1 与 A2 在某一应用中可能是一对一联系,而在另一应用中可能是一对多或多对多联系,也可能是 A1,A2,A3 三者之间有联系。

这种情况应该根据应用的语义对实体联系的类型进行综合或调整。

下面以教务管理系统中的两个局部 E-R 图 6-5、6-6 为例,来说明如何消除各局部 E-R 图之间的冲突,进行局部 E-R 模型的合并,从而生成初步 E-R 图。

首先,这两个局部 E-R 图中存在着命名冲突,学生选课局部 E-R 图中的实体"系"与教师任课局部 E-R 图中的实体"单位",都是指"系",即所谓的异名同义,合并后统一改为"系",这样属性"名称"和"单位名"即可统一为"系名"。

其次,还存在着结构冲突,实体"系"和实体"课程"在两个不同应用中的属性组成不同,合并后这两个实体的属性组成为原来局部 E-R 图中的同名实体属性的并集。解决上述冲突后,合并两个局部 E-R 图,生成如图 6-7 所示的初步的全局 E-R 图。

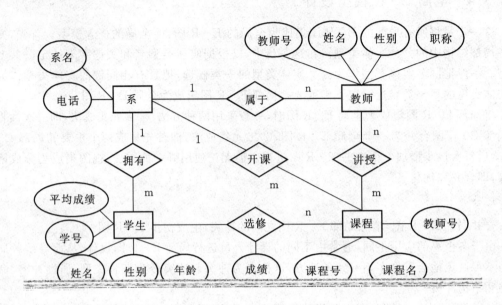

图 6-7　教务管理系统的初步 E-R 图

2. 优化

消除不必要的冗余,生成基本 E-R 图。

按照前面介绍的方法进行合并后,得到一个初步的全局 E-R 模型,但在图 6-7 中,明显存在着冗余的数据和冗余的联系。所谓冗余的数据是指可由基本数据导出的数据,冗余的联系是指可由其它联系导出的联系。如在图 6-7 所示的初步 E-R 图中,"课程"实体中的属性"教师号"可由"讲授"这个教师与课程之间的联系导出,而学生的平均成绩可由"选修"联系中的属性"成绩"计算出来,所以"课程"实体中的"教师号"与"学生"实体中的"平均成绩"均属于冗余数据。另外,"系"和"课程"之间的联系"开课",可以由"系"和"教师"之间的"属于"联系与"教师"和"课程"之间的"讲授"联系推导出来,所以"开课"属于冗余联系。

因此在得到初步的全局 E-R 模式后,还应当进一步检查 E-R 图中是否存在冗余,如果存在冗余则应该设法消除掉。一个好的全局 E-R 模式,不仅能全面、准确地反映用户需求,而且还应该满足如下的一些条件:实体型的个数尽可能少;实体型所含属性个数尽可能少;实体型之间联系无冗余。

这样,图 6-7 的初步 E-R 图在消除冗余数据和冗余联系后,便可得到基本 E-R 图,如图 6-8 所示。

图 6-8 代表的是最终概念模型,真实地体现了用户的数据要求。它决定了数据库的总体逻辑结构,是成功建立数据库的前提和关键。因此,用户和数据库设计人员必须对该概念模型反复讨论,并确认该模型能准确地反映用户的需求后,才能进入下一阶段的设计工作。

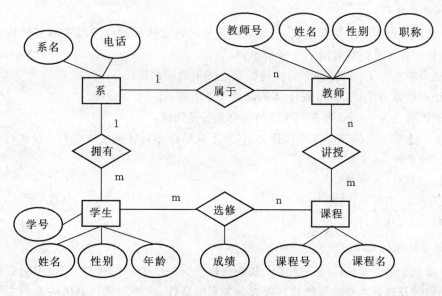

图 6-8 教务管理系统的基本 E-R 图

6.4 数据库逻辑结构设计

概念结构设计得到的全局 E-R 模型是独立于具体 DBMS 的,因此无法直接在某一具体的 DBMS 上实现。数据库逻辑结构设计的主要任务就是将全局 E-R 模型转化成具体 DBMS 能够支持的数据模型。由前面的章节我们可以知道,从 E-R 图所表示的概念模型可以转换成网状模型、层次模型或者关系模型。由于本书主要是针对关系型数据库,所以只介绍 E-R 图如何向关系模式转换。

6.4.1 E-R 模型到关系模式的转换

E-R 模型是由实体、属性和联系组成的,将 E-R 模型转换为关系模式,也就是将实体、属性和联系转换成关系模式。

1. 实体的转换

对于 E-R 模型中的每个实体,应有一个相应的关系模式与之对应,该关系模式包含实体的所有属性,并用下划线来表示关系模型的键包含的属性。也就是说,该实体的属性就是关系的属性,该实体的键就是关系的键。

【例 6-1】以图 6-8 的 E-R 图为例,四个实体分别转换成四个关系模式:

学生(学号,姓名,性别,年龄)

课程(课程号,课程名)

教师(教师号,姓名,性别,职称)

系(系名,电话)

其中,有下划线者表示是主键。

2. 联系的转换

一个联系转换为一个关系模式,与该联系相连的各实体的键以及联系的属性均转换为该关系的属性。该关系的键有以下三种情况:

(1)如果联系为1:1,则每个实体的键都是关系的候选键;

(2)如果联系为1:n,则n端实体的键是关系的键;

(3)如果联系为n:m,则各实体键的组合是关系的键。

【例6-2】仍以图6-8的E-R图为例,四个联系也分别转换成四个关系模式:

属于(<u>教师号</u>,系名)

讲授(<u>教师号</u>,<u>课程号</u>)

选修(<u>学号</u>,<u>课程号</u>,成绩)

拥有(系名,<u>学号</u>)

3. 特殊情况的处理

三个或三个以上实体间的一个多元联系在转换为一个关系模式时,与该多元联系相连的各实体的主键及联系本身的属性均转换成为关系的属性,转换后所得到的关系的主键为各实体键的组合。

【例6-3】图6-9表示供应商、项目和零件三个实体之间的多对多联系,如果已知三个实体的主键分别为"供应商号"、"项目号"与"零件号",则它们之间的联系"供应"可转换为以下关系模式,其中供应商号、项目号、零件号为该关系的组合关系键。

供应(<u>供应商号</u>,<u>项目号</u>,<u>零件号</u>,数量)

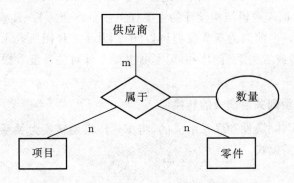

图6-9 多个实体之间的联系

➢6.4.2 关系模式的优化

逻辑结构设计的结果直接影响到数据库的效率和质量,在该阶段,仍然需要使用关系规范化理论来评价和优化关系模式。因此要成为最终在DBMS中实施的模式,还需要进行规范化处理和适当的优化处理。

1. 规范化处理

规范化处理的目的是减少乃至消除关系模式中存在的各种异常,保证其完整性和一致性,提高存储效率。规范化处理过程分为如下两步进行:

（1）确定范式级别。考察范式的数据依赖关系，确定范式等级。如果仅为函数依赖，则 3NF 或 BCNF 是适当的标准。如果数据依赖集合还包括多值依赖，则可将 4NF 作为其规范化级别。

（2）实施规范化分解。在确定关系模式需要的规范级别之后，利用前面章节介绍的规范化方法，将关系模式分解为相应级别的范式。在分解过程中，需注意保持依赖和无损连接的要求。

2. 模式评价

模式评价的目的是检查前面所得到的数据库模式是否完全满足用户的功能要求，是否具有较高的效率，并确定哪些是需要加以修正的。模式评价主要包括以下几个方面：

（1）功能评价。根据需求分析的结果，检查规范化后的关系模式集合是否支持用户的所有应用要求。对于涉及多个关系模式的应用需求，应评价它们的无损连接性。

（2）性能评价。使用逻辑记录访问估算方法对连接运算、存储空间等性能作出估计，并为数据库设计后面的环节提出一些建议。

3. 模式修改

根据模式评价的结果，对已生成的模式进行改进。如果因为系统需求分析、概念结构设计的疏漏导致某些应用不能得到支持，则应该增加新的关系模式或属性。如果因为性能考虑而要求改进，则可按照以下方法进行处理：

（1）减少连接运算。连接运算的开销一般都很大，参与连接运算的关系越多，开销越大。因此，对于一些常用的、性能要求高的、涉及多个关系的连接查询，可对这些关系模式按连接查询使用的频率进行合并，以减少连接操作，提高效率。

（2）减小关系的大小和数据量。关系的大小对查询的速度影响也很大。为了提高查询速度，把一个关系分成若干个小的关系是有利的。比如，可以把整个公司的员工的数据放到一个关系里，也可以分别为不同的部门建立员工关系。前者对全公司范围内的查询是方便的，后者对于部门内的员工信息的查找速度更快一些。如果按部门查询是使用最多的应用，则应该为各个部门建立员工关系，这种方法称为关系的水平分割。此外，还存在对于关系的垂直分割。例如，员工档案的信息很多，势必影响查询的速度，若按照经常查询的属性和很少查询的属性将其分解成两个关系，则可以提高常用查询的速度。

经过多次的模式评价和改进之后，最终的数据库模式得以确定。逻辑结构设计阶段的结果是全局逻辑数据库结构。对于关系数据库系统来说，就是一组符合一定规范的关系模式组成的关系数据库模式。

6.5 数据库物理结构设计

数据库物理结构是对于给定的逻辑数据模型，取一个最适合应用环境的物理结构的过程。数据库的物理结构是指数据库在物理设备上的存储结构与存取方法，它依赖于特定的操作系统。此外，物理设计还包括物理数据库结构对运用需求的满足，如存储空间、存取策略方面的要求，响应时间及系统性能方面的要求等。

在目前流行的商品化关系数据库管理系统（RDBMS）中，数据库的大量内部物理结构都由

RDBMS 自动完成,留给用户参与的物理结构设计内容非常少,大致有如下几种:

(1)聚簇设计。确定每个关系是否需要建立聚簇,若需要,应在什么属性列上建立。

(2)索引设计。确定每个关系是否需要建立索引,若需要,应在什么属性列上建立。

(3)分区设计。确定数据库数据存放在哪些磁盘上,数据如何分配。

➢ 6.5.1 聚簇设计

为了提高某个属性或属性组的查询速度,把这个属性或属性组上具有相同值的元组集中存放在连续的物理块上的处理称为聚簇,这个属性或属性组称为聚簇码。

聚簇功能可以大大提高按聚簇码进行查询的效率。例如查询公司内所以员工的姓名,假设公司有员工 100 名,在极端情况下,这 100 名员工所对应的数据元组分布在 100 个不同的物理块上。当去访问这些数据块时,需要执行 100 次 I/O 操作。如果将同一部门的员工的数据集中存放,则每读取一个物理块就可以得到多个满足查询条件的元组,从而显著减少 I/O 操作的次数,但是对于非聚簇属性列的查询效果不佳。此外,数据库系统建立的开销都很大,每次修改聚簇属性列值或增加、删除元组,都将导致关系中的元组移动其物理位置。因此,只有在以下情况下才考虑对某个特定的关系建立聚簇:

(1)对经常在一起进行连接操作的关系可以建立聚簇。

(2)当对一个关系的某些属性列主要是通过聚簇码进行访问,而对其他属性则很少访问时,可以考虑对该关系在这些属性列上建立聚簇。比如在 SQL 语句中包含有与聚簇有关的 ORDER BY,GROUP BY,UNION,DISTINCT 等字句或短语时,使用聚簇特别有利,可以省去对结果集的排序操作。

(3)如果一个关系在某些属性上的值的重复率很高,则可以考虑对该关系在这些属性列上建立聚簇。

(4)如果一个关系一旦装入数据,某些属性列的值很少修改,也很少增加或删除元组,则可以考虑对该关系在这些属性列上建立聚簇。

➢ 6.5.2 索引设计

索引设计是数据库物理设计的另一种方法。和聚簇索引不同的是,当索引属性列发生变化,或增加、删除元组时,只有索引发生变化,原有数据的物理位置则不会变化。此外,每个关系只能建立一个聚簇,但可以建立多个索引。对于某个特定的关系,在以下情况下建立索引:

(1)如果某属性或属性组在查询条件中经常出现,则考虑在该属性或属性组上建立索引或者是组合索引。

(2)如果某属性或属性组在连接操作的连接条件中经常出现,则考虑在该属性或属性组上建立索引。

(3)对于等值连接,但满足条件的元组较少的查询可考虑建立索引。

(4)如果查询可以从索引直接得到结果而无需访问关系,则对该查询可建立索引。比如,为查询某个属性的 MIN,MAX,AVG 等函数值,可以在该属性列上直接建立索引。

➢ 6.5.3 数据存放位置的设计

数据库中的数据,包括关系、索引、聚簇、日志等,一般都存放在磁盘内,由于数据量的增大,往往需要用到多个磁盘驱动器,这就产生了数据在多个磁盘如何分配的问题,可以采用如下几种存取位置的分配方案来解决该问题。

(1)将表和索引放在不同的磁盘上,这样在查询时,由于是不同的磁盘驱动器并行工作,可以提高物理I/O读写的效率。更进一步,还可以将日志文件、备份文件与数据库对象放在不同的磁盘上,以改进系统的性能。

(2)将数据量较大的关系分别放在两个磁盘上,以加快存取速度,这在多用户环境下效果尤为明显。

(3)在数据库中数据访问的频率是不均匀的,那些经常被访问的数据称为热点数据,此类数据宜分散存放于不同的磁盘上,以均衡各个磁盘的负荷。

6.6 数据库实施与维护

数据库的实施,即是指根据数据库的逻辑结构设计和物理结构设计的结果,在具体DBMS支持的计算机上建立实际的数据库模式、装入数据,并进行测试和试运行的过程。

6.6.1 数据的载入和应用程序的调试

载入数据是数据库实施阶段的主要工作。在数据库结构建立好之后,就可以向数据库中加载数据了。由于数据库的数据量一般都很大,而且结构不同且分散,因此,数据转换和组织数据库入库工作是一件耗费大量人力物力的工作。目前的DBMS产品没有提供通用的转换工具,因而不存在通用的转换规则。为了防止将不正确的数据输入到数据库内,应当采用多种方法多次地对数据进行检验。

由于人工方法转换效率低、质量差,特别是在数据量大时,其问题表现的尤其突出。为提高数据输入工作的效率和质量,应该针对具体的应用环境设计一个数据输入子系统,由计算机完成数据入库的任务。设计数据输入子系统时还要注意原有系统的特点,充分考虑老用户的习惯,这样可以提高输入的质量。如果原有系统是人工数据处理系统,新系统的数据结构就很可能与原系统有很大差别,在设计数据输入子系统时,应尽量让输入格式与原系统结构相近。数据的转换、分类和综合需要多次才能完成,因此输入子系统的设计和实施是很复杂的,需要编写很多应用程序,由于这一工作需要耗费很多的时间,为了保证数据能够及时入库,应该在数据库物理设计的同时编制数据输入子系统,而不能等物理设计完成后才开始。

6.6.2 数据库系统的试运行

应用程序调试完,并有一小部分数据录入到数据库后,就可以开始数据库应用系统的试运行。数据库系统试运行也称为联合调试,其主要工作包括:①功能测试。实际运行应用程序,测试它们能否完成各种预定的功能。②性能测试。测试系统的性能指标,分析是否符合设计目标。

在数据库物理结构设计阶段评价数据库结构,时间效率和空间指标都作了许多简化和架设,忽略了许多次要因素,因此其结果必然粗糙。数据库系统试运行则是要实际测量系统的各种性能指标能否达到预期的要求,若无法达标则需要返回到物理结构设计阶段,调整物理结构,修改参数,有时甚至还需要返回至逻辑结构设计阶段,调整逻辑结构。

在试运行阶段,由于系统不稳定,操作人员对系统也不熟悉,因此必须做好数据库的转储和恢复工作,尽量减少对数据库的破坏。

➤ 6.6.3 数据库系统的运行与维护

数据库试运行合格后,即可投入正式运行了,这标志着数据库开发工作基本完成,但并不意味着设计过程的终结。由于应用环境在不断变化,数据库运行过程中物理存储也会不断变化,对数据库设计进行评价、调整、修改等维护工作是一个长期的任务,也是设计工作的继续和提高。

在数据库运行阶段,对数据库经常性的维护工作主要是由数据库管理员完成的。数据库的维护工作包括以下四项。

1. 数据库的转储和恢复

数据库的转储和恢复是系统正式运行后最重要的维护工作之一。数据库管理员要针对不同的应用要求制订不同的转储计划,以保证一旦发生故障,尽快将数据库恢复到某种一致的状态,并尽可能减少对数据库的破坏。

2. 数据库的安全性、完整性控制

按照设计阶段提供的安全规范和故障恢复规范,数据库管理员需要经常检查系统是否受到入侵,并及时调整用户的操作权限。数据库在运行过程中,对安全性的要求以及完整性约束条件都是会随时产生变化的,DBA 要根据实际情况及时调整相应的授权以保证数据库的安全性,以满足用户的需求。

3. 数据库性能的监督与改进

DBMS 产品基本都提供了监测系统性能参数的工具,数据库管理员可以利用这些工具,对数据库的存储空间及响应时间进行分析评价,结合用户的反映情况确定改进措施,判断当前系统运行状况是否是最佳,应当作哪些改进,例如调整系统物理参数等。

4. 数据库的重组织与重构造

数据库运行一段时间后,由于记录不断增、删、改,会使数据库的物理存储情况变坏,从而导致数据库的性能下降。这时,数据库管理员就要对数据库进行重组织或部分重组织。也就是按照原先的设计要求重新安排数据的存储位置,调整磁盘分区方法和存储空间,整理回收碎片等。数据库的逻辑结构一般是相对稳定的,但是由于数据库应用环境的变化、新应用的出现或老应用内容的更新,都要求对数据库的逻辑结构作必要的变动,这就是数据库的重构。

数据库的重组织并不修改原设计的逻辑和物理结构,而数据库的重构造则不同,它要部分修改数据库的模式和内模式。当然,数据库重构的程度也是有限的,若应用需求变化太大,重构也无法从根本上解决问题,这时说明数据库的生命周期已经结束,应重新设计新的数据库应用系统了。

📚 本章小结

本章主要介绍了数据库设计的方法和步骤,详细描述了数据库设计中的需求分析、概念设计、物理设计,以及运行于维护各个阶段的目标、方法和应注意的事项。其中,概念设计和逻辑设计是整个数据库设计过程中最重要的两个环节,也是本书的重点章节。

将需求分析所得到的用户需求抽象为信息结构即概念模型的过程就是概念结构设计,这一过程包括设计局部 E-R 图、综合成初步 E-R 图和 E-R 图的优化。逻辑设计阶段的任务就是将概念模型转换为相应的数据模型,该阶段分为三步:初始关系模式设计、关系模式规范化、模式的评价与改进。

在本章的学习中,不仅要通过书中知识的介绍来掌握相关的理论,还要在实际工作中能够运用这些理论和方法,设计出符合现实需求的数据库应用系统。

复习题

一、选择题

1. 在概念模型中客观存在并可相互区别的事物称_____。

　　A. 元组　　　　　　B. 实体　　　　　　C. 属性　　　　　　D. 节点

2. E-R 图的基本成分不包含_____。

　　A. 实体　　　　　　B. 属性　　　　　　C. 元组　　　　　　D. 联系

3. E-R 图是数据库设计的工具之一,适用于建立数据库的_____。

　　A. 概念模型　　　　B. 逻辑模型　　　　C. 结构模型　　　　D. 物理模型

4. 在数据库的概念设计中,最常用的数据模型是_____。

　　A. 形象模型　　　　B. 物理模型　　　　C. 逻辑模型　　　　D. 实体联系模型

5. 从 E-R 模型向关系模型转换时,一个 M∶N 联系转换为关系模式时,该关系模式的关键字是_____。

　　A. M 端实体的关键字　　　　　　　　B. N 端实体的关键字

　　C. M 端实体关键字与 N 端实体关键字组合　D. 重新选取其他属性

6. 当局部 E-R 图合并成全局 E-R 图时可能出现冲突,不属于合并冲突的是_____。

　　A. 属性冲突　　　　　　　　　　　B. 语法冲突

　　C. 结构冲突　　　　　　　　　　　D. 命名冲突

7. 公司中有多个部门和多名职员,每个职员只能属于一个部门,一个部门可以有多名职员,从职员到部门的联系类型是_____。

　　A. 多对多　　　　　B. 一对一　　　　　C. 多对一　　　　　D. 一对多

8. 概念模型独立于_____。

　　A. E-R 模型　　　　　　　　　　　B. 硬件设备和 DBMS

　　C. 现实世界　　　　　　　　　　　D. DBMS

9. 规范化理论是数据库_____阶段的指南和工具。

　　A. 需求分析　　　　B. 概念设计　　　　C. 逻辑设计　　　　D. 物理设计

10. 数据库设计中,确定数据库存储结构,即确定关系、索引、聚簇、日志、备份等数据的存储安排和存储结构,这是数据库设计的_____。

　　A. 物理设计阶段　　　　　　　　　B. 逻辑设计阶段

　　C. 概念设计阶段　　　　　　　　　D. 需求分析阶段

二、填空题

1. 数据库设计包括 _____ 和 _____ 两方面的内容。

2. 概念结构设计包含以下四种方法： _____、_____、_____ 和 _____。

3. E-R 图的冲突有三种： _____、_____ 和 _____。

4. 数据库的物理结构设计主要包括 _____ 和 _____。

5. 重新组织和构造数据库是 _____ 阶段的任务。

6. 任何 DBMS 都提供多种存取方法。常用的存取方法有 _____、_____、_____ 等。

7. 数据库的物理结构设计主要包括 _____ 和 _____。

8. 需求调查和分析的结果最终形成 _____，提交给应用部门，通过评审作为以后各个设计阶段的数据。

三、设计题

设某商业集团数据库中有三个实体集。一是"商店"实体集，属性有商店编号、商店名、地址等；二是"商品"实体集，属性有商品号、商品名、规格、单价等；三是"职工"实体集，属性有职工编号、姓名、性别、业绩等。

商店与商品间存在"销售"联系，每个商店可销售多种商品，每种商品也可放在多个商店销售，每个商店销售一种商品，有月销售量；商店与职工间存在着"聘用"联系，每个商店有许多职工，每个职工只能在一个商店工作，商店聘用职工有聘期和月薪。

(1)试画出 E-R 图，并在图上注明属性、联系的类型。

(2)将 E-R 图转换成关系模型，并注明主键和外键。

四、简答题

1. 试述数据库的设计方法。

2. 数据库设计的需求分析阶段的主要任务是什么？调查的内容是什么？

3. 需求分析阶段应注意哪些内容？

4. 什么是数据抽象？主要有哪两种形式的抽象？

5. 什么是数据库的概念结构？试述概念结构设计的步骤。

6. 试述逻辑设计的步骤及把 E-R 图转换为关系模式的转换原则，并举例说明。

7. 简述数据库物理设计的内容和步骤。

8. 数据库运行和维护阶段主要有哪些工作？

第 7 章　数据库编程

学习要点

1. Transact-SQL 程序设计的基本语法要素、常用函数、常用命令和流程控制语句
2. 存储过程的基本概念，在 SQL Server 环境下存储过程的创建、查看、修改、删除等管理方法
3. 触发器的基本概念和原理，在 SQL Server 环境下触发器的创建、查看、修改、删除等管理方法

　　SQL 语言是关系型数据库管理系统的标准语言，标准的 SQL 语句几乎可以在所有的关系型数据库管理系统中不加修改地使用。但由于标准的 SQL 语言对流程控制并不支持，对于一些复杂的应用，无法直接实现。因此，大型的关系型数据库系统都在标准 SQL 的基础上，进行了相应的扩展，推出了符合自身特点的 SQL 编程语言，如 SQL Server 的 Transact-SQL，Oracle 的 PL/SQL 等。

　　Transact-SQL 就是在标准 SQL 的基础上进行了相应的扩充，引入了程序设计的思想，增强了程序的流程控制语句等。因此，Transact-SQL 是兼容标准 SQL 语句的。Transact-SQL 最主要的用途是设计执行在服务器端的程序块，比如存储过程、触发器等。

7.1　Transact-SQL 程序设计

➤ 7.1.1　命名规则及注释

1. 命名规则

　　SQL 常规对象的标识符规则取决于数据库的兼容级别，具体规则如下：

　　(1)第一个字符必须是下列字符之一：小写字母从 a 至 z 和大写字母从 A 至 Z，来自其他语言的字母字符，下划线_、@或者数字符号♯。在 SQL Server 中，某些处于标识符开始位置的符号具有特殊意义，如以@符号开始的标识符表示局部变量或参数，以♯符号开始的标识符表示临时表或过程，以双数字符号(♯♯)开始的标识符表示全局临时对象。

（2）后续字符可以是所有的字母、十进制数字、@符号、美元符号＄、数字符号或下划线。

在命名时，有以下几点需要注意：①标识符不能是 Transact-SQL 的保留字。②不允许嵌套空格或其他特殊字符。③当标识符用于 Transact-SQL 语句时，必须用引号（"）或括号（[]）分隔不符合规则的标识符。

2. 注释

注释是指程序中用来解释程序内容的语句，编译器在编译时会忽略注释语句。注释不仅能增强程序的可读性，而且有助于日后的管理与维护。Transact-SQL 支持两种注释方式，即双连字符（--）和正斜杠星号字符对（/ * … * /）注释方式。

双连字符（--）注释方式主要用于在某一行中对代码进行解释和描述，当然也可以进行多行注释，但每一行都须以双连字符开始。

正斜杠星号字符对（/ * … * /）注释方式中，开始注释对（/ *）和结束注释对（* /）之间的所有内容均视为注释。该方式既可以用于多行，也可以用于一行，甚至还可以在可执行代码的内部。

一般来说，行内注释采用双连字符（--），多行注释采用正斜杠星号字符对（/ * … * /）。

➤ 7.1.2 变量

Transact-SQL 中可以使用两种变量：局部变量和全局变量。

1. 局部变量

用户自定义的变量称为局部变量，它不区分大小写。它的作用范围仅在其声明的批处理、存储过程或触发器中。局部变量在程序中通常用来储存从表中查询到的数据，或当作程序执行过程中的暂存变量。局部变量必须以@开头，而且必须先用 DECLARE 命令说明后才可使用。其说明形式如下：

DECLARE　@变量名　变量类型[,@变量名　变量类型,…]

其中，变量类型可以是 SQL Server 2008 支持的所有数据类型。

在 Transact-SQL 中不能像在一般的程序语言中一样使用"变量＝变量值"来给变量赋值，必须使用 SELECT 或 SET 命令来设定变量的值。其语法如下：

SET @局部变量＝表达式[,…,n]

或

SELECT @局部变量＝表达式[,…,n][FROM 子句][WHERE 子句]

【例 7－1】声明一个长度为 15 个字符的变量 name，并赋值。

```
DECLARE @name char(15)
SET @name='Jim Green'
```

在某些特定的应用中，我们会使用到程序中的查询结果，这时就需要将查询结果存储到变量中去，如【例 7－2】所示。

【例 7－2】查询教师号为"T3"的教师的职称与工资，并存储到变量@prof 和@sal 中。

```
DECLARE @prof varchar(10)
DECLARE @sal varchar(10)
SELECT @prof=Prof, @sal=Sal FROM T WHERE Tno='T3'
```

2. 全局变量

全局变量是 SQL Server 2008 系统内部使用的变量,其作用范围并不局限于某一程序,而是任何程序均可随时调用。全局变量通常存储一些 SQL Server 2008 的配置设定值和效能统计数据。全局变量不是由用户的程序定义的,而是由系统定义和维护的,只能使用预先说明及定义的全局变量。因此,全局变量对用户而言是只读的,仅仅可以用来反映 SQL Server 服务器当前活动状态的信息,但用户无法对它们进行修改或管理。引用全局变量时必须以"@@"开头。局部变量的名称不能与全局变量的名称相同,否则会在应用中出错。

例如,@@version 全局变量将返回当前 SQL Server 服务器的版本和处理器类型。@@language 全局变量将返回当前 SQL Server 服务器使用的语言。

➤ 7.1.3 函数

Transact-SQL 提供了大量的函数供用户使用,这些函数是 T-SQL 命令的扩充,它们可以用于很多场合。SQL Server 的函数可以分为如下类别:

1. 算术函数

算术函数是对数据类型为整形、浮点型或者货币型等相关类型的列进行操作。例如,三角函数中的 SIN 函数,以及求绝对值的 ABS 函数。

2. 聚合函数

聚合函数的功能是将多个值合并为一个值。例如,在前面章节中使用过的 COUNT,SUM,AVG,MIN 和 MAX 等。

3. 配置函数

配置函数可返回有关配置设置的信息,它实际上是一组全局变量(以@@作前缀),它们直接记录了有关配置信息。例如,如下语句可以返回当前服务器的名称:
SELECT @@SERVERNAME

4. 日期和时间函数

日期和时间函数可以对日期和时间执行操作,并返回一个字符串、数字值或日期和时间值。例如,返回日期值的 DAY 函数,返回年份值的 YEAR 函数。

5. 元数据函数

元数据函数返回数据库和数据库对象的属性信息。例如,返回数据库标识号的 DB_ID 函数。

6. 安全函数

该类函数返回用户和角色等与安全有关的信息。例如,指示当前用户的对象权限的 PERMISSIONS 函数。

7. 字符串函数

字符串函数是对字符串进行操作或计算的函数,它可能涉及 char,varchar,nchar,nvarchar,binary 和 varbinary 等数据类型的值。例如,len 函数计算字符串的长度,substring 函数计算字符串的子串等。

8. 系统函数

系统函数是对系统级的各种选项和对象进行操作或返回结果。例如,返回指定表达式字节数的 DATALENGTH 函数。

9. 系统统计函数

系统统计函数用来返回有关 SQL server 性能的信息。例如,返回标准差的 STDEV 函数,以及返回数据统计变异数的 VAR 函数。

有关 SQL Server 函数的详细介绍请参阅相关使用手册。

➢ 7.1.4 常用命令

1. BACKUP

BACKUP 命令用于将数据库的相关内容备份到存储介质上(如软盘、硬盘、磁带等)。

2. CHECKPOINT

CHECKPOINT 命令用于在当前连接到的 SQL Server 数据库中生成一个手动检查点,并将相关数据从缓冲区写入硬盘。

3. DBCC

数据库一致性检查程序(database base consistency checker,DBCC),作为 SQL Server 的数据库控制台命令,用于维护、收集信息、分析验证等。DBCC 命令后必须加上子命令,系统才知道要做什么。如 DBCC TABLE CHECK 命令,检查数据库中对象的逻辑和物理一致性。

4. DECLARE

DECLARE 的语法格式如下:

```
DECLARE{{@local_variable data_type}
    |{table_type_definition}
    }[…,n]
```

DECLARE 命令用于声明一个或多个局部变量、游标变量或表变量。在用 DECLARE 命令声明之后,所有的变量都被赋予初值 NULL。需要用 SELECT 或 SET 命令来给变量赋值。变量类型可为系统定义的类型或用户定义的类型,但不能为 TEXT,NTEXT 和 IMAGE 类型。

如果变量为字符型,那么,在 data_type 表达式中还应指明其最大长度,否则系统认为其长度为 1,从而导致错误。

5. EXECUTE

EXECUTE 命令用来执行 Transact-SQL 批处理中的命令字符串、字符串或相关的存储过程。

6. KILL

KILL 命令用于终止某一过程的执行。

7. PRINT

PRINT 命令用于向客户端返回用户定义消息,其语法格式如下:

```
PRINT msg_str | @local_variable | string_expr
```

msg_str 为返回的字符串常量;若返回值为变量 local_variable,则该变量必须先用数据类型转换函数 CONVERT()将其转换为字符串;返回值也可以是一个字符串的表达式 string_expr,其能显示的最大长度与其相关类型有关。

8. RAISERROR

RAISERROR 命令生成错误消息并启动会话的错误处理,该消息作为服务器错误消息返回到调用应用程序。

9. RESTORE

RESTORE 命令用来还原使用 BACKUP 命令所作的备份,该还原包括对整个数据库的完整还原,对某个文件的还原,以及对事务日志的还原等。

10. SELECT

SELECT 命令用于给局部变量赋值,其语法格式如下:

SELECT ⟨@local_Variable＝expression)[,…,n]

SELECT 命令可以一次给多个变量赋值。当表达式 expression 为列名时,SELECT 命令可利用其查询功能一次返回多个值,变量中保存的是其返回的最后一个值。如果 SELECT 命令没有返回值,则变量值仍为原来的值。当表达式 expression 是一个子查询时,如果子查询没有返回值,则变量被设为 NULL。

11. SET

SET 命令用于给局部变量赋值。其语法格式如下:

SET{{@local_variable＝expression} | {@cursor_variable＝

　　{@cursor_variable | cursor_name

　　| {CURSOR

　　[FORWARD_ONLY | SCROLL]

　　[STATIC | KEYSET | DYNAMIC | FAST FORWARD]

　　[READ_ONLY | SCROLL_LOCKS | OPTIMISTIC]

　　[TYPE_WARNING]

　　FOR select_statement

　　[FOR{READ ONIY

　　| UPDATE[OF column_name[,…,n]] }] } } } }

在用 DECLARE 命令声明之后,所有的变量都被赋予初值 NULL。需要用 SET 命令来给变量赋值,但与 SELECT 命令不同的是 SET 命令一次只能给一个变量赋值,不过由于 SET 命令功能更强且更严密,因此,SQL Server 推荐使用 SET 命令来给变量赋值。

12. SHUTDOWN

SHUTDOWN 表示立即停止 SQL Server,其语法格式如下:

SHUTDOWN[WITH NOWAIT]

其中,NOWAIT 为可选项。当使用 NOWAIT 参数时,系统在不对每个数据库执行检查点操作的情况下关闭 SQL Server。SQL Server 在尝试终止全部用户进程后退出。服务器重新启动时,将针对未完成事务执行回滚操作。当没有用 NOWAIT 参数时,SHUTDOWN 命令将按以下步骤执行：

(1)阻止任何用户登录 SQL Server；

(2)等待当前正在运行的 Transact_SQL 语句或存储过程完成；

(3)在每个数据库中插入检查点；

(4)停止 SQL Server 的执行。

13．USE

USE 命令的作用为将当前数据库更改为指定数据库，其语法格式如下：

USE{database}

参数 database 表示用户当前要切换到的数据库的名称。

➤ 7.1.5　批处理与流程控制

在 SQL Server 中，可以使用批处理和流程控制语句来实现较复杂的功能。批处理是包含一个或多个 Transact-SQL 语句的组，从应用程序一次性发送到 SQL Server 执行。流程控制语句用来控制 SQL 语句或存储过程的执行流程。

1．批处理

批处理可以用来提高 Transact-SQL 程序的执行效率。批处理是使用 GO 语句将多条 SQL 语句进行分隔，在 Transact-SQL 程序内两个"GO"标记符之间的代码称为一个批处理单元。在 SQL Server 执行批处理之前首先将批处理进行编译，使之成为一个可执行单元，然后再对编译成功的批处理单元进行处理。若批处理中某条语句出现错误，则整个批处理无法编译成功。也就是说，批处理中的语句要么编译成功都执行，要么编译不成功都不执行。

2．流程控制语句

流程控制语句是用来控制程序执行和流程分支的语句。

(1)BEGIN…END 语句。

BEGIN…END 语句的语法格式如下：

    BEGIN

        <命令行或程序块>

    END

该语句用来设定一个语句块，其中间所包含的所有程序视为一个单元执行。在条件语句（如 IF…ELSE)和循环语句（如 WHILE)中，经常使用到该语句。

(2)IF…ELSE 语句。

IF…ELSE 语句的语法格式如下：

    IF<条件表达式>

        <命令行或程序块>

    [ELSE

        <命令行或程序块>]

其中，<条件表达式>可以是各种表达式的组合，但表达式的值必须是逻辑值"真"或"假"。ELSE 子句是可选的。如果 IF 后面给出的条件为逻辑"真"，则执行 IF 关键字后面的语句，若不满足，则执行 ELSE 后面的语句。

(3)CASE 语句。

CASE 语句的语法格式如下：

    CASE<表达式>

        WHEN<表达式>THEN<表达式>

        WHEN<表达式>THEN<表达式>

        [ELSE<表达式>]

    END

该语句的执行流程为：将 CASE 后面表达式的值与各 WHEN 子句中的表达式的值进行比较，若值相等，则返回 THEN 后的表达式的值并跳出 CASE 语句，否则返回 ELSE 子句中的表达式的值。ELSE 子句是可选项。当 CASE 语句中不包含 ELSE 子句时，如果所有比较失败时，CASE 语句将返回 NULL。

(4)WHILE…CONTINUE…BREAK 语句。

WHILE…CONTINUE…BREAK 语句的语法格式如下：

    WHILE<条件表达式>

    BEGIN

        <命令行或程序块>

        [BREAK]

        [CONTINUE]

        [命令行或程序块]

    END

WHILE 命令在设定的条件成立时会重复执行命令行或程序块。CONTINUE 命令可以让程序跳过 CONTINUE 命令之后的语句，回到 WHILE 循环的第一行，继续进行下一次循环。BREAK 命令则让程序完全跳出循环，结束 WHILE 命令的执行。

(5)WAITFOR 语句。

WAITFOR 语句的语法格式如下：

    WAITFOR {DELAY <'时间'> | TIME <'时间'>

                                  | ERROREXIT | PROCESSEXIT | MIRRO-REXIT}

该命令用来暂停正在执行的语句，直到某时间或时间间隔到达后才继续往下执行。DELAY 关键字后的"时间"为 amount_of_time_to_pass，是在执行到 WAITFOR 语句后，所需等待的时间间隔，该间隔最多不能超过 24 小时。TIME 关键字后面的"时间"为 time_to_execute，表示需要等待到某一时刻后，才会继续后面的语句操作。其中"时间"必须为 DATETIME 类型的数据，格式为 hh:mm:ss，但不能包括日期部分。

(6)GOTO 语句。

GOTO 语句的语法格式如下：

定义标签：

    Label：

改变执行：

    GOTO Label

GOTO 语句是无条件跳转语句,可以使程序直接跳至指定的标识符位置处继续执行。而在 GOTO 语句和所指定的标签之间的语句块将不再被执行。GOTO 语句用到的标识符可以是数字或字符组合,但必须以":"结尾,而在调用时,只写标识符名称而不必加":"。

(7)RETURN 语句。

RETURN 语句的语法格式如下:

   RETURN 〔integer_expression〕

其中,integer_expression 为返回的整数值。该语句用于无条件终止查询、存储过程和批处理。存储过程或批处理中 RETURN 后面的语句都不执行。当在存储过程中使用 RETURN 语句时,此语句可以指定返回给调用应用程序、批处理或过程的整数值。如果 RETURN 未指定值,则返回 0。

7.2 存储过程

存储过程是 SQL Server 服务器上一组预先定义并编译好的 Transact—SQL 语句。可以将某些多次调用以实现某个特定的代码段编写成一个过程,并将其保存在数据库中。使用存储过程可以高效率地完成该特定任务。

➢ 7.2.1 存储过程概述

1. 存储过程的产生

由于能够对 SQL Server 数据库执行操作的只有 Transact—SQL 语句,因此早期的时候,人们使用各种前台开发工具,如 VB、VC 等都是通过调用 Transact—SQL 语句来执行对数据库的操作,其本身的编程语法要素是用来完成输入输出和编程逻辑的。因此,程序每调用一次 Transact—SQL 语句,执行引擎就要首先进行编译,然后执行。如果有很多并发的用户同时对 SQL Server 数据库进行操作,这样的 Transact—SQL 语句的执行效率就非常低下。

为了解决这个问题,SQL Server 提出了存储过程的概念,存储过程的提出引发了数据库应用开发技术的革命。目前商用数据库系统所能实现的复杂功能基本上都是以存储过程的形式来实现的,该技术在市场上已经得到了广泛的应用。

2. 存储过程的概念

存储过程是数据库的一种对象,是为了实现某个特定任务,以一个存储单元的形式存储在服务器上的一组 SQL 语句的集合。用户也可以把存储过程看成是以数据库对象形式存储在 SQL Server 中的一段程序或函数。存储过程是由一系列的 SQL 语句或控制流程语句组成的。它有以下特点:

(1)接收输入参数并以输出参数的形式将多个值返回至调用过程。

(2)包含执行数据库操作的编程语句。

(3)向调用过程或批处理返回状态值,以表明成功或失败及其失败原因。

3. 存储过程的优点

(1)模块化的设计。一个存储过程一旦成功创建,便可以在程序中被任意重复地调用,这样就提高了程序的重用性和共享性,增强了程序的可维护性,从而提高了设计效率。

(2)提高执行速度。存储过程是预编译的,在第一次执行一个存储过程时,系统会对其进行分析和优化,并将经过编译的存储过程保存在高速缓存中,以后执行同一存储过程时便无须再次进行编译,从而加快了执行速度。

(3)减少网络流量。存储过程中包含大量的 SQL 语句,但是它以一个独立的单元存放在服务器上。每次执行时,只需要传递执行存储过程的调用命令即可,而无须发送整个代码段。

(4)增强了安全机制。SQL Server 可以只给用户访问存储过程的权限,而不授予用户访问存储过程引用的对象的权限,这样就避免了用户直接访问与存储过程相关的表,从而保证了数据的安全性。

4. 存储过程的类型

在 SQL Server 2008 中,存储过程可以分为三种类型:用户自定义存储过程、系统存储过程和扩展存储过程。

(1)用户自定义存储过程。用户自定义存储过程是由用户根据需要,为完成某一特定功能,在自己的普通数据库中创建的存储过程。

(2)系统存储过程。系统存储过程是指用来完成 SQL Server 2008 中许多管理活动的特殊存储过程。系统存储过程都存放在系统数据库 master 中,其前缀为 sp_。

(3)扩展存储过程。扩展存储过程是指用某种编程语言(C 语言)创建的外部例程,是可以在 SQL Server 实例中动态加载和运行的 DLL,其前缀为 xp_。

▷ 7.2.2 创建存储过程

创建存储过程有两种方法:一种是使用 Transact-SQL 命令创建,另一种是使用 SQL Server Management Studio 进行图形化操作。后者更易理解和上手操作,在熟练掌握的基础上,使用后者开发速度更快一些。

1. 使用 Transact-SQL 语句创建存储过程

用 Transact-SQL 语句创建带参数的存储过程,其语法格式如下:

CREATE PROCDURE procedure_name[;number]

 [{ @parameter data_type}

 [VARYING] [=default] [OUTPUT]

][,…,n]

 [WITH

  {RECOMPILE | ENCRYPTION | RECOMPILE, ENCRYPTION}]

 [FOR REPLICATION]

 AS sql_statement[,…,n]

各参数的含义如下:

(1)procdure_name:要创建的存储过程的名称。

(2)number:可选参数,用来对同名的过程分组,以便用一条 DROP PROCEDURE 语句即可将同组过程删除。

(3)@parameter:给出参数名(注意:需要使用@作前缀),可以定义 0 或多个参数,除非定义了默认值,否则,在调用存储过程时需要给出相应的参数值。在缺省情况下,参数只能代替常量,而不能用于代替表名、列名或其他数据库对象的名称。

(4)data_type:指定参数的数据类型。

(5)VARING:指定作为输出参数支持的结果集。

(6)=default:参数的默认值。该值必须是常量或 NULL,如果过程中使用了带 LIKE 关键字的参数,则可包含通配符。

(7)OUTPUT:指示参数是输出参数。

(8)RECOMPILE:表示每一次执行存储过程时都要重新进行编译。

(9)ENCRYPTION:表示将对该存储过程的 Transact-SQL 语句原始文本进行加密。

(10)FOR REPLICATION:指明为复制创建的存储过程不能在订阅服务器上执行,只有在创建过滤存储过程时才使用此选项。并且要注意的是,该选项不能和 WITH RECOMPILE 选项一起使用。

(11)AS:表示该存储过程要执行的操作。

(12)sql_statement:表示包含在存储过程中的 Transact-SQL 语句。

【例 7-3】在数据库 Teach 中,创建一个存储过程 stu_info,该存储过程可通过输入的学号来显示该学生的选课信息。

```
USE Teach
GO
CREATE PROCEDURE stu_info
(   @sno char(10)
)
AS
IFEXISTS(SELECT * FROM 选课 WHERE 学号=@sno)
    SELECT 学号,课程号,成绩
    FROM 选课
    WHERE 学号=@sno
ELSE
    PRINT '此学生没有选课'
GO
```

【例 7-4】创建一个存储过程,名为 sum_proc,实现前 n 个自然数的求和功能,并使得该存储过程在每次执行时都被重新编译,且要求对其原始 Transact-SQL 语句加密。

```
CREATR PROCEDURE sum_proc
(   @in int,
    @sum int OUTPUT,
WITH RECOMPILE, ENCRYPTION
    )
AS
DECLARE @i int
DECLARE @s int
SET @i=1
```

```
SET @s＝0
WHILE @i＜＝@in
    BEGIN
        SET @s＝@s＋@i
        SET @i＝@i＋1
    END
SET @sum＝@s
```

2．使用 SQL Server Management Studio 创建存储过程

使用 SQL Server Management Studio 创建存储过程的步骤如下：

（1）启动 SSMS，连接数据库服务器后，在"Teach"数据库下，依次展开"可编程性"→"存储过程"，选择"存储过程"单击右键，如图 7-1 所示。

图 7-1　在 Teach 中选择"存储过程"

（2）在弹出的快捷菜单中选择"新建存储过程"，则出现存储过程的创建模板，如图 7-2 所示。用户可以在此基础上编辑存储过程。

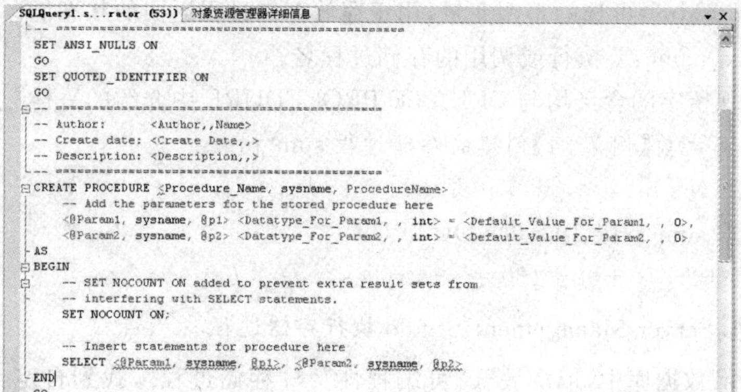

图 7-2　存储过程模板

(3)在 SSMS 的菜单"查询"中,选择"指定模板参数的值"选项,弹出"指定模板参数的值"对话框,如图 7-3 所示。在该对话框内,填入相应的输入参数的值,比如将该存储过程的名字命名为"Teach_proc1",最后单击"确定"按钮。

图 7-3 "指定模板参数的值"对话框

(4)在图 7-2 的查询编辑器窗口中继续编写 SQL 语句。

▷ 7.2.3 执行存储过程

对于存储过程的执行,相应的也有两种方式,即使用 Transact-SQL 直接执行,以及采用 SQL Server Managerment Studio 的图形化操作。

1. 使用 Transact-SQL 语句执行存储过程

使用 Transact-SQL 语句执行存储过程,其语法格式如下:

```
[EXECUTE]
  [@return_status=]
    {procedure_name[;number] | @procedure_name_var}
  [@parameter=]{value | @variable[OUTPUT] | [DEFAULT][,…,n]}
    [WITH RECOMPILE]
```

各参数的含义如下:

(1)@return_status:可选的整型变量,用于存放存储过程返回的状态值。

(2)procedure_name:要执行或调用的存储过程名。

其他参数和保留字的含义均与 CREATE PROCEDURE 中介绍的一样。

【例 7-5】执行之前【例 7-4】创建的存储过程 sum_proc。

```
DECLARE @s int
EXECUTE sum_proc 100,@s OUTPUT
PRINT '1+2+…+99+100='+str(@s)
```

2. 使用 SQL Server Management Studio 执行存储过程

(1)在"Teach"数据库中,依次展开"可编程性"→"存储过程",找到自定义创建的存储过程 dbo. stu_info,如图 7-4 所示。

(2)单击右键选择"执行存储过程",在弹出的"执行过程"窗口中,在"值"这一列输入相应

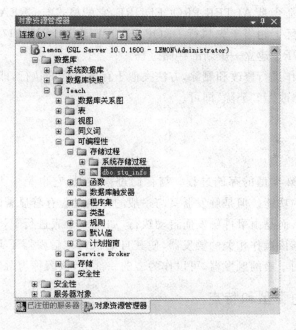

图 7-4 "执行存储过程"选项

的输入参数的实参值,如图 7-5 所示。例如,输入"S3",即显示学号为 S3 的学生的选课信息。

图 7-5 "执行过程"窗口

(3)单击"确定",其结果如图 7-6 所示。

	学号	课程号	成绩
1	S3	C1	58.0
2	S3	C2	72.0
3	S3	C6	78.0

图 7-6 执行结果

➤ 7.2.4 修改及删除存储过程

存储过程作为独立的数据库对象存储在数据库中,存储过程可以修改,不需要的存储过程也可以删除。

删除存储过程的语句是:

DROP PROCEDURE procedure_name

修改存储过程的命令是 ALTER PROCEDURE,它的格式与 CREATE PROCEDURE 命令的格式类似。它实际上相当于先执行 DROP PROCEDURE 删除旧存储过程,然后再执行 CREATE PROCEDURE 建立一个新的存储过程。

通过图形化的操作进行修改和删除,方法类似于存储过程的执行,即在相对应的存储过程的右键菜单中选择"修改"和"删除"即可。

7.3 触发器

触发器是一种特殊类型的存储过程。与存储过程类似,它也是由大量的 SQL 语句组成的,并实现一些特定的功能。但是触发器又与一般的存储过程有着显著的区别,触发器不能通过名称的调用来执行,而是由事件触发而自动执行,如对一个表进行 INSERT,DELETE 等操作时,将会自动触发与该操作相关的触发器,使其自动执行。触发器不允许带参数,它的定义与表紧密相连,即作用于表的触发器,可以作为表的一部分,该表称为触发器表。

➤ 7.3.1 触发器的类型和特点

1. 触发器的类型

按照触发事件的不同,SQL Server 2008 把触发器分为两个大的类别:DML 触发器和 DDL 触发器。

(1)DML 触发器当数据库中发生数据操纵语言(DML)事件时将触发 DML 触发器。DML 事件包括在指定表或视图修改数据的 INSERT、UPDATE 和 DELETE 语句中。在 DML 触发器中,可以执行查询其他表的操作,也可以包含更加复杂的 Transact-SQL 语句。DML 触发器用于在表或视图被修改时强制执行业务规则,以及扩展 SQL Server 约束、默认值和规则的完整性检查逻辑。按照触发器被激活的时机,可以把 DML 触发器分为 AFTER 触发器和 INSTEAD OF 触发器。

①AFTER 触发器。AFTER 触发器也叫做 FOR 触发器,当引起触发器执行的操作成功之后激发该类触发器。并且只能定义在表上,而不能创建在视图上。也就是在相关的更新操作执行完之后,触发器告诉 SQL Server 接下来还需要执行哪些操作。

②INSTEAD OF 触发器。该类触发器代替触发操作执行,即触发器在数据发生变动之前被触发执行,换句话说,也就是尽管触发器被触发,但相应的操作并不执行,而是去运行触发器本身所包含的 Transact-SQL 语句。该类触发器可以在表和视图上定义。

(2)DDL 触发器。当数据库中发生数据定义语言(DDL)事件时将触发 DDL 触发器。这些语句主要包括以 CREATE,ALTER 和 DROP 等关键字开头的语句。该类触发器主要是用来执行管理操作,如审核系统等。这类功能由于在日常中使用较少,因此本书主要介绍 DML 触发器。

2. 触发器的特点

DML 触发器可以实现复杂的数据完整性约束,它具有以下特点:

(1)自动执行。由系统内部机制检测到数据库的相关操作后,自动激活触发器执行。

(2)实现比 CHECK 约束更为复杂的数据完整性约束。因为 CHECK 约束不允许引用其他表中的列来完成检查工作,而触发器则可以做到这一点。

(3)级联操作。触发器可以检测到数据库系统内的操作,并自动地级联到数据库中的其它表。比如 A 表上的触发器包含对 B 表的操作,而该操作又导致 B 表上的触发器被触发执行。

(4)评估数据修改前后表的状态,并根据其差异采取对策。

7.3.2 触发器的原理

数据库系统会为每个触发器创建两个专用临时表,这两个临时表为 Inserted 表和 Deleted 表。其表结构与触发器作用的表结构相同,它们存放在内存中,由系统自动维护,用户只能查询而不能修改。当触发器执行完毕后,与之相关的临时表随即被删除。

当向表中插入数据时,如果该表存在 INSERT 触发器,触发器将被触发而自动执行。此时,系统将自动创建一个与触发器表结构相同的 Inserted 临时表,新的记录被加入到触发器表和临时表中。Inserted 表中保存了所有新插入记录的副本。

同样,当向表中删除数据时,如果表中存在 Deleted 触发器,则该触发器会被触发而立即执行。此时,系统将自动创建一个和触发器表结构完全一样的 Deleted 临时表,用来保存被删除的记录。Deleted 临时表保存了所有被删除的记录。

系统建立这样两张临时表的作用,有大致两个方面的考虑:第一,方便用户查找自己更新的数据;第二,一旦触发器在执行的过程中出现故障,则可以根据这两张临时表执行逆向操作,回滚到操作前的状态。

需要强调的是,更新(UPDATE)操作其实包含了两个部分,即先将要更新的内容去掉,然后将新值插入。因此,对于临时表而言,其动作是在 Deleted 表中存放了旧值,然后在 Inserted 表中添加了新值。

7.3.3 创建及执行触发器

1. 使用 Transact-SQL 语句创建 DML 触发器

创建 DML 触发器的语法格式如下:

```
CREATE TRIGGER [schema_name] trigger_name
ON {table | view}
{FOR | AFTER | INSTEAD OF}
   {[INSERT][,][UPDATE][,][DELETE]}
AS
Sql_statement
```

各属性参数的含义如下:

(1)schema_name:DML 触发器所属的架构名称。

(2)trigger_name:要创建的触发器的名称。

(3)table | view:在其上执行 DML 触发器的表或视图,视图只能被 INSTEAD OF 触发器引用。

(4)FOR | AFTER:表示 DML 触发器在触发 SQL 语句中指定的所有操作完成之后才被触发执行。

(5)INSTEAD OF:INSTEAD OF 的意思是"代替",即发生在表上的操作由 DML 触发器来替代而非执行触发的 SQL 语句。每个表上对应 INSERT、UPDATE 和 DELTE 均最多可定义一个 INSTEAD OF 触发器。

(6){[DELETE][,][NSERT][,][UPDATE]}：指定数据修改语句,这些语句可在 DML 触发器对此表或视图进行尝试时激活该触发器,必须至少指定一个选项。在触发器定义中允许使用上述选项的任意顺序组合。

(7)sql_ statement:触发器的触发条件和操作。

从以上语法格式可以看出,一个表最多可以有三种类型的触发器:一种是插入(INSERT)触发器,一种是更新(UPDATE)触发器,还有一种是删除(DELETE)触发器。一个触发器只能应用到一个表上,但一个触发器可以包含很多动作,可以执行很多功能。

2. 在 SQL Server Managerment Studio 中创建 DML 触发器

(1)在 SSMS 下,依次展开"Teach"→"表"→"课程",选择"触发器",如图 7 - 7 所示。

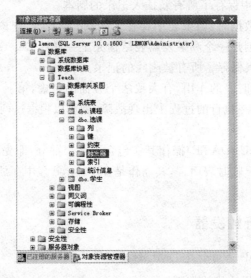

图 7 - 7　选择触发器

(2)单击右键,在弹出的快捷菜单中选择"新建触发器"选项,会弹出查询编辑器窗口,窗口中有触发器的创建模板,如图 7 - 8 所示。用户可以在此基础上实现触发器的具体功能,完成后,可以在工具栏中通过"调试"和"分析"按钮进行语法的检查,并最后使用"执行"来成功创建触发器。

3. 触发器的执行

在触发器表上执行与触发器对应的 Insert,Delete 和 Update 操作,则会自动激活触发器的执行。

【例 7 - 4】在数据库 Teach 中,为学生表创建一个名称为 del_score 的 DELETE 触发器,当删除该表中某个学生的基本信息后,同时在选课表中也将该学生的相应记录删除。

(1)创建触发器 del_score 的语句代码如下:

```
USE Teach
GO
CREATE TRIGGER del_score on 学生
```

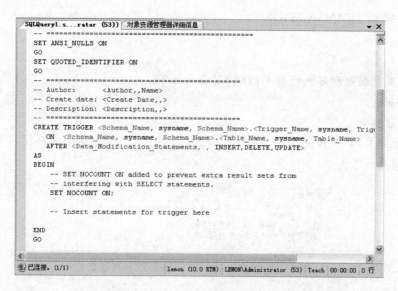

图 7-8　触发器创建模板

FOR DELETE

AS

DECLARE @sno char(10)

SELECT @sno＝学号 FROM DELETED

DELETE FROM 选课 WHERE 学号＝@sno

GO

(2)用于触发该触发器执行的 DELETE 语句如下：

USE Teach

DELETE FROM 学生

WHERE 学号＝'S5'

(3)打开原有学生表中的原始数据,发现学号为"S5"的学生信息已被删除,并且再打开选课表,发现学号为"S5"的学生的选课信息也一并被删除了。

【例 7-5】在数据库 Teach 中,为教师表建立一个名称为 update_noname 的 UPDATE 触发器。防止教务人员修改客户信息表中的"姓名"列。

(1)创建触发器 update_noname 的语句代码如下：

USE Teach

GO

CREATE TRIGGER update_noname

ON 教师

FOR UPDATE

AS

IF UPDATE (姓名)

BEGIN

RAISERROR('姓名不能更改',16,10)

ROLLBACK TRANSACTION

END

GO

(2)用于触发该触发器执行的 UPDATE 语句如下:

USE Teach

UPDATE 教师

SET 姓名='李利' WHERE 姓名='李力'

其执行结果如下图 7-9 所示。

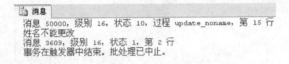

消息 50000,级别 16,状态 10,过程 update_noname,第 15 行
姓名不能更改
消息 3609,级别 16,状态 1,第 2 行
事务在触发器中结束。批处理已中止。

图 7-9 触发器 update_noname 的执行结果

(3)打开原有教师表中的原始数据,发现该表中的"李力"教师的姓名并没有更改。

7.3.4 管理触发器

1. 查看触发器

可使用 SQL Server 2008 提供的系统存储过程以及 SQL Server Management Studio 图形化界面两种方式来查看用户创建的触发器。

(1)使用系统存储过程查看触发器。使用系统存储过程查看触发器,其命令格式如下:

sp_helptext trigger_name:用于查看触发器的正文信息。

(2)使用 SQL Server Management Studio 查看触发器。通过 SSMS 连接数据库后,依次展开"Teach"→"表"→"学生"→"触发器"→"del_score",右键选择"del_score"触发器,在弹出菜单中依次选择"编写触发器脚本为"|"CREATE 到"|"新查询编辑器窗口"命令,则可以在查询编辑器窗口中查看到触发器的源代码,如图 7-10 所示。

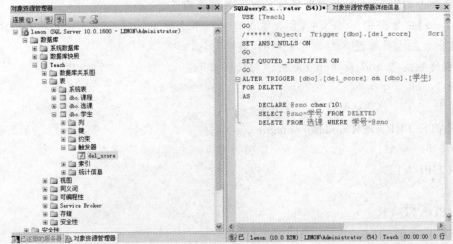

图 7-10 查看触发器

2.修改触发器

可使用 Transact-SQL 语句以及 SQL Server Management Studio 图形化界面两种方式来修改用户创建的触发器。

(1)使用 ALTER TRIGGER 语句修改触发器。使用 ALTER TRIGGER 语句修改触发器,其命令格式如下:

ALTER TRIGGER trigger_name

ON {DATABASE | ALL SERVER}

[WITH ENCRYPTION]

[FOR | AFTER]

{event_type [,…n] | event_group}

AS

{sql_statement[;] | EXTERNAL NAME <method specifier> [;]}

(2)使用 SQL Server Management Studio 修改触发器。通过 SSMS 连接数据库后,展开"触发器"项,右键选择触发器,在弹出菜单中选择"修改",则可以在"查询编辑器"窗口中显示此触发器的源代码。在修改完相关 SQL 代码后,最后需要单击"执行"按钮才算是完成触发器的修改。

3.删除触发器

(1)使用 Transact-SQL 语句删除 DML 触发器。使用 Transact-SQL 语句删除 DML 触发器,其语法格式如下:

DROP TRIGGER trigger_name

(2)使用 SQL Server Management Studio 删除 DML 触发器。通过展开"触发器"项,右键选择需要删除的触发器,在弹出菜单中选择"删除"命令,即可删除该触发器。

4.禁用启用触发器

禁用触发器和删除触发器不同,触发器被禁用后,它仍然作为数据库对象存在于当前数据库中。只是在执行相关的更新操作后,触发器将不再被触发。可以将已禁用的触发器重新启用。在默认情况下,触发器是启用状态。

(1)使用 Transact-SQL 语句禁用、启用触发器。

①禁用触发器。使用 DISABLE TRIGGER 语句禁用触发器的语法格式如下:

DISABLE TRIGGER {trigger_name | ALL}

ON {object_name | DATABASE | ALL SERVER}

各属性参数的含义如下:

ALL:表示禁用在 ON 子句作用域中定义的所有触发器。

object_name:触发器 trigger_name 作用的触发器表或视图的名称。

【例 7-6】禁用数据库 Teach 中学生表的触发器 del_score。

　　USE Teach

　　GO

　　DISABLE TRIGGER del_score ON 学生

　　GO

②启用触发器。使用 ENABLE TRIGGER 语句启用触发器的语法格式如下：

ENABLE TRIGGER {trigger_name | ALL}

ON {object_name | DATABASE | ALL SERVER}

(2)使用 SQL Server Management Studio 禁用、启用触发器。通过展开"触发器"项，右键选择需要删除的触发器，在弹出菜单中选择"禁用"命令或者"启用"命令，即可实现该功能。

本章小结

本章主要介绍了 Transact-SQL 程序设计的相关基础知识，包括常用函数、常用命令、流程控制语句等，它是数据库编程的基础，在存储过程和触发器的设计方面应用非常广泛。本章也详细阐述了存储过程和触发器的基本概念，以及在 SQL Server 环境中如何创建、执行、修改和删除存储过程和触发器的方法。

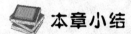 复习题

一、选择题

1. 在 SQL Server 中不是对象的是_____。

　　A. 用户　　　　　　　　　　B. 数据

　　C. 表　　　　　　　　　　　D. 数据类型

2. 下列命令可以查看触发器所引用的表或表所涉及的触发器的是_____。

　　A. sp_help　　　　　　　　　B. sp_opentext

　　C. sp_helptext　　　　　　　D. sp_depends

3. 当以下代码中的【】位置分别为 BREAK，CONTINUE 或 RETURN 时，输出的值分别为_____。

```
DECLARE @n int
SET @n=3
WHILE @n>0
BEGIN
SET @n=@n-1
IF @n=1【】
END
PRINT @n
```

　　A. 1,0 不输出　　　　　　　B. 1,1,1

　　C. 0,0,0　　　　　　　　　D. 0,1,2

4. 下列命令可以查看存储过程正文信息的是_____。

　　A. sp_opentext　　　　　　　B. sp_rename

　　C. sp_helptext　　　　　　　D. sp_stored_procedures

5. 下列语句可以成功删除存储过程的是_____。

　　A. DELETE VIEW view_name

　　B. DELETE PROCEDURE procedure_name

　　C. DROP PROC procedure_name

D. DROP PROCEDURE

6.在 SQL Server 2008 中，当数据表被修改时，系统能够自动执行的数据库对象是_____。

A 存储过程 　　　　　　　B. 触发器

C. 视图 　　　　　　　　　D. 函数

7.当对表执行 UPDATE 操作时会触发的触发器是_____。

A. UPDATE 触发器 　　　　B. INSERT 触发器

C. DELETE 触发器 　　　　D. SELECT 触发器

8.在 SQL Server 服务器上，存储过程是一组预先定义并_____的 Transact SQL 语句。

A. 保存 　　　B. 编译 　　　C. 解释 　　　D. 编写

二、填空题

1. Transact SQL 中局部变量以_____开头，全局变量以_____开头。

2.使用系统存储过程_____可以列出当前环境中所有的存储过程。

3.在存储过程中，如果某参数作为输出参数，则需要在参数后指定_____关键字。

4. SQL Server 2008 支持_____和_____两种类型的触发器。

5. DML 触发器的三个操作是_____、_____、和_____。

6.无论是存储过程还是触发器，都是_____语句和_____语句的集合。

7.每个触发器有_____和_____两个特殊的表在数据库中。

8.删除触发器的命令为_____。

9.利用_____触发器，能在相应的表中实现当遇到删除操作时自动发出报警。

10.用户在创建存储过程时，通过指定 WITH _____选项来对存储过程文本信息进行加密。

三、设计题

1.在数据库 Teach 中，创建一个存储过程 add_stu，该存储过程可添加某个学生的基本信息。

2.在数据库 Teach 中，创建一个存储过程 count_score，该存储过程可统计某个学生的选课门数、平均成绩、最高成绩和最低成绩。

3.在数据库 Teach 中，为授课表创建一个名称为 add_teaching 的 INSERT 触发器，当向该表中添加记录时，如果添加了在教师表中没有的教师号或者在课程表中没有的课程号，则提示不能添加记录，否则提示添加记录成功。

四、简答题

1.存储过程的特点有哪些？

2. SQL Server 2008 中有哪些类型的触发器，并简述触发器的工作原理。

3.如何使用 Transact-SQL 语言禁用触发器？

4.数据库编程的变量种类以及它们的含义。使用它们的方式是怎样的？

拓展实验

实验 1　T-SQL 程序设计

实验目的：掌握 T-SQL 程序设计的控制结构及程序设计逻辑。

实验内容：在 SQL Server 环境下编写 T-SQL 程序设计语句。

实验要求：

(1)计算 1～100 之间所有能被 3 整除的数的个数和总和。

(2)求学生表中的学号和性别，如果为"男"，则输出"M"，如果为"女"，则输出"F"。

(3)从教学数据库 Teach 中查询所有学生选课成绩情况：姓名、课程名、成绩。

要求：凡成绩为空者输出"未考"、小于 60 分的输出"不及格"；60 分至 70 分的输出"及格"；70 分至 80 分的输出"中"；80 分至 90 分的输出"良好"；90 分至 100 分的输出"优秀"。输出记录按下列要求排序：先按学号升序，再按课程号升序，最后按成绩降序。

(4)给教师增加工资。要求：必须任 2 门以上课程且涨幅按总收入分成三个级别：4000 元以上涨 300；3000 元以上涨 200；3000 以下涨 100；只任一门课程的涨 50；其他情况不涨。

实验 2　存储过程

实验目的：理解和掌握数据库存储过程的创建和调用方法。

实验内容：在 SQL Server 环境下设计、创建并执行存储过程。

实验要求：

(1)建立如下存储过程。

①查询工资范围在 x 元到 y 元范围内的教师的相关信息。

说明：该存储过程有两个参数；要求查询的教师信息包括教师号、姓名、职称和工资。

②查询考试分数在某个特定的分数之上的有关学生信息。

说明：以该特定分数作为参数；分别按课程号显示符合以上条件的有关学生信息，该信息包括学号、姓名、性别和系别。

③更新操作，在课程表中将某个课程的学分修改为一个指定的学分(参数为课程号和新的学分)。

(2)在客户端以存储过程和输入 SQL 语句的方式分别执行相同的查询或操作，比较使用和不使用存储过程的区别。

实验 3　触发器

实验目的：理解和掌握数据库中触发器的创建方法，体会触发器执行的条件和作用。

实验内容：在 SQL Server 环境下设计、创建 DML 触发器，并设定相关操作使触发器运行。

实验要求：

(1)为教师表建立一个更新触发器，当修改工资值超过 3000 时给出警示信息。

(2)为教师表建立一个插入和更新触发器，约束规则是：当教师职称为副教授时，工资必须高于 7000，如果不满足要求，则拒绝操作，并给出错误信息。

(3)设计并执行相关的插入操作和更新操作，体会 DML 触发器的效果和作用。

第8章 数据库应用系统开发
——网上图书销售系统

 学习要点

1. JSP 的运行环境和开发环境
2. 使用 JSP 开发网站的两种模式
3. JDBC 连接数据库的两种常用方式
4. 网站基本模块的设计方法

8.1 JSP 概述

8.1.1 JSP 简介

目前,用于开发动态 Web 应用程序的技术有多种,如 ASP,ASP. NET,PHP,JSP 等。其中,JSP 技术具有跨平台、功能强大等特点,因此,它得到了广泛的应用。

JSP 全名为 Java Server Pages,它是由 Sun 公司倡导、许多公司参与一起建立的一种动态技术标准。它是在传统的网页 HTML 文件(*. htm, *. html)中加入 Java 程序片段(scriptlet)和 JSP 标签,构成的 JSP 网页 java 程序片段。JSP 具有可以操纵数据库、重新定向网页以及发送 E-mail 等特征,从而实现建立动态网站所需要的功能。所有程序操作都在服务器端执行,网络上传送给客户端的仅是得到的结果,这样大大降低了对客户浏览器的要求,即使客户浏览器端不支持 Java,也可以访问 JSP 网页。JSP 具备了 Java 技术的简单易用,完全地面向对象,具有平台无关性且安全可靠,主要面向因特网等特点。因此自 JSP 推出后,众多大公司都推出了支持 JSP 技术的服务器,如 IBM,Oracle,Bea 公司等,使得 JSP 迅速成为商业应用的服务器端语言。

与 ASP,ASP. NET,PHP 等相比,JSP 具有以下优势:①一次编写,到处运行;②系统的多平台支持;③强大的可伸缩性;④多样化和功能强大的开发工具支持;⑤支持服务器端组件。

▶8.1.2 JSP 的运行环境

JSP 的运行环境所需的软件如下：

1. JDK 的安装与配置

用户可以通过网站（http://www.oracle.com/technetwork/java/index.html）下载最新版本的 JDK，并安装。

假如安装路径为：d:\jdk1.7，设置环境变量 path,classpath,JAVA_HOME。右键单击"我的电脑"→"属性"→"高级"，单击"环境变量"，如图 8-1 所示；然后在系统变量中新建 JA-VA_HOME，并设置属性值为 jdk 的安装路径，即：JAVA_HOME="d:\jdk1.7"，如图 8-2 所示。同样地，在系统变量中再新建一个环境变量 CLASSPATH，并设置其属性值为：CLASSPATH="."；最后在已有的 path 变量中追加其属性值为"…;d:\jdk1.7\bin"（注意：切勿删除 path 之前的值，只需在后边追加即可，值与值之间需要用";"隔开）。

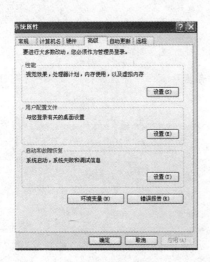

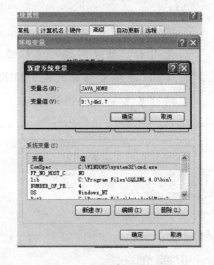

图 8-1 系统属性   图 8-2 新建环境变量

2. TOMCAT 的安装与配置

用户通过网站（http://tomcat.apache.org/）下载 tomcat，并安装。

假如安装路径为：d:\tomcat7.0，按照上述方法新建环境变量 TOMCAT_HOME，并设置属性值为 tomcat 的安装路径，即：TOMCAT_HOME="d:\tomcat7.0"。

如果以上软件安装并设置成功，则可以启动 tomcat 服务器，打开测试页验证环境是否正确安装。

3. Eclipse 的安装与配置

用户可以通过网站（http://www.eclipse.org/downloads/）下载并安装 Eclipse IDE for Java EE Developers 开发环境。

▶8.1.3 JSP 的开发环境

在 eclipse 环境下创建动态网站，具体步骤如下：

(1)运行 eclipse 集成开发环境,在菜单中选择"File"→"New"→"Dynamic Web Project",如图 8-3 所示。

(2)在图 8-4 中输入项目的名称,按照提示进入下一步,最后确定即可。

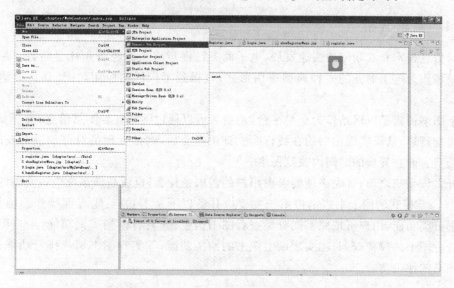

图 8-3 新建动态网站

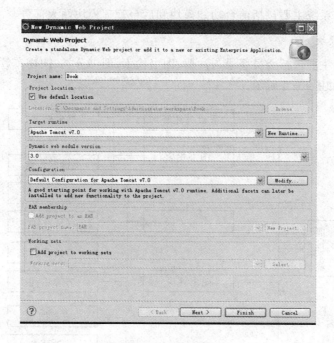

图 8-4 项目配置

8.2　系统分析与设计

▶ 8.2.1　需求分析

随着信息技术和互联网的快速发展,电子商务已逐步渗透到经济和社会的各个层面。网上图书销售作为电子商务的一种典型应用形式,也得到了广泛的应用,并受到广大消费者的青睐。

网上图书销售是以网站作为交易平台,消费者可以通过网站查看图书信息,选择要购买的图书并提交订单,从而实现图书的在线订购。订单提交后,网站管理员对订单进行及时处理,以保证消费者能在最快的时间内收到图书。

在开发该系统之前,首先必须要考虑用户的需求是什么,也就是该系统应该实现的主要功能。一个 B2C 模式的网上书店销售系统主要应具备以下基本功能:①界面操作简捷易用;②具有图书分类功能,用户可按照不同分类查看图书信息;③具有模糊查询功能,用户可以输入关键字进行图书的模糊查询;④实现网上图书的购买功能;⑤实现图书销售排行功能;⑥实现用户对图书的评论功能。

▶ 8.2.2　功能结构分析

网上图书销售系统主要包括前台功能模块和后台管理模块两大部分。

1. 前台功能模块

前台功能模块主要包括会员登录与注册、图书检索、图书分类、购物车管理、图书评论以及订单查询等功能,如图 8 - 5 所示。

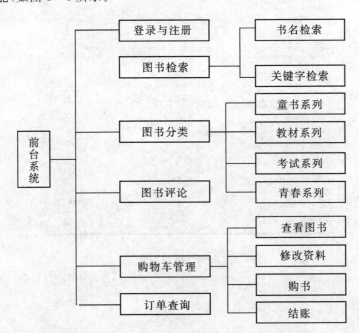

图 8 - 5　系统前台功能结构图

(1)会员登录与注册。会员注册时需要填写基本信息,包括用户名、用户密码、用户真实姓名、性别、联系方式、地址、邮箱、邮政编码等。系统在检查信息填写正确后,会提示用户注册成功,并返回用户编号。注册的用户可通过用户名和密码登录系统。

(2)图书检索。用户可以在网站上通过输入关键字或书名对图书进行查询,查看相关图书信息。

(3)图书分类。将图书分成不同的类别,用户根据图书类别进行查找,可以缩小查找的范围。

(4)购物车管理。用户将选购的图书放入购物车,可以在购物车内查看图书信息,随意增加、删除和修改图书数量,并根据需要修改收货信息,同时还需选择支付方式。确认所填写的信息无误后,则提交生成订单。

(5)图书评论。用户在收到所购的图书后,可以在网站发表留言或评论。

(6)订单查询。订单提交后,用户可以随时查询订单的最新状态以及全部历史订单。在订单未审核前,允许用户取消订单及更新订单信息。

2. 后台管理模块

后台管理模块主要包括图书管理、书评管理、会员管理、管理员管理、订单管理等功能,如图 8-6 所示。

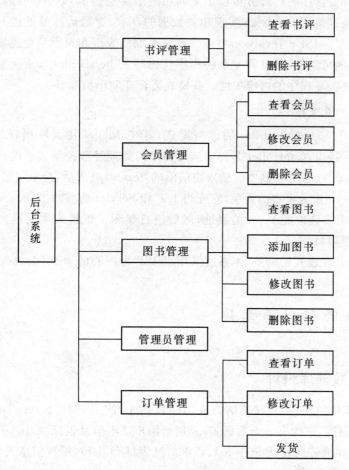

图 8-6 系统后台功能结构图

(1)图书管理。需要对图书信息进行维护,保证用户能看到完整的图书信息。当有图书入库时,能增加图书信息或更新图书库存数量等。

(2)书评管理。管理员可以对图书评论进行查看和删除等操作。

(3)会员管理。系统管理员可以查看、修改和删除会员信息。

(4)管理员管理。可以查看、修改和删除管理员信息。

(5)订单管理。订单生成后,管理员对订单进行审核。若发现订单及配送信息填写不正确,则退回用户重新填写。如通过审核,则检查库存信息。如果一个订单所购图书在同一仓库均有库存,则生成该订单发票,更新库存数量,安排配送;如果出现一个订单所购图书在不同仓库有库存,则系统自动对该订单进行拆分配送,生成拆分配送单及发票,更新库存数量,安排配送。

➤ 8.2.3 网站开发模式介绍

对于网站的开发,适当地规划网站架构是十分重要的,通常将整个网站应用程序架构分为三个部分:视图层、逻辑层和控制层。使用 Java 开发网站的时候通常有以下两种模式:

1. 以 JSP 为中心的 JSP+JavaBean 开发模式

在该模式中,开发程序时将部分可以重复利用的组件通过 JavaBean 的形式描述,当用户送来一个请求时,通过调用 Javabean 实现相关数据的存取、逻辑运算等处理。处理后将结果回传到 JSP 显示结果。JSP+JavaBean 技术实现了页面的表现和页面商业逻辑相分离。这种模式可以提高程序的可读性,而且将复杂的程序代码写入 JavaBean 中,从而减少了页面和标签混合的情况,以便提高程序的可维护性。该模式适合开发小型项目。

2. MVC 架构的开发模式

MVC 是 Model-View-Controller 的缩写形式,其中 Model 代表应用程序的商业逻辑;View 是系统的显示接口;Controller 是提供应用程序的处理过程控制。该模式的主要思想是使用一个或多个 Servlet 作为控制器。请求由前沿的 Servlet 处理后,会重新定向到 JSP 页面。在此模式里,JavaBean 作为模型的角色,它充当 JSP 和 Servlet 通信的工具。Servlet 处理完后设置 Bean 的属性,JSP 读取此 Bean 的属性,然后进行显示。该模式明显地把显示和逻辑分离,适合于开发大型项目。

结合以上两种开发模式的特点,本系统采用以 JSP 为中心的 JSP+JavaBean 模式进行网站开发。

8.3 数据库的设计与实现

➤ 8.3.1 系统数据库设计

本系统采用 JDBC-ODBC 桥接器的方式访问数据库,使用 SQL Server 2008 建立一个名为 BookData 的数据库,该库有 6 个数据表,分别是用户基本信息表(UserInfo)、管理员信息表(adminInfo)、书目详细信息表(BookInfo)、订单信息表(DOrder)、留言信息表(Mess)、书籍分类基本信息表(BookSort)等。

1. UserInfo（会员基本信息表）

表 UserInfo 主要用于保存注册会员的详细信息，其表结构如表 8-1 所示。

表 8-1 UserInfo 的结构

字段名称	数据类型	主 键	描 述
UserID	varchar(50)	是	用户 ID
UserName	varchar(20)	否	用户名
UserPass	varchar(20)	否	用户密码
TrueName	varchar(20)	否	用户真实姓名
Sex	varchar(20)	否	性别
Phone	varchar(20)	否	联系方式
Address	varchar(20)	否	地址
Email	varchar(20)	否	邮箱
PostCode	nchar	否	邮政编码
Amount	money	否	总计

2. AdminInfo（管理员信息表）

表 AdminInfo 用于保存管理员登录到该网站的登录名和密码，其表结构如表 8-2 所示。

表 8-2 AdminInfo 的结构

列名	数据类型	主 键	描 述
AdminID	int	是	管理员编号
AdminName	nvarchar(50)	否	管理员姓名

3. BookInfo（书籍信息表）

表 BookInfo 用于保存图书的详细信息，其表结构如表 8-3 所示。

表 8-3 表 BookInfo 的结构

列名	数据类型	主 键	描 述
ISBN	varchar(50)	是	图书唯一编码
BookName	varchar(100)	否	图书名
Price	money	否	图书价格
TypeName	varchar(50)	否	图书类型名
TypeID	Int	否	图书类型 ID
Introduce	text	否	图书简介

列名	数据类型	主键	描述
PubDate	varchar(50)	否	图书出版时间
Pic	varchar(100)	否	图书图片显示
Belongs	Int	否	类型编码
Sell	Int	否	图书销量
New	Int	否	判断是否为新上架的图书

4．BookSort（图书类别表）

表 BookSort 用于保存图书的类别信息，其表结构如表 8 – 4 所示。

表 8 – 4　表 BookSort 的结构

列名	数据类型	主键	描述
ID	Int	是	类型编码
SortName	nvarchar(50)	否	类别名

5．DOrder（订单信息表）

表 DOrder 用于保存会员的订单信息，其表结构如表 8 – 5 所示。

表 8 – 5　表 DOrder 的结构

列名	数据类型	主键	描述
OrderId	Int	是	订单编码
ISBN	varchar(50)	否	图书唯一编码
Price	money	否	图书价格
Number	Int(4)	否	购买数量
BuyUser	varchar(50)	否	下单用户名
TrueName	varchar(50)	否	用户真实姓名
Phone	varchar(20)	否	用户联系方式
Address	varchar(200)	否	用户地址
Email	varchar(50)	否	邮箱地址
PostCode	nchar(10)	否	邮政编码
Remark	varchar(300)	否	备注信息
Ship	varchar(50)	否	交易情况

6. Mess（用户评价信息表）

表 Mess 用于存储用户对图书的评价信息，其表结构如表 8-6 所示。

表 8-6　表 Mess 的结构

列名	数据类型	主键	备注
Id	Int	是	订单编码
ISBN	varchar(50)	否	图书唯一编码
BookName	varchar(100)	否	书名
Message	varchar(1000)	否	用户评价信息
UserName	varchar(50)	否	用户名
MesDate	datetime	否	评价上传时间

➢ 8.3.2　JDBC 连接数据库原理

应用程序为了能和数据库交互信息，必须首先建立与数据库的连接。这里介绍常用的两种连接方式：①利用 JDBC-ODBC 桥接器的形式连接；②利用纯 Java 数据库的驱动程序的形式连接。

1. 使用 JDBC-ODBC 桥接器访问数据库

（1）建立 JDBC-ODBC 桥接器。JDBC 使用 java.lang 包中的 Class 类建立 JDBC-ODBC 桥接器，Class 类通过调用它的静态方法 forName 加载 sun.jdbc.odbc.JdbcOdbcDriver 类创建 JDBC-ODBC 桥接器。建立桥接器时候可能发生异常，必须捕获这个异常。核心代码如下：

```
try {
    Class.forName("sun.jdbc.odbc.JdbcOdbcDriver");//加载驱动程序
    con=DriverManager.getConnection("jdbc:odbc:book");//book 是数据源的名称
    } catch (Exception e) {
        System.out.println("加载驱动程序失败!");
    }
```

（2）创建 ODBC 数据源。

①选择"控制面板"→"管理工具"→"ODBC 数据源"，双击 ODBC 数据源图标，出现如图 8-7 所示的界面，该界面显示了用户已有的数据源名称。选择"系统 DSN"，单击"添加"按钮，可以创建新的数据源；单击"配置"按钮，可以重新配置已有的数据源，单击"删除"按钮，可以删除已有的数据源。

②为数据源选择驱动程序：在图 8-7 所示的界面上选择单击"添加"按钮，出现新增的数据源选择驱动程序界面，如图 8-8 所示，因为要访问 SQL Server 数据库，选择 SQL Server，单击"完成"按钮。

 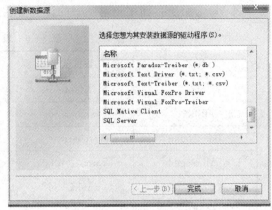

图8-7　添加修改或删除数据源　　　　　　图8-8　为添加的数据源选择驱动程序

③此时出现设置数据源具体项目的对话框,如图8-9所示,在名称栏中为数据源取个名字(本例的名字为book),这个数据源就是指某个数据库。在服务器中选择local,然后单击"下一步"按钮。

④此时出现如图8-10所示的界面,在该界面中可以选择 Windows 验证,也可以选择 SQL Server,后者需要输入登录 ID 以及密码(安装 SQL Server 2008 数据库服务器时候设置的用户和密码),本例选择连接 SQL Server 的 ID 和密码,单击"下一步"按钮。

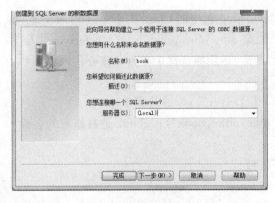 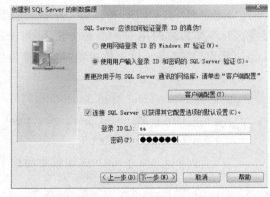

图8-9　设置数据源的名称及所在的服务器　　　图8-10　选择连接 SQL Server 的 ID 和密码

⑤选择数据库:在图8-11中,选择自己的数据库,然后单击"下一步"。

⑥出现如图8-12所示的界面,单击"完成",表示数据源创建完成,并测试数据源是否连接成功。

(3)与 ODBC 数据源指定的数据库建立连接。编写连接数据库代码,首先要使用 java. sql 包中的 Connection 类声明一个对象,然后再使用类 DriverManager 调用它的静态方法 get-Connection 创建这个连接对象,核心代码如下:

```
try{
    Connection  con = DriverManager. getConnection ( " jdbc:odbc:book "," sa ","
123456");//book是本例数据源的名称。sa是账号,123456是密码。
```

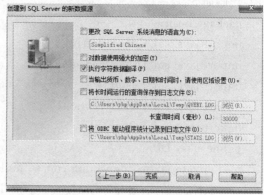

图 8-11　更改默认的数据库　　　　　图 8-12　创建数据源完成界面

```
}catch(SQLException e){}
```
假如选择的是 Windows 验证,则不需要用户名和密码。代码如下:
```
try{
    Connection con=DriverManager. getConnection("jdbc:odbc:book");
    }catch(SQLException e){}
```
通过以上步骤,程序就和数据源 book 建立了连接,下一步就可以访问数据库了。

2. 使用 JDBC 连接数据库

使用 JDBC 连接数据库不需要建立数据源,但是需要用户下载名称为 sqljdbc. jar 的驱动程序。部分代码如下:
```
try {
    Class. forName("com. microsoft. sqlserver. jdbc. SQLServerDriver");
    } catch (ClassNotFoundException e) {
    System. out. println(e);
    }
try {
Connection con= DriverManager. getConnection("jdbc:sqlserver://127. 0. 0. 1:1433;DatabaseName=BookData ","sa","123456");
    }catch(SQLException e){
    System. out. println(e);
    }
```

8.4　系统主要功能的设计与实现

➤ 8.4.1　公共组件的开发

本系统所使用的公共 JavaBean 类包含以下几个:

(1)用来操作数据库的 JavaBean—DB. java,主要用于数据库的连接、查询和更新等操作。

核心代码如下：

```java
package Bean;
import java.sql.Connection;
import java.sql.DriverManager;
import java.sql.ResultSet;
import java.sql.SQLException;
import java.sql.Statement;
public class DB{
    private static Connection con = null;
    private static Statement stmt = null;
    private static ResultSet rs = null;
    public DB()
    {
    try{
        Class.forName("sun.jdbc.odbc.JdbcOdbcDriver");
         con=DriverManager.getConnection("jdbc:odbc:book");
    } catch (Exception e) {
        e.printStackTrace();
     }
    }
    public ResultSet executeQuery(String sql)
    {
        try{
            stmt = con.createStatement(1004, 1007);
            rs = stmt.executeQuery(sql);
        }
        catch(SQLException ex)
        {
            System.err.println(ex.getMessage());
        }
        return rs;
    }
    public int executeUpdate(String sql)
    {
        int result = 0;
        try
        {
            stmt = con.createStatement(1004, 1007);
            result = stmt.executeUpdate(sql);
```

```
            }
            catch(SQLException ex)
            {
                result = 0;
            }
            return result;
        }
    public void close()
    {
        try
        {
            if(rs ! = null)
                rs. close();
            if(stmt ! = null)
                stmt. close();
            if(con ! = null)
                con. close();
        }
        catch(Exception e)
        {
            e. printStackTrace(System. err);
        }
    }
}
```

(2)用来存储图书信息的 JavaBean-BookElement. java。

```
package Bean；
public classBookElement
{
    public String ISBN；
    public float Price；
        public int Number；
        public bookelement()
        {
        }
    public String getISBN() {
        return ISBN；
    }
    public void setISBN(String iSBN) {
        ISBN = iSBN；
```

```java
    }
    public float getPrice() {
        return Price;
    }
    public void setPrice(float price) {
        Price = price;
    }
    public int getNumber() {
        return Number;
    }
    public void setNumber(int number) {
        Number = number;
    }
}
```

(3)用来处理中文乱码以及字符串转换的JavaBean-ChStr.java。

```java
package Bean;
public class chStr
{
    public chStr()
    {
    }
    public String chStr(String str)
    {
        if(str == null)
            str = "";
        else
            try
            {
                str = (new String(str.getBytes("iso-8859-1"), "GB2312")).trim();
            }
            catch(Exception e)
            {
                e.printStackTrace(System.err);
            }
        return str;
    }
    public String convertStr(String str1)
    {
        if(str1 == null)
```

```
            str1 = "";
        else
            try
            {
                str1 = str1. replaceAll(" ", " ");
                str1 = str1. replaceAll("\r\n", "<br>");
            }
            catch(Exception e)
            {
                e. printStackTrace(System. err);
            }
        return str1;
    }
}
```

8.4.2 网站前台首页设计

　　网站前台首页的功能主要是用户可以浏览该网站的图书信息,并通过注册页面注册为会员后可以购买图书。该页面运行效果如图 8-13 所示。

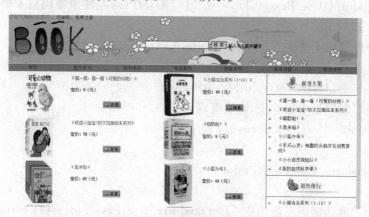

图 8-13 网上图书销售系统主界面

8.4.3 网站会员注册模块设计

　　会员注册模块主要用来保存会员的一些基本信息,包括会员用户名、密码等。会员注册成功之后即可登录系统。该页面的运行效果如图 8-14 所示。
　　注册功能模块中需要校验用户信息是否填写完整,本系统主要采用 JavaScript 校验用户信息。部分核心代码如下:

```
<script language="javascript">
    function check()
    {
```

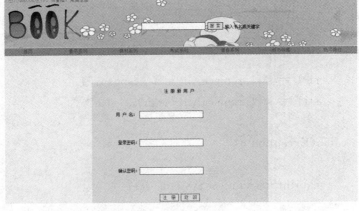

图 8-14　用户注册页面

if（regisform. UserName. value＝＝""）//regisform 是注册表单的名称,UserName 是注册的用户名称框。

```
    {
        alert("用户名不能为空 ");regisform. UserName. focus(); return;
    }
    if（regisform. UserPass. value＝＝""）// UserPass 是注册密码输入框的名称
    {
        alert("密码不能为空 "); regisform. UserPass. focus();return ;
    }
    if（regisform. UserPass. value. length＜3){
        alert("密码至少为 3 位,请重新输入!");
        regisform. UserPass. focus(); return;
    }
    if（regisform. UserPass2. value＝＝""）
    {
        alert("确认密码不能为空 "); regisform. UserPass2. focus(); return ;
    }
    if（regisform. UserPass. value! ＝regisform. UserPass2. value）
    {
        alert("确认密码与密码不一致");regisform. UserPass2. focus();return ;
    }
    regisform. submit();
    }
    </script>
```

➤8.4.4　网站用户购物车模块设计

用户订单页面的设计主要是为了实现用户购买图书并进行结账操作。该页面的效果图如

图 8-15 所示。

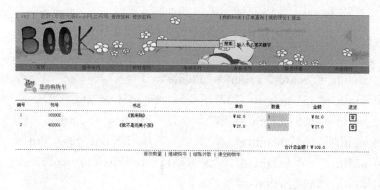

图 8-15 用户购物车界面

部分核心代码如下：

（注：Chart_Change. jsp 用来修改购买图书数量；）

```
<form method="post" action="Cart_Change.jsp" name="form1">
<table width="100%" height="48" border="0" align="center" cellpadding="0"
cellspacing="0">
    <tr align="center" valign="middle">
    <td height="27" width="35" class="tb3">编号</td>
    <td height="27" width="100" class="tb3">书号</td>
    <td class="tb3" width="200">书名</td>
    <td height="27" width="60" class="tb3">单价</td>
    <td height="27" width="50" class="tb3">数量</td>
    <td height="27" width="65" class="tb3">金额</td>
    <td class="tb3" width="35">退货</td>
    </tr>
<%
    float sum=0;
    float Price=0;
    String ISBN="";
    String BookName="";
    for(int i=0;i<cart. size();i++){
        BookElement bookitem=(bookelement)cart. elementAt(i);
        sum=sum+bookitem. Number * bookitem. Price;
        ISBN=(String)bookitem. ISBN;
        if (ISBN! =""){
            ResultSet rs_book = connDB. executeQuery("select * from BookInfo
where ISBN='"+ISBN+"'");
            if (rs_book. next()){
```

```
                BookName=rs_book.getString("BookName");
              }
            }
      %>
            <tr align="center" valign="middle">
            <td width="35" height="27"><%=i+1%></td>
            <td width="100" height="27"><%=ISBN%></td>
            <td width="200" height="27"><%=BookName%></td>
            <td width="60" height="27">¥<%=bookitem.Price%></td>
            <td width="50" height="27">
              <input name="num<%=i%>" size="7" type="text" class="txt_grey"
value="<%=bookitem.Number%>" onBlur="form1.submit();"></td>
            <td width="65" height="27">¥<%=(bookitem.Price * bookitem.Num-
ber)%></td>
            <td width="35"><a href="Cart_Move.jsp? ID=<%=i%>"><img src
="img/del.gif" width="16" height="16"></a></td>
      <%
          }
      %> </tr> </table></form>
```

▷8.4.5 网站书评模块设计

购买图书的用户可以对图书作出评论,从而为其他用户提供参考。该页面的效果图如图
8-16 所示。

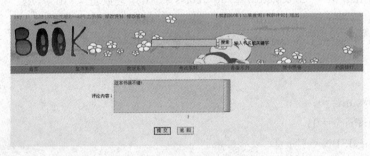

图 8-16　图书评论界面

部分核心代码如下:

```
<%@ page language="java" contentType="text/html; charset=gb2312"
    pageEncoding="UTF-8" import="java.sql.*"%>
<jsp:useBean id="connDB" scope="page" class="Bean.DB"/>
<jsp:useBean id="chStr" scope="page" class="Bean.chStr"/>
<%
String ISBN=(String)request.getParameter("ISBN");
```

```
String UserName=(String)session.getAttribute("UserName");
 ResultSet rs=connDB.executeQuery("select  BookInfo.ISBN,BookName,BuyUser from
DOrder join BookInfo on DOrder.ISBN=BookInfo.ISBN where BookInfo.ISBN='"+re-
quest.getParameter("ISBN")+"'and BuyUser='"+UserName+"'");
 if(rs.next())
    {
    String ISBN2=rs.getString("ISBN");
    String BookName=rs.getString("BookName");
    String BuyUser=rs.getString("BuyUser");
    %>
    <html>
    <head>
    <meta http-equiv="Content-Type" content="text/html; charset=gb2312">
    <title>书籍评论</title>
    <link href="CSS/style.css" rel="stylesheet">
    </head>
    <body>
    <jsp:include page="Top.jsp"/>
    <table width="100%" border="0" cellspacing="0" cellpadding="0" background="
    Images/bg.gif">
      <tr>
    <td>
<table width="1000" height="300" border="0" align="center" cellpadding="0" cell-
spacing="0" bgcolor="#FFEEFF">
  <tr>
    <td valign="top" >
    <table width="600" height="300" border="0" align="center" cellpadding="0"
cellspacing="0" bgcolor="#FFEEFF">
  <tr>
    <td valign="top" >
      <form method="post" action="do_Mess.jsp" name="form1" >
      <table width="100%" height="200" border="0" cellpadding="0" cellspacing="
0" >
          <tr><td><input name="ISBN" type="hidden" value="<%=ISBN2%>"
></td></tr>
      <tr><td><input name="UserName" type="hidden" value="<%=BuyUser%
>"></td></tr>
      <tr><td>
      <inputname="BookName"type="hidden"value="<%=BookName%>">
```

```
</td></tr>
    <tr>    <td height="100" colspan="2" align="right">评论内容：</td>
    <td align="left"><textarea name="Message" cols="50" rows="6"    class="
textarea"></textarea></td>    </tr>
        <tr><td colspan="3" align="left">
    <input name="ok" type="submit" class="bt" value="提 交">
    <input name="Submit2" type="button" class="bt" value="返 回" onClick="his-
tory. back(1);"></td>
                    </tr>
                </table>
            </form>
        </td></tr>
        </table>
    </td></tr>
</table>
</body>
 <jsp:include page="Bottom. jsp"/>
</html>
<%}else{
    out. println("<script language='javascript'>alert('你未购买此书,不能进行评论! ');
window. location. href='index. jsp';</script>");
}%>
```

➢ 8.4.6 后台登录模块设计

后台系统主要包括图书管理、书评管理、订单管理、会员管理、管理员信息管理等功能。系统管理员通过后台登录进入系统后,可以对上述功能进行管理,例如可以对图书进行增删改查等操作。该页面的效果图如图 8 - 17 所示。

图 8 - 17 后台管理系统界面

以删除图书为例,部分核心代码如下:

```jsp
<%@ page contentType="text/html; charset=gb2312" language="java" import="
java. sql. * " errorPage="" %>
<jsp:useBean id="connDB" scope="page" class="Bean. DB"/>
<jsp:useBean id="chStr" scope="page" class="Bean. chStr"/>
<jsp:include page="safe. jsp"></jsp:include>
<%
if (request. getParameter("ISBN")! =null)
{
    String ISBN=request. getParameter("ISBN");
    ResultSet rs=connDB. executeQuery("select * from BookInfo where ISBN='"+ISBN
+"'");
    String BookName="";
    float Price=0;
    String TypeName="";
    String TypeID="";
    String Introduce="";
    String PubDate="";
    String Pic="";
    String New="";
    if(! rs. next())
    {
        out. println("<script lanuage='javascript'>alert('您的操作有误 001! ')</script
>");
    }
    else
    {
        BookName=rs. getString("BookName");
        Price=rs. getFloat("Price");
        TypeName=rs. getString("TypeName");
        TypeID=rs. getString("TypeID");
        Introduce=rs. getString("Introduce");
        PubDate=rs. getString("PubDate");
        Pic=rs. getString("Pic");
        New=rs. getString("New");
    }
%>
<%
if(request. getParameter("ISBN")! =""){
```

```
String ISBN=chStr. chStr(request. getParameter("ISBN"));
String sql="delete from BookInfo where ISBN='"+ISBN+"'";
int ret=0;
ret=connDB. executeUpdate(sql);
if (ret! =0){
    out. println("<script language='javascript'>alert('图书信息删除成功!');win-
dow. location. href='Allbook. jsp';</script>");
    }else{
    out. println("<script language='javascript'>alert('图书信息删除失败!');win-
dow. location. href='Allbook. jsp';</script>");
    }
}/%>
```

➤ 8.4.7　后台图书修改模块设计

管理员登录后台系统后,可以对图书进行修改,该页面的效果图如图8-18所示。

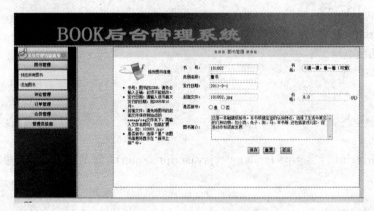

图8-18　修改图书信息页面

部分核心代码如下:

```
<%@ page contentType="text/html; charset=gb2312" language="java" import="
java. sql. * " errorPage="" %>
<jsp:useBean id="connDB" scope="page" class="Bean. DB"/>
    <jsp:useBean id="chStr" scope="page" class="Bean. chStr"/>
<jsp:include page="safe. jsp"></jsp:include>
    <%
    if (request. getParameter("ISBN")! =null)
    {
    String ISBN=request. getParameter("ISBN");
    ResultSet rs=connDB. executeQuery("select * from BookInfo where ISBN='"+ISBN
+"'");
```

```
    String BookName="";
    float Price=0;
    String TypeName="";
    String TypeID="";
    String Introduce="";
    String PubDate="";
    String Pic="";
    String New="";
    if(! rs. next())
    {
        out. println("<script lanuage='javascript'>alert('您的操作有误001! ')</script>");
    }
    else
    {
        BookName=rs. getString("BookName");
        Price=rs. getFloat("Price");
        TypeName=rs. getString("TypeName");
        TypeID=rs. getString("TypeID");
        Introduce=rs. getString("Introduce");
        PubDate=rs. getString("PubDate");
        Pic=rs. getString("Pic");
        New=rs. getString("New");
    }
%>
<html>
<head>
<title>网上图书超市</title>
<meta http-equiv="Content-Type" content="text/html; charset=gb2312">
<link href="../CSS/style. css" rel="stylesheet">
<script src="../JS/check. jsp"></script>
</head>
<script language="javascript">
function mycheck(){
 if (form1. ISBN. value==""){
     alert("请输入书号!");form1. ISBN. focus();return;
}
if (form1. BookName. value==""){
     alert("请输入图书名称!");form1. BookName. focus();return;
```

```
        }
    if (form1. TypeName. value=="") {
        alert("请输入类别!");form1. TypeName. focus();return;
    }
    if (form1. PubDate. value=="") {
        alert("请输入发行日期!");form1. PubDate. focus();return;
    }
    if (form1. Price. value=="") {
        alert("请输入定价!");form1. Price. focus();return;
    }
    if (isNaN(form1. Price. value)) {
        alert("您输入的定价错误,请重新输入!");form1. Price. value="";form1. Price. focus
();return;
    }
    form1. submit();
    }
</script>
<body>
<table width="1000"  border="0" cellspacing="0" cellpadding="0" background
="../img/bg. gif">
<tr>
    <td>
<table width="777" height="609"  border="0" align="center" cellpadding="0" cell-
spacing="0" bgcolor="#FFFFFF">
<tr>
    <td valign="top">
    <table width="100%"  border="0" cellspacing="0" cellpadding="0" class="table-
Border_LTR">
    <tr>
        <td height="30" align="center" bgcolor="#eeeeee">≡≡≡≡ <a href="All-
book. jsp">图书管理</a> ≡≡≡≡</td>
    </tr>
</table
    <table width="100%" height="396"  border="0" cellpadding="0" cellspacing="
0" class="tableBorder_LBR">
    <tr>
        <td width="26%" height="395" valign="top"><table width="100%"
border="0" cellspacing="-2" cellpadding="-2">
        <tr>
```

```
    <td width="55％" height="82" align="center" class="word_grey">
 <img src=".．/img/reg．gif" width="84" height="54"></td>
        <td width="45％" align="left" class="word_grey">修改图书信息</td>
      </tr>
      <tr>
        <td height="112" colspan="2" valign="top" class="word_grey"><ul>
        <li>书号：图书的 ISBN，请务必输入正确，此项不能修改。</li>
        <li>发行日期：请输入该书首次发行的日期，如 2012 年 10 月。</li>
        <li>封面文件：请先将图书的封面文件保存到站点的 manage\img 文件
夹下，再输入文件名即可，包括扩展名，如：103003.jpg。</li>
        <li>是否新书：选择"是"该图书信息将显示在"新书上架"中。</li>
        </ul></td>
      </tr>
      <tr align="center">
        <td colspan="2" valign="middle" class="word_grey"></td>
      </tr>
    </table></td>
    <td width="5" valign="top" background="images/Cen_separate．gif"></td>
    <td width="73％" valign="top"><table width="100％" height="56" bor-
der="0" cellpadding="0" cellspacing="0">
      <tr>
        <td align="center"> </td>
      </tr>
      <tr>
        <td align="center">
        <form action="book_modify_deal．jsp" method="post" name="form1">
        <table width="100％" border="0" align="center" cellpadding="-
2" cellspacing="-2" bordercolordark="#FFFFFF">
        <tr>
        <td width="14％" height="27"> 书　　号：</td>
        <td height="27"> <input name="ISBN" type="text"
class="Sytle_text" id="bookID2" readonly="yes" value="<%=ISBN%>"></td>
        <td height="27"> 书　　名：</td>
        <td height="27"> <input name="BookName" type="
text" class="Style_upload" id="bookname2" value="<%=BookName%>">
        </td>
        </tr>
        <tr>
        <td width="15％" height="27">  类别名称：</td>
```

```
            <td width="46%" height="27"> <input name="
TypeName" type="text" class="Sytle_text" id="zishu2" value="<%=TypeName%
>">
              </td>
            </tr>
            <tr>
              <td height="27"> 发行日期:</td>
              <td height="27"> <input name="PubDate" type="text"
class="Sytle_text" id="pDate" value="<%=PubDate%>">
              </td>
            </tr>
            <tr>
              <td height="41"> 封面文件:</td>
              <td height="41"> <input name="Pic" type="text" class
="Style_upload" id="Cover" value="<%=Pic%>"></td>
              <td height="41"> 价    格:</td>
              <td height="41"> <input name="Price" type="text"
class="Sytle_text" id="Price" value="<%=Price%>">(元)</td>
            </tr>
            <tr>
              <td> 是否新书:</td>
              <td><input name="New" type="radio" class="noborder" value
="是" <%if(New=="是"){out.print("是 ");}%>>是
                  <input name="New" type="radio" class="noborder" value
="否"  <%if(New=="否"){out.print("否");}%>>否</td>
            </tr>
            <tr>
              <td height="103"> 图书简介:</td>
              <td colspan="3"><span class="style5"> </span>
                  <textarea name="Introduce" cols="60" rows="5" class="
textarea" id="Intro"><%=Introduce%></textarea></td>
            </tr>
            <tr>
              <td height="38" colspan="4" align="center">
                  <input name="Button" type="button" class="btn_grey" val
ue="保存" onClick="mycheck()"> 
                      <input name="Submit2" type="reset" class="btn_grey"
value="重置">  
                      <input name="Submit3" type="button" class="btn_grey"
```

value="返回" onClick="JScript：history. back()">

       </td>

      </tr>

     </table>

    </form>

    </td>

   </tr>

   </table></td>

  </tr>

  </table>

  </td>

 </tr>

</table>

</td>

 </tr>

</table>

</body>

</html>

<%

 }else{

  out. println("<script lanuage='javascript'>alert('您的操作有误 002！')；window. loca-
tion. href='index. jsp'；</script>")；

 }%>

➤ 8.4.8　订单管理模块设计

  该模块的主要功能是管理员对会员的订单进行管理，该页面的效果图如图 8-19 所示。

  部分核心代码如下：

<%@ page language="java" contentType="text/html；charset=gb2312"

  pageEncoding="UTF-8" import="java. sql. *"%>

<jsp：useBean id="connDB" scope="page" class="Bean. DB"/>

<jsp：useBean id="chStr" scope="page" class="Bean. chStr"/>

<jsp：include page="safe. jsp"></jsp：include>

<%

 ResultSet rs_search=connDB. executeQuery(" select OrderId, BookName, DOrder. Price,
Number, BuyUser, Ship from DOrder join BookInfo on DOrder. ISBN=BookInfo. ISBN ")；

%>

<html>

<head>

<title>订单管理</title>

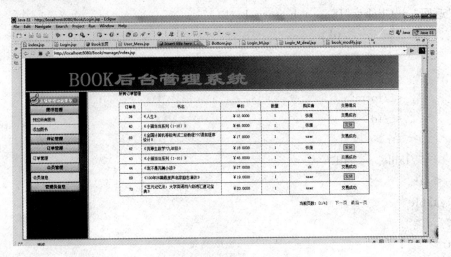

图 8-19　订单管理界面

<meta http-equiv="Content-Type" content="text/html; charset=gb2312">
<link href="../CSS/style.css" rel="stylesheet">
</head>

<body>
　<table width="1000" height="500"　border="0" align="center" cellpadding="0" cellspacing="0" bgcolor="#FFFFFF">
　<tr>
　<td valign="top">
　<table width="800" height="350" align="center"　border="0" cellpadding="0" cellspacing="0" >
　　<tr>
　　<td width="100%" valign="top">
　　<table width="100%"　border="0" cellpadding="0" cellspacing="0" >
　　　<tr><td>所有订单管理</td></tr>
　　　<tr><td height="20"></td></tr>
　　　<tr>
　　　<td width="100%" height="250" valign="top" >
　　　　<table width="100%" height="30"　border="0" align="center" cellpadding="0" cellspacing="0" class="tball">
　　　　　<tr>
　　　　　<td width="8%" align="center">订单号</td>
　　　　　<td width="30%" align="center" class="tb1">书名</td>
　　　　　<td width="15%" align="center" class="tb1" >单价</td>
　　　　　<td width="10%" align="center" class="tb1">数量</td>

```html
            <td width="15%" align="center" class="tb1">购买者</td>
            <td width="15%" align="center" class="tb1">交易情况</td>
          </tr>
        </table>
```
```jsp
<%
{
    String str=(String)request. getParameter("Page");
    if(str==null){
      str="0";
    }
    int pagesize=8;
    rs_search. last();
    int RecordCount=rs_search. getRow();
    int maxPage=0;
    maxPage=(RecordCount%pagesize==0)? (RecordCount/pagesize):(RecordCount/
pagesize+1    );
    int Page=Integer. parseInt(str);
    if(Page<1){
        Page=1;
}else{
      if(((Page-1)*pagesize+1)>RecordCount){
          Page=maxPage;
      }
}
rs_search. absolute((Page-1)*pagesize+1);
for(int i=1;i<=pagesize;i++){
  String OrderId=rs_search. getString("OrderId");
  String BookName=rs_search. getString("BookName");
  String Price=rs_search. getString("Price");
  String Number=rs_search. getString("Number");
  String BuyUser=rs_search. getString("BuyUser");
  String Ship=rs_search. getString("Ship");
%>
```
```html
      <table width="100%" height="30"  border="0" align="center" cellpadding="
0" cellspacing="0" class="tb2">
<tr height="25">
<td width="8%" align="center" class="tb1"><%=OrderId%></td>
<td width="30%" align="left" class="tb1"><%=BookName%></td>
```

```
<td width="15%" align="center" class="tb1">￥<%＝Price%></td>
  <td width="10%" align="center" class="tb1"><%＝Number%></td>
<td width="15%" align="center" class="tb1"><%＝BuyUser%></td>
<td width="15%" align="center" class="tblr"><%if(Ship. equals("未发货"))
{%><input name="Submit5" type="submit" class="bt" value="发货" onClick="win-
dow. location. href=´Order_Del. jsp? OrderId=<%＝OrderId%>´"><%}else{%>交易
成功<%}%></td> </tr> </table>
  <%
    try{
        if(! rs_search. next()){break;}
        }catch(Exception e){}
  }
  %>
    </td> </tr> </table>
<table width="100%"  border="0" cellspacing="0" cellpadding="0">
    <tr><td  height="20"></td></tr>
      < tr > < td  align = " right " > 当前页数：[<% ＝ Page% >/<% ＝ maxPage%
>] 
  <%if(Page>1){%>
  <ahref="Order_Manage. jsp? Page=1">第一页</a>
  <a href="Order_Manage. jsp? Page=<%＝Page-1%>">上一页</a>
  <%
  }
  if(Page<maxPage){
  %><a href="Order_Manage. jsp? Page=<%＝Page+1%>">下一页</a>
  <a href="Order_Manage. jsp? Page=<%＝maxPage%>">最后一页  </a>
  <%}
  }%>
  </td> </tr></table></td></tr></table></td>
    </tr> </table></body></html>
```

本章小结

　　本章详细描述了一个基于 B/S 结构的数据库应用系统即网上图书销售系统的开发过程。该系统结合了当今流行的数据库管理系统 SQL Server 2008,从数据库应用系统的开发方法、数据库访问技术等角度介绍了数据库开发的相关技术,让学生更好地掌握数据库应用开发的一般原理和方法,为今后开发更复杂的数据库应用系统打下良好的基础。

复习题

　　1.查阅资料,了解目前数据库应用系统开发的主要技术。

2. 在 JSP 中,有哪几种途径可以建立与数据库的连接?

3. 简述应用程序通过 ODBC 访问数据库的基本流程。

4. 应用在客户/服务器结构的数据库管理系统是否也同样可以应用在浏览器/服务器结构中?

5. 开发一个数据库应用系统一般包括哪些步骤? 各个步骤的工作内容是什么?

参考文献

[1] 苗雪兰,刘瑞新,宋歌等.数据库系统原理及应用教程[M].3 版.北京:机械工业出版社,2008.

[2] 崔巍.数据库应用与设计[M].北京:清华大学出版社,2009.

[3] 陈志泊.数据库原理及应用教程[M].2 版.北京:人民邮电出版社,2008.

[4] 黄维通.SQL Server 数据库技术与应用[M].北京:清华大学出版社,2011.

[5] 李俊山,罗蓉,赵方舟.数据库原理及应用(SQL Server)[M].北京:清华大学出版社,2009.

[6] 王雨竹,张玉花,张星.SQL Server 2008 数据库管理与开发教程[M].2 版.北京:人民邮电出版社,2012.

[7] 王珊,萨师煊.数据库系统概论[M].4 版.北京:高等教育出版社,2006.

[8] 张建伟,梁树军,金松河.数据库技术与应用——SQL Server 2008[M].2 版.北京:人民邮电出版社,2012.

[9] 陈学平.动态数据库网页设计与制作[M].北京:电子工业出版社,2007.

[10] 潘永惠.数据库系统设计与项目实践[M].北京:科学出版社,2011.

普通高等教育"十二五"应用型本科系列规划教材

(1)经济学基础　　　　　　　　(2)人力资源管理概论

(3)管理学基础　　　　　　　　(4)国际贸易概论

(5)会计学基础　　　　　　　　(6)物流管理概论

(7)经济法　　　　　　　　　　(8)公共关系学

(9)运筹学　　　　　　　　　　(10)会计电算化

(11)组织行为学　　　　　　　　(12)财务管理

(13)市场营销　　　　　　　　　(14)现代管理会计(第二版)

(15)计量经济学　　　　　　　　(16)商务礼仪

(17)应用统计学　　　　　　　　(18)外贸函电

(19)电子商务概论　　　　　　　(20)商务谈判

(21)数据库原理及应用(SQL Server 2008)

欢迎各位老师联系投稿！

联系人：李逢国

手机：15029259886　办公电话：029－82664840

电子邮件：lifeng198066@126.com　1905020073@qq.com

QQ：1905020073(加为好友时请注明"教材编写"等字样)